U0269746

平原区地表水－地下水耦合模拟与水资源配置效应评估

翟家齐　赵勇　王丽珍　侯红雨　张亮亮　著

中国水利水电出版社
www.waterpub.com.cn
·北京·

内 容 提 要

本书系统探讨了平原区水循环系统中地表水、土壤水、地下水运动及社会水循环过程，分析提出了人类活动影响下平原区水循环的耗散-汇合结构特征、驱动要素及作用机理，梳理了当前平原区水循环研究进展及面临的问题，重点解析了平原区地表水与地下水之间的转化关系以及在强人类活动影响下的反馈与表征，从结构、方法两个层面提出了考虑人类活动影响的地表水-地下水耦合模拟方法，基于 WACM 模型平台建立了平原区水循环与水资源配置模型，并应用该模型分析了大黑河平原区水资源演变特征，定量评估了不同水资源配置条件或地下水开采条件带来的水循环及地下水效应。

本书对深入认知平原区水循环特征、影响、驱动机制以及模型研发具有一定的理论和实践指导意义，可供水文水资源、水循环研究、水资源规划与管理、地下水等相关专业的科研和管理人员参考使用，也可供大专院校有关专业师生参考阅读。

图书在版编目（ＣＩＰ）数据

平原区地表水：地下水耦合模拟与水资源配置效应
评估／翟家齐等著. -- 北京：中国水利水电出版社，
2020.6
ISBN 978-7-5170-8610-9

Ⅰ．①平… Ⅱ．①翟… Ⅲ．①平原—地面水资源—资
源配置—研究 Ⅳ．①TV211.1

中国版本图书馆CIP数据核字(2020)第101010号

书　　名	平原区地表水-地下水耦合模拟与水资源配置效应评估 PINGYUAN QU DIBIAOSHUI - DIXIASHUI OUHE MONI YU SHUIZIYUAN PEIZHI XIAOYING PINGGU
作　　者	翟家齐　赵勇　王丽珍　侯红雨　张亮亮　著
出版发行	中国水利水电出版社 （北京市海淀区玉渊潭南路 1 号 D 座　100038） 网址：www. waterpub. com. cn E - mail：sales@waterpub. com. cn 电话：（010）68367658（营销中心）
经　　售	北京科水图书销售中心（零售） 电话：（010）88383994、63202643、68545874 全国各地新华书店和相关出版物销售网点
排　　版	中国水利水电出版社微机排版中心
印　　刷	清淞永业（天津）印刷有限公司
规　　格	170mm×240mm　16 开本　16.25 印张　318 千字
版　　次	2020 年 6 月第 1 版　2020 年 6 月第 1 次印刷
印　　数	001—600 册
定　　价	**95.00** 元

凡购买我社图书，如有缺页、倒页、脱页的，本社营销中心负责调换

版权所有·侵权必究

前　言

　　平原区是人类生产、生活的主要活动场所，也是受人类活动影响和改造最为显著的区域，无论是土地利用类型还是水资源开发利用程度，均显著高于其他区域，由此改变了平原区水循环原有的路径及转化规律。随着经济社会发展与科学技术的不断进步，人类开发利用土地和水资源的能力将会进一步增强，对水资源的调配、取用、消耗能力也会继续上升，强人类活动影响已成为平原区水循环、水资源及生态系统中不容忽视的关键因素。与此同时，平原区水循环及水资源也是支撑经济社会健康发展的资源环境基础，地表河流的断流干涸、地下水超采及漏斗的不断扩大终将影响区域城市发展质量和可持续性。因此，开展平原区水循环、水资源相关研究对区域可持续发展具有很高的科学价值和实践意义。

　　地表水与地下水循环转化关系及变化是反映平原区水循环系统状态的关键指示。科学解析平原区地表水与地下水的转化路径及规律，是指导未来水资源开发利用和保护、维持水循环系统健康可持续的基础。本书重点从平原区水循环的转化过程出发，瞄准科学机理与驱动机制，分析水资源开发利用等人类活动对地表水与地下水系统的影响，以此为基础研发适用于强人类活动影响条件下的模型系统，通过定量模拟评估人类活动对平原区水循环演化的影响及可能带来的生态环境效应，并结合典型区域开展实证研究。

　　本书分为理论方法篇和应用实践篇两大部分，共6章，第1章至第3章为理论方法部分，第4章至第6章为应用实践部分。理论方法部分从平原区水循环基本过程、循环转化机理及模型研发等方面进行探讨。第1章介绍了平原区水循环系统的地表水运动、土壤水运动、地下水运动和社会水循环运动过程，解析了平原区水循环的耗散-汇合结构特征及其驱动要素，梳理总结了平原区水循环系统研究进展及面临的问题；第2章围绕平原区最核心的地表水与地下水及其转化问题，阐述了不同条件下平原区地表水与地下水之间的循环转化路径及响应，分析了强人类活动影响下土地下垫面与水资源系统表征以及对地表水-地下水转化关系的影响，提出了考虑人类活动影响的地表水-地下水耦合模拟方法；第 3 章概述了平原区水的分配与循环模拟模型（WACM）的发展历程，详细介绍了水资源配置模块与水循环模块的基本原理与方程，展示了模型的程序结构、功能与工具箱。应用实践部分则是以大黑河平原区为典型案例，分析介绍其水资源系统及水循环演变特征、水资源配置及影响评估。其中，第 4 章详细分析了大黑河平原区气候要素与水资源要素的时空变化特征；第 5 章构建了大黑河平原区水循环与配置模型，基于模型分析了大黑河平原区各水循环要素的平衡关系、地表水与地下水的补排特征，定量评价了平原区、重点区域的地下水开采现状及超采问题；第 6 章提出了研究区的水资源供排网络系统和配置方案，基于水循环模型模拟评估了不同水资源配置方案下的水循环要素变化和地下水响应特征，针对地下水超采问题提出了开发利用目标与保护措施。

本书的研究工作得到了国家重点研发计划项目（2016YFC0401407）、国家自然科学基金（51979284、51309249、51625904）、西部大开发重点项目（WR0203A382018）、中国水科院创新团队项目（WR0145B622017）的共同资助。本书的撰写分工为：第 1 章由赵勇、翟家齐、王丽珍执笔；第 2 章由翟家齐、赵勇、王丽珍执笔；第 3 章由翟家齐、赵勇执笔；第 4 章由王丽珍、张亮亮、桂云鹏执笔；第 5 章由翟家齐、王丽珍、侯保俭执笔；第 6 章由翟家齐、张亮亮、侯红雨、李克飞执笔；全书由翟家齐、赵勇统稿。

在本书研究和写作过程中，得到了裴源生教授级高级工程师、李海红教授级高级工程师等专家的大力支持和帮助，在此表示衷心的感谢。平原区水循环与水资源领域涉及的分支众多，与生态环境系统、社会经济系统等交叉密切，目前仅做了一些探索性的工作，本书的研究也仅是起到抛砖引玉的作用，涉及水循环在变化环境下的演变机理及规律、水资源的生态环境效应等方面还需要不断充实完善。由于作者水平所限，书中难免存在不当之处，恳请读者批评指正。

作者

2019 年 11 月于北京

目　　录

应 用 实 践 篇

理 论 方 法 篇

第1章 平原区水循环系统

1.1 平原区水循环系统

水循环过程主要包含地表水、土壤水和地下水三大运动层次，且相互交织和转化。其中，地表水运动过程主要表现为降水、积雪融雪、蒸散发、产流、入渗、汇流、人工取-用-排水过程等，在垂向上通过降水、入渗、蒸散发等环节与土壤水、地下水过程产生水量交换或转化；土壤水过程主要表现为包气带厚度及其含水量的变化，通过土壤蒸发、植被蒸散、渗漏等过程成为联系地表和地下水的纽带；地下水运动作为地表水和土壤水的调节器，同时也是社会经济活动的重要水源，通过一定的水文地质条件以潜水蒸发、泉水出露、人工开采等过程构成循环的闭合。另外，人工用水过程目前无论在水平方向还是垂直方向均显著存在，对平原区水循环过程带来重大影响，甚至起主导作用。

1.1.1 地表水运动过程

地表水运动是水分在地表不同类型下垫面上产生的一系列降水、积雪融雪、蒸发、入渗、产流、汇流等一系列运动状态，整个过程从水分运动的空间特征可分为三个阶段：单元阶段（点）→坡面汇流阶段（面）→河道及河网汇流阶段（线）。其循环过程及拓扑关系示意见图1-1。

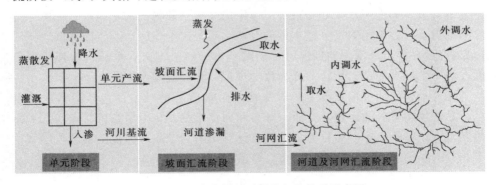

图1-1 地表水循环过程及拓扑关系示意图

在单元阶段，主要包括降水、蒸散发、积雪融雪、农田灌溉引排水、产流、入渗等主要过程，即单元降水或人工灌溉在地表层产生累积，此时入渗、蒸散发、产流过程同步进行，当瞬时或累积水量超过入渗、蒸发量的时候，就形成单元产流或排水，向地势更低的单元或沟道汇集，这也是水循环运动作用的开始，并进入坡面汇流阶段。需要注意的是，由于平原区地形坡度较缓，单元层面的入渗、蒸发更充分、时间更长，带来的产流和汇流迟滞效应更显著。

在坡面汇流阶段，即单元产流或排水从各个单元汇集到最末一级模拟河道的过程，直接涉及土壤入渗、水面蒸发、坡面运动出流等一系列过程。其中，还伴随着土壤水侧向流动和地下水侧向流动过程，且不同过程在一定条件下会相互转化。与山区坡面汇流显著不同的是，平原坡面较缓导致汇流速度更小，汇流水分损失及迟滞效应更加显著，而且由于平原区农田耕地等人类活动影响，如田埂的大量存在，更进一步增加了坡面汇流的阻力，显著减少从坡面地表向河道汇集的水量，同时直接增加土壤入渗及蒸发量。随着不同坡面各时段进入河道水量的不断汇集，水分循环进入河道及河网汇集阶段。

在河道及河网汇流阶段，根据水分循环的先后顺序可分为三个部分：一是坡面单元来水（包括地表、土壤和地下水出露）的承接和汇集。二是河道水流的汇流过程，其中包括运动过程中的渗漏、蒸发等损失，以及在不同河道节点水流的叠加（支流河段向干流河段汇集）与分流（自然分流或人工导流）。三是河道人工取水与排水过程，包括水库、闸坝、灌溉引水及其水量调度过程、跨流域调水等。需要注意的是，水库既是取水和输水节点，也是河道流量过程再调节的关键节点，因此水库的出入流过程、流域内外调水过程、人工引排水的河网出入流过程将是水循环过程中受影响最大的环节之一。

1.1.2　土壤水运动过程

在分子力、毛管力和重力作用下，土壤中的水分在土壤空隙中运动转化，形成不同类型的土壤水，如受束缚力作用的吸湿水和膜状水，以及自由的毛管水和重力水。各类土壤水分基本遵循着从湿润区向干燥区运动（即从低负压区向高负压区）、由高温区向低温区运动的基本规律。本文着重从水循环过程角度去解析土壤水的运动特征，并为数学模拟计算提供理论支持。

作为水循环的关键过程之一，土壤水运动的关键点主要包括降水或灌溉后，各土壤层水分的运动、交换、分布和储存状况。从土壤结构特点及水平衡角度出发，可将土壤层简化为三大层次进行刻画和描述，即：土壤储流层（小于 0.1m）、土壤浅层（0.1～2.0m）和土壤深层（大于 2.0m）。详见图 1-2。

1. 土壤储流层

土壤储流层是根据水分在土壤表层运动和存储分布特点而提出的一个抽象的空间，一般以地表 10cm 土壤层作为储流层。该层的特点在于其分界面功能，降水从大气、地表植被等首先进入土壤表面的储流层，积雪和融雪过程也

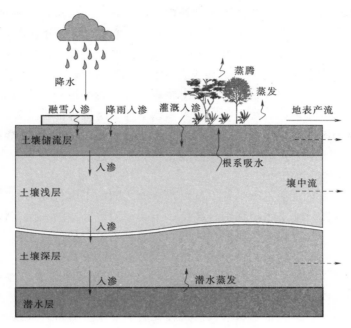

图1-2　土壤水运动示意图

是在土壤储流层，而后才有入渗、产流（超渗产流和蓄满产流）和坡面汇流过程，土壤蒸发及植被蒸腾也是通过储流层实现土壤与大气的水分交换。因此，积雪融雪、土壤蒸发、植被蒸腾、向下层土壤的入渗、地表产流与坡面汇流等构成了水循环在土壤储流层的主要过程。

其中，积雪融雪过程主要是针对北方地区有降雪地区的固态水（降雪）与液态水的转化问题，对南方无雪地区可以忽略此过程。土壤蒸散发过程涉及气象过程（辐射、降水、温度、日照时数等）、单元植被类型及其空间分布特征、不同植被生长过程（反映不同的植被覆盖度、叶面积指数、植被高度、根系深度等关键参数），并通过这些过程与大气、植被、地表、土壤深层产生交互关系。土壤表层的入渗过程主要受降水或灌溉的总量与强度、下垫面条件、表层土壤结构等因素影响，尤其是灌溉过程还与区域水资源配置、引水调度、渠系输水、地下水开采、田间灌溉、种植结构、灌溉制度等多个因素紧密相关。土壤表层的产流过程与入渗过程几乎是同步进行的，一般在概化时默认按照先入渗、再产流，无论是超渗产流或是蓄满产流，均是在满足一定入渗条件后才会在土壤表层形成水分的聚集（产流），并且在地形坡度形成的重力作用下向低洼处运动，即坡面汇流，汇流过程受地形起伏、下垫面糙率等因素的作用。

2.土壤浅层

土壤浅层通常是指植被根系层所在空间区域，是土壤层水分运动最为活跃的区域，也是影响地表水与地下水交换的关键区域，该层可根据植被的类型及根深来确定层厚，一般在 0.1～2.0m 之间。土壤浅层的水分状态和运动能力一般通过土壤含水量、土壤水势、入渗率或入渗系数等指标表征。从水量平衡的角度来说，储流层的入渗量、蒸发补给储流层及植被蒸腾是其上边界收支项；向深层土壤的入渗补给量、深层土壤水分的上溯补给是其下边界，壤中流是其侧边界的收支项，各边界收支的平衡结果即为土壤水的蓄变量变化，反映了浅层土壤的湿润或干燥程度。影响土壤浅层水分变化的因素包括植被类型、植被覆盖度、土壤表层结构、土壤物理化学属性、地下水埋深等多个方面。

3. 土壤深层

土壤深层指从浅层以下到地下水潜水水面之间的土壤包气带部分，可根据浅层土壤层厚度及地下水埋深综合确定。土壤深层水分运动和储存状态的因素除了其自身结构与物理化学属性外，其水分通量主要包括浅层土壤入渗量、深层土壤入渗补给地下水量和潜水蒸发量。对潜水埋深较浅的区域，潜水蒸发量较大，是土壤水及地下水平衡中的主要通量之一，与蒸发强度、地下水埋深、土壤质地和气候条件等有密切关系。对埋深较大的平原区，潜水蒸发量极小，一般可忽略不计，包气带土壤水入渗过程成为主要水分通量，其运动机理及数值模拟也是当前研究的难点之一。

总的来说，随着人类活动影响的持续加剧，土壤层受土地和水资源开发利用的影响也在不断加大，土壤水的运动不仅受到气象、下垫面、土壤质地等自然条件影响，而且强烈地受到人类生产、生活等活动的干预。

1.1.3　地下水运动过程

平原区地下水运动表现为水平和垂向两方面的特征（见图 1-3）。地下水的水平运动主要受地形地貌、含水层厚度、含水层结构等因素的影响，是区域地下水运动趋势的具体反映，如平原地区接受来自山前地带的水分补给，在地势低洼处地下水排泄形成泉水、湖泊或补给河道基流。地下水垂向运动中，在降水或灌溉补给作用下，地表水通过土壤层入渗补给地下水，引起地下水位的上升，是地下水位变化的主要因素之一；人工开采直接取用地下水含水层水量，引起地下水位的下降。地下水位的上升或下降又进一步影响地下水水平运动特征及地表水与地下水转化，如灌区地下水位上升高于农田排水沟或湖泊底部高程时，地下水会排泄进入排水沟道或湖泊，形成地表水，再经排水沟或河道流出。

从地下水的赋存形式看，平原或盆地地区的地下水多以孔隙水为主，常赋存于松散的砂层、砾石层和砂岩层中。按照地下水埋藏特征，分为上层滞水、潜水和承压水。其中，潜水层与土壤非饱和带相接。在雨季或灌溉期，非饱和

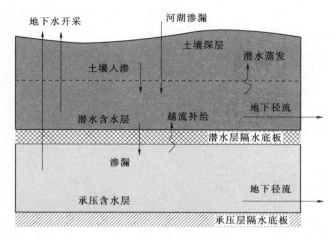

图 1-3　地下水运动过程及其拓扑关系示意图

带含水量上升，受重力影响下渗至潜水面，补给地下水，入渗量大小多少取决于多种因素，一般来说降水入渗率在 10%~40% 之间，我国南方岩溶区可达 80% 以上，西北极端干旱的山间盆地则趋近于零。其余时刻则受毛细管力控制，浅层地下水以蒸发蒸腾形式向非饱和带移动，潜水蒸发量大小受地下水埋深影响，一般在 3m 以内较为显著，潜水埋深超过 3m 则锐减，埋深超过 10m 则潜水蒸发量值可忽略不计。另外，受水头差控制，潜水层还会受到承压含水层的越流补给或者渗漏补给承压层，这些也是浅层地下水在垂向上的主要自然运动过程。在水平方向上，由于受隔水层的影响，垂向下渗过程受到抑制，水平移动和补排成为其主要运动方向。在此过程中，一方面受地势较高的山区侧向补给，另一方面又沿着含水层分布向地势更低的流域出口运动排泄。随着人类开采地下水量和强度的不断增大，过度超采形成了地下水漏斗，造成漏斗区的低水头区，地下水向着抽水形成的漏斗中心运动。以地下水超采最为突出的华北平原为例，不同相对独立的地下水漏斗随着超采不断扩大融合，形成华北平原复合地下水漏斗，2005 年漏斗面积已达到华北平原总面积的一半以上。

承压含水层处于两个稳定隔水层之间，补给区与分布区通常并不一致，不具有潜水那样的自由水面，重力并非其运动的主要驱动力，而是受静水水压力作用以水交替的形式运动，中短期内相对比较稳定。因而，从水量平衡角度看，承压含水层的补排源汇项相对简单，垂向上主要是潜水渗漏补给、人工开采、越流补给浅水层，水平向主要是来自补给区侧向补给和排泄区地下水径流。

1.1.4　社会水循环过程

平原区是人类活动最频繁、强度最大的区域，其典型特征是人口密集，城镇广布，经济活跃，交通发达，水资源开发利用强度大，农田灌溉占比高。尤其是城市化快速发展伴随着高强度土地和水资源开发利用，显著改变了平原区水循环路径及其互馈关系。由人类活动主导的人工引水、输水、用水、耗水和排水过程形成了整个社会水循环体系，并且社会水循环作用和影响自然水循环的范围和强度还在不断扩大，成为当前水循环研究的热点和难点。根据水资源的利用方式和途径，社会水循环可分为两大典型过程，即农田水循环过程和城乡工业与生活水循环过程，主要过程及关键环节见图 1-4。

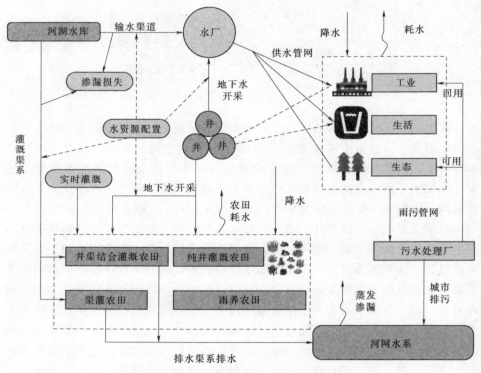

图 1-4　社会水循环主要过程及关键环节示意图

1. 农田水循环过程

平原区农田地势平缓，农业对灌溉的依赖性较强，往往修建了大量人工取水、输水、排水工程，如多级引水渠系系统和多级排水沟道系统，这些水利工程形成了复杂的人工水系，并与天然水系交叉，形成复杂水循环系统。根据农田引水方式，可将农田耕作和灌溉模式分为四类：渠灌农田、井渠结合灌溉农田、纯井灌溉农田和雨养农田。

（1）渠灌农田是最为传统的一种人工灌溉方式，通过干渠、支渠、斗渠、农渠等多级复杂的引水渠系，将河流、湖泊或水库可供灌溉的水源引流至田间。在引输水过程中有相当大一部分水量通过渗漏、蒸发损失，以我国最大的一首制大型灌区河套灌区为例，其 2017 年渠系水利用率仅 0.518，渠系输送渗漏、蒸发损失接近引黄水量的一半。到达田间的灌溉水，一般超过 80% 的水量被作物吸收蒸腾或土壤蒸发耗散掉，剩余小部分入渗回补地下水或通过各级排水渠道返回河湖水系。

（2）井渠结合灌溉农田一般是原来的渠灌区由于地表水源不足退化形成，由于地表水源的不稳定性，通常是在有地表水源供给时通过灌溉渠系利用地表水源灌溉，地表水源不足时则就近通过地下水开采井抽取地下水灌溉。井渠结合灌区总体保持渠灌区特征，但有无排水及排水多少取决于地表水源供给丰枯程度，灌溉效率介于渠灌区与井灌区之间。

（3）纯井灌溉农田以浅层或承压层地下水作为唯一灌溉水源，通过抽取地下水满足作物用水需求，井灌区由于开采地下水成本相对较高，因而利用率也较高，除小部分入渗回补地下水外，没有排水产生，灌溉水被作物及土壤蒸发蒸腾耗散掉。

（4）雨养农田完全依赖自然降水，其人工影响主要体现在对种植农作物的选择和农田耕作层面，通过选择耗水量不大且生长期与种植区自然降水期较匹配的作物品种，或者辅助一定的雨水收集设施，实施雨水灌溉，满足农田生产目标。由于农田对自然降水的充分利用，对自然产汇流过程带来影响。

2. 城乡工业生活水循环过程

根据行业和用水集中程度，可分为四种类型：工业用水、城市生活用水、农村生活用水和城市生态用水。

（1）工业用水一般通过城市供水管网系统或独立的供水系统从河湖水库或地下水获取生产所需水量，除一小部分在输送过程中损失外，还有一部分在生产过程中通过蒸发损耗，大部分水以废污水的形式排出，进入工厂内部处理设施或城市污水处理厂经处理后回收利用或排入河湖水系，但也有部分工业企业将废污水未经处理直接排入河湖水系。随着水资源短缺加剧、工业节水技术进步和污水处理工艺与标准的提升，电厂、钢铁等行业的工业取水量大幅减少，并且能够做到循环利用、污水零排放。工业水循环过程受行业以及行业用水工艺与节水技术的影响较大，不同行业及行业内差异显著。

（2）城市生活用水水源包括来自河湖水库的地表水、地下水和外调水，引水通过取水工程或设施输送至水厂，经处理后通过城市供水管网系统，经加压泵站输送到居民家庭、学校、办公场所等用水户，输送过程中有一部分因为供水管网破损、爆管等渗漏损失掉，现状漏损率达 15% 以上。用水户根据自身需要使用水资源，除使用中蒸发消耗的水分，其余水分被使用后再经城市排水系统输送至污水处理厂或小区中水处理设施，经处理后的废污水通过中水管网系统一部分再供给工业、城市生态用水，其余的部分达标后直接排放至河湖水系。

（3）农村生活用水多以地下水为主要水源，但在地下水水质较差的区域则以地表水为主。比较常见的供水系统有两类：一是集中供水，常见于居民较为集中的村落，从水源地取水后经一定的净水消毒设施处理后通过供水管网输送至各个家庭，其特点是供水网络结构相对简单，输送漏损率较低；二是分散供水，常见于居民较为分散的村落，一般以家庭为单位通过地下水井取水使用，其特点是省去了输水过程，即取即用。

（4）城市生态用水主要是满足城市景观生态健康而人工补充的水量，多以地表水和再生水作为主要水源。

1.2　平原区水循环驱动要素解析

1.2.1　水循环耗散-汇合结构特征

由于大规模的、长时期的土地与水资源开发利用，平原区成为人类干预、调控地表水、土壤水和地下水最强烈的地区。土地的开发利用（如城市化、开荒耕地）直接改变陆地表面植被类型、分布特征、覆盖率和土壤质地，直接影响甚至改变了控制水循环陆面过程的关键要素。与此同时，水资源开发利用过程中形成引水-输水-用水-耗水-排水等人工循环系统，直接改变了地表径流和地下径流的循环路径，形成水循环系统的人工结构体系。但无论人类活动如何对自然水循环进行干预，其循环过程的最基本环节或过程仍然表现为自然水循环的自身特性，例如降水、蒸发、入渗等。因此，人工影响下的平原区的水循环系统客观上形成了一个自然-人工复合水循环系统，并且随着人类活动强度的增加，对水循环的影响和调控能力也在不断增强，在整个水循环系统中的支配作用愈发显著，不断影响着系统各个环节的水循环运动过程，改变水循环演变的基本规律和特征。

例如，在取水端，为满足经济社会和生态环境的用水要求，人们通过修建各种水利工程设施（水库、闸坝、引水渠、机井等）取用地表水和地下水，这些工程设施及取水行为直接改变了天然水循环状态下的产汇流过程，客观上形成了水量在时间和空间上的再分配；在用水端，农田、工厂、城市等构成的人工用耗水系统一方面在用水过程中客观形成蒸发消耗，另一方面也显著改变了降水、地表水、土壤水和地下水的相互转化关系；在排水端，最后人工系统通过排水设施，将经济社会产生的废水排放到受纳水体（河流、湖泊），从而完成了人工水循环过程的汇流环节。平原区水循环由此形成一套有别于自然水循环过程的水循环耗散-汇合结构体系及其特征。

从水循环过程来看，平原区水循环过程的耗散-汇合结构特征体现在水平方向和垂直方向，客观上反映出水分在地表、土壤、地下各层的频繁转换过程，尤其是平原区大量的人工灌溉、城市供水与排水网络进一步改变了地表水、土壤水、地下水之间的转换路径及循环通量。以平原灌区为例，水平方向的耗散-汇合特征如图1-5所示，突出特点是：地表水资源从水源地（一点或多点）通过多级灌溉引水渠系（线）逐级分布到整个灌区（面），并在末级渠系及农田上被作物利用和消耗，多余的水量再通过多级排水沟道相互交织，形成了平原灌区典型的水资源耗散-汇合结构。在垂直方向，平原区耗散-汇合特征如图1-6所示，其特点是：地下水资源通过分布于农田、城镇、农村居民点的开采井（点）输出，通过渠系、城镇供水管网输配水设施（线）逐级分散到各用水主体（面），经过使用消耗后，剩余的水量通过渗漏再次回归到地下含水层，并通过地下水流通道进行汇合，构成平原区在垂向上的耗散与汇合结构。

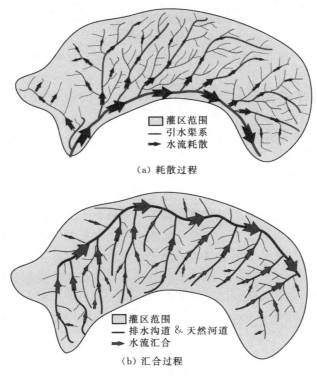

（a）耗散过程

（b）汇合过程

图1-5 平原灌区水平向水资源耗散-汇合特征示意图

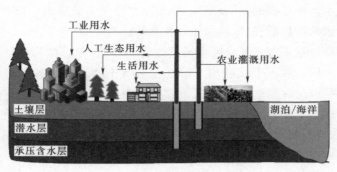

（a）耗散过程

（b）汇合过程

图 1-6　平原区垂向水资源耗散-汇合特征示意图

1.2.2　水循环过程的驱动要素解析

1.2.2.1　主要驱动因素

水循环变化通常表征为地表水或地下水的收支异常不均衡。在流域或区域"自然-人工"复合水循环系统内，地表水系统的水分收入项主要为降水，在部分地区还包括外调水或地下水排泄转化而成的地表径流；水分支出项主要包括水面蒸发消耗量、人类生产生活用水量、区域外调水量以及对土壤水和地下水的入渗补给量。而地下水系统的水分收入项则主要来源于降水或地表水入渗补给水量，水分支出项则主要包括人工开采、潜水蒸发和地下水自然排泄。上述过程紧密联系、相互影响，使地表水和地下水的状态处于动态变化之中，其中任一环节受到异常干扰时，都有可能导致地表水和地下水状态的异常反应，进而产生干旱或洪涝灾害。总的来看，水循环过程的驱动要素可概括为以下几个方面：

1. 气候变化

气候变化表现为降水、温度、蒸发等一系列要素的异常不均衡。例如，降水是地表水和地下水的主要来源，其丰枯变化直接影响地表水资源和地下水资源量大小；蒸发则影响地表或地下水的支出，支出的多寡决定了水资源系统的平衡状态。地表水或地下水系统的不平衡，直接导致干旱或洪涝灾害。

2. 下垫面变化

下垫面条件与产汇流、蒸散发等水循环过程活动的关键界面，也直接影响和改变着水循环过程的演变规律，主要体现为人类活动导致的土地利用方式改变，进而改变了水分在地表的交换和转化进程。主要包括：①城市化，居工地建设面积扩大，埋设管线、开辟交通线路等城市基础设施建设随之扩大，使天然状态的土地变为居工地；②毁林开荒、过度放牧，使森林、草地变为农业用地或荒地；③水土保持，如坡地改梯田、植树造林、种草等；④水利工程建设，改变天然水域面积。

3. 水资源开发利用

经济社会发展对水资源的刚性需求不断增加，人类对水资源系统的干扰程度加大，直接影响水文演变进程，按照其作用方式，可将人类活动对水资源开发利用分为两种：①直接开发利用河道径流或地下水，造成地表水或地下水支出增加；②开发水资源造成了产流入渗条件发生变化，造成同样降水情况下可用的水资源量发生变化，即影响地表水或地下水的收入项。

1.2.2.2 各要素驱动作用机理

气候变化、下垫面变化（土地开发利用）以及水资源开发利用通过影响水循环的不同环节，从而驱动或改变流域或区域的水循环过程，影响地表水和地下水的收入项或支出项，如图1-7所示。

1. 气候变化

在不考虑人类活动因素时，气候变化是水循环过程的主要驱动因素，其驱动机制体现在三个方面：一是降水减少直接导致地表水和地下水补给减少；二是改变水资源赋存状态和再生条件，如包气带干化、厚度增大，同样降水情况下地表水产流和地下水入渗补给减少；三是有利于蒸散发的气象条件使地表水和地下水蒸发量增大。一定时期内，地表水和地下水的赋存量还与前期水量赋存状态有关，当前期赋存水量较多，暂时的降水减少一般不会造成干旱问题；而当无雨日持续时间较长，一方面大大减小地表水和地下水补给量，另一方面蒸发量加大，则会导致干旱问题。

当考虑人类活动因素时，水循环过程的演变更加复杂，可能出现人类活动在水循环过程中占主导的局面。例如，在人类活动干扰较强的地区，即使出现长期的气象干旱，由于水资源开发利用和调控能力较强，能够进行区域内甚至是跨区域水资源调配，满足农田及城市用水需求，避免或减小旱灾的影响。另一方面，由于人类对地表水或地下水取用量大大增加，改变了产流入渗条件，导致其蒸发消耗量增大，从而导致河道断流、地下水漏斗区扩大等新的水循环问题。

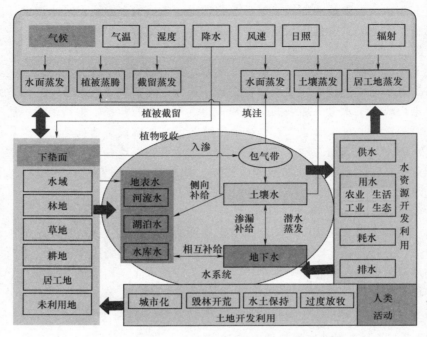

图1-7 水循环主要驱动因素及其作用机制

2. 土地利用变化

土地利用变化对水循环的影响主要是通过改变地表水及地下水运动过程而产生的，作用机制较为复杂。不同土地利用类型之间转换对地表水和地下水的影响不同，对水循环过程的驱动机制可分为以下四个方面：

（1）城市化区域增加地表产流、减少地下水补给。城市化、交通线路开辟主要集中在平原地区，使天然状态的土地变为居工地，原有的疏松表面变为水泥等不透水硬化路面，水流阻力变小，水流速度变快。同时，地表水主要通过城市排水管网汇集，蒸发也有所减少。因此，相对于天然状态的土地，城市化使地表水汇流速度加快，支出项减小；而当疏松表面变为不透水硬化路面后，下渗能力减小，降水对地下水的补给减小，地下水收入项减小。

（2）毁林开荒、过度放牧通常将林地、草地或未利用地改造为耕地，其直接效果是短期增加地表产流，降低土壤水分涵养能力。毁林开荒主要集中在山区，过度放牧可能发生在山区，也可能发生在平原区。森林变为耕地、草地变荒地后，植被覆盖度降低，土壤糙率减小，自然蓄积雨水量减少，地表径流量增大，增加地表水水分收入项，但是水量分布不均匀，不便于开发利用；自然蓄积水量减少，造成入渗补给地下水量也随之减少，即地下水水分收入项减少。同时，森林、草地变为耕地或荒地，蒸腾作用由全年变为季节性蒸腾或蒸腾作用微弱，蒸腾量也有所减小，地下水对土壤水补给减少。因此，毁林开荒、过度放牧短期来看一般会增加地表水资源量，减少地下水资源量，但从长期来看，可能会带来沙漠化等生态环境问题；具体情形还需要结合该时段其水分支出分析。

（3）水土保持通常显著增加下垫面植被覆盖率，其直接效果是短期减少地表产流、增加土壤水分涵养能力。水土保持是与毁林开荒、过度放牧相反的作用过程，如坡地改梯田、植树造林、种草等。这些措施使土壤糙率增加，有利于自然蓄积水量（梯田化蓄水作用尤为明显），减少地表径流量，使水量分布更为均匀，便于开发利用，对地下水的入渗补给量增大，即减小地表水水分收入项、增大地下水水分收入项；同时，植物蒸腾作用增大会加大水分支出。

（4）水利工程则显著改变了水分循环的路径及循环周期。水利工程建设对水循环的驱动作用体现在改变了水域面积，进而影响水分支出，其作用大小往往与该区域水域面积所占比重有关。

3. 水资源开发利用

人类通过对水资源的开发利用直接作用于地表或地下水资源，其驱动作用主要体现在以下两个方面：

（1）人工直接消耗水资源，甚至对水循环过程起主导作用。人类通过取用消耗地表水和地下水，过度利用则导致常年河流变为季节性河流或长期断流、平原区沿河道线补给地下水明显减少。开采的这部分水资源经供水工程（其中一部分水因输水渗漏回归包气带被重新分配）进入社会经济系统供给农业、工业和生活利用，其中，农业用水又回归到农作区的包气带，由包气带进行重新分配，其中大部分水被作物吸收最终耗于蒸腾；工业用水分为消耗性用水和非消耗性用水，前者如饮料生产，水进入产品中，后者如冷却、发电等；生活用水主要是日常饮用、洗漱用水等；工业和生活排放的废污水直接或者经初步处理后排入地表水或者补给地下水，这部分废污水进入地表水或地下水后如果超过天然水体自净能力，则会对其造成污染，使整体水质下降，人类为获取满足经济社会发展需求的水资源，会进一步开辟新的水源，如此往复循环。人类通过这种"供-用-耗-排（补）"的模式对地表水和地下水过程形成直接干扰，诱发干旱或生态问题。

（2）人类活动干扰了水资源的赋存状态，使其再生条件发生变化，改变水循环过程。人类开采甚至超采地下水，引发区域地下水位持续下降，平原区包气带厚度不断增加，降水入渗补给周期增长，入渗系数减小，地下水补给困难。地表水和地下水的天然运动规律遭到破坏，可能导致同样降水条件下地表水和地下水量的减少，甚至完全改变区域水循环路径及循环通量。

1.3　平原区水循环系统研究进展及存在问题

1.3.1　水循环研究进展

1.3.1.1　水循环演变机理

水循环是连接地球系统中大气圈、水圈、生物圈和岩石圈的纽带，是水资源形成和循环转化的基础，是各种物质循环转化得以实现的关键。开展水循环演变机理研究是认识自然界水循环现象、揭示水与物质循环机理和循环规律的重要基石，对拓展和丰富水科学体系、促进多学科的交叉融合具有重要的意义。经过多年的不断发展和完善，蒸散发、产汇流、土壤水运动及地下水运动等水循环核心基础理论已取得了很大的进步，下面分别从这几个方面来阐述其研究进展情况。

1. 蒸散发

蒸散发包括水面蒸发、土壤蒸发和植被蒸腾，是能量平衡和水量平衡的重要组成部分，是构成全球水循环过程的关键环节之一。每年陆地降水量的 $60\%\sim70\%$ 通过蒸散发重新回到大气中，蒸散发是海洋和陆地水分进入大气的唯一途径（徐宗学，2009）。

自 1802 年 Dalton 提出蒸发定律至今，有关蒸散发的研究已有 200 多年的历史。在此期间，蒸散发理论、计算方法、观测技术等方面均取得了大量的成果，也推动了水循环理论与应用研究的发展。1802 年，英国化学家 Dalton 提出了著名的道尔顿蒸发定律，该定律综合了空气温度、湿度、风速等因素对蒸发的影响，为近代蒸发理论的创立与发展奠定了基础。1926 年，Bowen 基于地表能量平衡方程提出了一种计算蒸发的新方法——波文比-能量平衡法（Boven I S, 1926）。该方法将水汽从水面进入空气的蒸发和扩散过程类比于单位热能从水面进入空气的传导过程，并定义地表感热通量与潜热通量之比为波文比，通过分析计算水体获得、损耗和存储的能量变化来计算蒸发量。1939年，Thornthwaite 和 Holzman 基于近地面边界层相似理论，提出了计算蒸发的空气动力学方法。该方法假定下垫面均匀，认为动量、热量和水汽传输系数相等，是蒸发理论的又一突破（徐宗学，2009）；但这一假定也限制了该方法的应用范围，并容易导致计算出现较大误差。以上两个方法中，波文比-能量平衡法对影响水面蒸发的动力条件考虑不足，仅考虑了水汽的扩散作用；空气动力学方法则没有考虑太阳辐射对蒸发的影响。

1948 年，Penman 考虑到能量平衡法与空气动力学方法各自的优缺点，将二者进行结合，取长补短，提出了兼顾影响蒸发的热量条件和动力条件的综合方法——Penman 法。Penman 法主要适用于计算自由水面的蒸发量或者区域潜在的蒸散发量，在此基础上根据作物系数或土壤系数等参数计算实际的蒸散发量。由于实际情况的复杂性，在具体应用中出现了多种形式的修正 Penman 公式，其中最著名的是 Monteith 于 1963 年提出的 Penman - Monteith 公式（简称 PM 公式），其特点是将"空气动力学阻力"和"地表阻力"引入 Penman 公式中，并应用于非饱和下垫面的蒸散发量计算；其不足之处是所需输入条件较多，获取相关资料有一定困难，且冠层阻力计算比较困难，在一定程度上限制了其应用。1972 年，Priestley 和 Taylor 去掉了 PM 公式中的空气动力学部分，并将能量部分乘以一个系数，从而得到一个简化的、适用于地表湿润情况的综合公式——Priestly - Tailor 公式（Priestly，1972）。针对上述问题，国际粮农组织（FAO）推荐了一种便于计算和应用的 Penman 修正公式（FAO—56）（Allen，1998），作为计算作物蒸发能力的标准。

与上述蒸散发理论方法认识相对应，Bouchet 于 1963 年首次提出蒸散发的互补相关理论。1978 年，Morton 通过大量的实验数据证明，局地实际蒸散发与蒸发潜力之间存在着负指数关系，而不是之前认为的局地蒸发潜力与实际蒸散发成正比关系（Morton F I，1978）。蒸散发互补相关关系理论考虑了区域蒸散发对近地层大气的反馈作用，明确了实际蒸散发与潜在蒸散发之间的因果关系，并且只需要常规的气象资料即可计算其陆面蒸散发量之间的因果关系，适用于不同的时间尺度。

在蒸散发的理论技术方法不断丰富的同时，蒸散发的观测和实验研究也取得了很大的进步，尤其是现代信息技术的发展革新，涡度相关法、遥感蒸发、大孔径蒸渗仪等新技术迅速得到了广泛的应用，模拟计算的精度也在不断提高。

2. 入渗与土壤水运动

土壤层，特别是表层土壤在水循环转化中起着极其重要的作用，其蕴含的土壤水是陆地水资源的重要组成部分。降雨或灌溉入渗、地表蒸发蒸腾、地表径流、深层渗漏以及土壤水分含量的动态变化等，均是以土壤为介质不断发生相互转化的。土壤水入渗是指降水或灌溉的水分经过土壤表层进入土壤的过程，是自然界水循环中的一个重要环节。土壤水数量巨大，根据相关研究估算（Korzoun，1974；刘昌明，1986；张北赢，2007），全球和中国土壤水分储量分别为 16.5 万亿 m^3、3.355 万亿 m^3；这些数量巨大的土壤水与地球自然生态环境和人类生产生活息息相关，是联系大气水、地表水、地下水和植被水的关键纽带。土壤水不仅是自然生态系统平衡发展的必要条件，更是人类农业生产的前提；而且随着与土壤水相关的生态环境问题的不断出现，化肥、农药和污染物随水分的迁移转化，对粮食生产、地下水等不利的影响越来越大。可见，未来在水文学、水资源、生态环境、农业生产等多个研究领域，都迫切需要更加深入的研究降水、灌溉等变化条件下土壤水入渗及其运动规律。

从 1856 年 Darcy 定律的提出开始，土壤水运动的基础理论研究已有近 160 年的历史，研究内容主要包括土壤形态学研究和土壤能态学研究两大方向（张北赢，2007）。

土壤形态学理论研究以土壤水的外部形态特征为主要研究内容，在早期土壤水分研究和生产应用中起过积极的作用，有些重要的水分常数（如田间持水量和凋萎系数）至今仍被广泛应用。前苏联学者 A·A·罗戴及其代表作《土壤水》（1952）、《土壤水理论基础》（1965）是该理论研究方向的代表性人物和系统性著作。土壤形态学理论在 20 世纪中叶前后达到高峰，此后由于其在理论上的不严密性和难以定量化研究等问题，近五十年来在理论和实践中均没能取得更大的进展（雷志栋，1988）。

土壤能态学理论研究自 20 世纪 30 年代以来进入了快速发展时期，尤其是在利用数学物理方程定量化研究方面取得了大量的研究成果，成为土壤水运动研究理论的主流。土壤能态学理论最早可追溯到 1856 年 Darcy 定律的提出，其后布利格斯的毛管假说（1877）和 Buckingham 首次引入毛管势概念（1907）为利用能量观点开展土壤水运动的理论研究工作开辟了新的途径，Green 和 Ampt 在此基础上于 1911 年提出了基于毛管理论的入渗模型，Gardner 则将土壤水能量（水势）与土壤水含量联系起来，进一步丰富了土壤水理论的研究内容；到 20 世纪 30 年代，Richards 于 1931 年将 Darcy 定律进一步扩展到土壤非饱和流的研究问题，并推导出土壤非饱和流的运动方程，这一成果是土壤水理论研究取得的又一重大突破；此后，经过不断丰富和完善，土壤水运动理论的研究逐步从静态的、定性的与经验的研究模式走向动态的、定量的与机理的研究模式（雷志栋，1988，1999a；张超，2003；高峰，2007）。20 世纪 50 年代后期，信息技术的突破为土壤水的系统理论研究和数值模型发展提供了强大的助推力。1966 年，Philip 基于水分在水势梯度的驱动作用下由土壤进入植物体，再由植物体向大气扩散这一认识，首次提出了土壤-植物-大气连续体（SPAC）的概念，为此后分布式水文模型、生态水文模型及陆面过程模型的诞生和发展奠定了重要基础。20 世纪 70 年代至今，土壤水运动的数值模型、土壤水系统的随机模型得到快速的发展。

我国在土壤水理论研究方面，基本上始于新中国成立以后。在 20 世纪 50—60 年代从苏联引入了土壤形态学的相关理论；70 年代，引入土壤能态学理论；80 年代，引入 SPAC 系统概念，开始研究土壤时空异质性问题，土壤水数值模型也开始发展起来；90 年代以后，土壤水模型与气候模型、陆面过程模型、分布式水文模型相结合，开展了大量的实践研究工作（刘云鹏，

2002)。

3. 产汇流

产流和汇流过程是径流形成的两个基本过程，是水循环转化的关键环节，也是产汇流理论研究的核心问题。产汇流理论研究的主要内容包括变化条件下（气候变化、下垫面变化、农业灌溉等）地表径流形成的物理机制，是进一步探索 SPAC 系统水分转化规律、流域水循环的演变规律、水循环模型及分布式水文模型开发的重要理论基础。

产汇流理论的建立和发展开端于 19 世纪，其标志性成果就是 Darcy 定律（1856）和 St. Venant 方程组（1871）。此后一百多年，大多数产汇流有关研究都是以这两个基本定律作为理论基础。20 世纪初到 30 年代，产汇流基础研究取得新的进展。其中，1911 年提出的泰森多边形法和 Green - Ampt 入渗模型分别从降水、土壤水方面为研究地表产流现象提供了便利；1935 年提出的 Horton 产流理论是产汇流理论研究取得的一项重大突破，其重要贡献在于揭示了地表超渗产流和地下径流的形成机制（Horton，1935）；汇流方面则取得多方面进展，如 Ross 于 1921 年提出的面积-时间曲线、Sherman 于 1932 年提出的单位线方法、Zoch 于 1934 年提出的线性水库法及 Ma Carthy 于 1938 年提出的 Muskingum 洪水演算方法（Ross，1921；芮孝芳，1991）。此后 30 年，产汇流理论在实践应用中不断得到丰富和完善，这一时期的代表性成果有 Meyer 在 1941 年提出的蓄滞洪峰法、Clark 在 1945 年提出的瞬时单位线法、Horton 在 1945 年提出的河流定律、加里宁在 1957 年提出的洪水演算特征河长法、我国水文学家赵人俊在 1963 年提出的蓄满产流理论等。20 世纪 70—90 年代，受益于全球信息技术的进步、对水文实验的重视和多学科交叉渗透研究等多种因素的推动，产汇流理论再次取得新的重大发展，其标志性成果包括 1970 年 Eagleson 等提出的动力水文学、1973 年 Dooge 等提出的水文系统线性理论、1978 年 Dunne 等人提出的非 Horton 产流理论、1978 年 Kirkby 等提出的山坡水文学、1979 年 Rodriguez - Iturbe 等人提出的地貌瞬时单位线理论、我国学者于维忠 1985 年提出的界面产流规律等。进入 21 世纪以来，计算机技术的广泛应用和复杂系统信息处理能力的快速提高使得研究水文系统的非线性（夏军，2003）、不确定性问题（左其亭，2003）成为可能，在气候变化、下垫面对降水产汇流过程的影响、水文非线性理论、水文系统随机性理论等方面取得了一定的进展，为开发具有物理机制的分布式水文模型等奠定了理论基础。

4. 地下水运动

地下水运动研究始于 19 世纪中期，其理论及应用发展大致可分为三个阶段：第一个阶段为地下水理论萌芽和初步发展阶段，开始于 1856 年提出的 Darcy 定律，主要研究地下水稳定流动问题，该时期其他比较有代表性的成果有——1863 年 J. Dupuit 提出的地下水稳定流方程、1889 年茹科夫斯基提出的稳定渗流的微分方程、1904 年布西涅斯克提出的潜水不稳定流的微分方程以及 1922 年巴夫诺夫斯基提出的渗流应用理论等（陈崇希，1999）。第二个阶段为地下水理论的快速发展阶段，研究的范围也从稳定流领域延伸至非稳定流领域，其最具代表性的成果就是 1935 年地下水非稳定流动公式——泰斯公式的提出，为研究地下水流向井、孔的运动奠定了理论基础，同时也揭开了地下水动力学发展的大幕；此后，许多学者例如纽曼（S. P. Neuman）、汉图什（M. S. Hantush）、博尔顿（N. S. Boulton）和雅各布（C. E. Jacob）等，在地下水不稳定流动问题的研究方面做出了重要的贡献（陈崇希，1999；王浩，2010）。第三个阶段为地下水系统的数值模拟阶段，20 世纪 60 年代后期，借助于计算技术的飞速发展，地下水数值模拟模型以其广泛的适用性和较强的物理作用机制等优势迅速发展起来，在 80 年代末期逐步发展成熟，主要的数值模拟方法包括有限差分法、有限单元法、边界元法、有限分析法和有限体积法等，其中有限差分法和有限单元法应用最为广泛（薛禹群，2007）。同时，一大批基于上述理论的地下水数值模拟集成软件相继面世，广泛使用的就达到十几种，例如来自美国的 MODFLOW、FEMWATER、SUTAR、GMS、IGW 模型，德国的 FEFLOW 模型和加拿大的 Visual MODFLOW 模型等。这些模型的开发和应用极大地丰富了地下水研究的手段，为开展大区域地下水研究（张祥伟，2004）和地下水系统理论研究（张俊，2010）奠定了基础。在国内，数值模拟直到 1973 年才开始逐步引入水文地质领域，相关的研究工作起步较晚，但经过近四十年的发展，在地下水位预测、地下水规划与管理、地下水循环机制研究等方面也取得了丰硕的成果（赵成义，2003）。

1.3.1.2　流域水循环模拟模型

1. 模型开发

水文模型，也称水循环模型，是水文科学研究的一种手段和方法，也是对水循环规律研究和认识的必然结果。20 世纪 60 年代之前，是水循环模拟模型基础理论和方法的发展和确立阶段；早期的水循环模拟研究多采用集总式水文模型，如美国斯坦福大学水文学者 Crawford（1966）研发的斯坦福流域水文模型（SWM），被学界认为是第一个真正意义上的水文模型（Singh，2002；芮孝芳，2006）。此后，出现了 SCS 洪水预报模型、HBV 模型、TANK 模型、新安江模型等一大批集总式水文模型。由于集总式模型将流域作为一个整体来模拟分析，对流域内降水、下垫面条件等要素空间异质性特征刻画不足，使得此类模型难以对流域多尺度水文过程进行精细化模拟和刻画。

随着 1969 年 Freeze 和 Harlan 首先提出分布式水文模型的概念和框架，水循环研究进入了一个新的发展阶段。此后，借助于 GIS 等信息技术手段，分布式水循环模型从 20 世纪 80 年代开始得到迅速发展，众多的分布式水循环模型相继面世并在世界各地进行了实践验证，其最大的优势就是水的循环过程模拟均采用具有明确物理机制的偏微分方程来进行表达，主要核心是从水循环过程的物理机制入手，将蒸散发、产汇流、土壤水运动、地下水运动及其他伴生过程联系起来综合研究并考虑水文变量的空间异质性问题。

近 40 年来，国内外学者结合科研及管理实践需求开发了各具特色的模型平台。在美国、欧洲等发达国家，分布式水循环模型的开发与推广应用始终走在世界的前列。1979 年，Beven 和 Kirbby 开发出 TOPMODEL 模型，该模型是一个半分布式水文模型，在概念性模型与分布式模型之间起到了承上启下的作用（Beven，1979）。第一个真正意义上的分布式水文模型是 1982 年由英国、法国和丹麦的科学家联合研制而成的 SHE 模型（Abbott，1986）。1994 年，美国农业部（USDA）开发了 SWAT 模型（Arnold，1995，1998），这也是目前国内外应用最为广泛的分布式水文模型。后续 SWAT 模型在最初版本的基础上，经过不断开发和完善，相继推出了 SWAT2000、SWAT2005、SWAT2009 等多个版本，在水循环模拟、水沙模拟、非点源污染模拟等多个领域均有广泛的应用。除以上几个模型外，还有 Mike SHE 模型、TOPKAPI 模型、SHETRAN 模型、DHSVM 模型、ARC/EGMO 模型、HSPF 模型、HBV 模型、VIC 模型等。

国内有关分布式水循环模型研究始于 20 世纪 60 年代，并在 90 年代取得了快速发展，在广泛引入国外成熟分布式水循环模拟模型的同时，开发了一系列适合中国国情的分布式水循环模型，如 LL‐Ⅱ模型（李兰，1999）、小流域分布式水文模型（唐莉华，2002）、DTVGM 模型（夏军，2003）、基于 DEM 的流域数字水文模型（任立良，2000）、基于 DEM 的分布式物理模型（郭生练，2000；熊立华，2004）、WEP 模型（贾仰文，2005）、WACM 模型（赵勇，2007a）、长江上游大尺度分布式水文模型（许继军，2007）、HIMS 模型（刘昌明，2008，2009）、考虑空间变异性的统计产流模型（梁忠民，2009）等，这些水循环模型在长江、黄河、海河等各大流域都有着广泛的应用。在气候变化和人类活动影响下，资源短缺、气候变化、环境污染等问题日益突出，水循环与气候系统、水环境、陆地生态过程、地球化学过程的耦合研究越来越受到重视（刘九夫，2000；苏凤阁，2001；王忠静，2004；杨大文，2005；郝振纯，2005；余钟波，2006；刘春蓁，2007；王国庆，2007；赵勇，2007b；张建云，2009；徐宗学 2009；王书功，2004；王浩，2010）。

随着水文学科与相关学科交叉融合日益紧密，生态、环境、气象等相关学科的研究也开始将分布式水文过程模拟耦合进去。最典型的是生态水文模型的发展，如 SWIM、RHESSys、TOPOG、LASCAM 等模型（孙鹏森，2003；

胡金明，2005；徐宗学，2016），以及我国的 VIP 模型（莫兴国，1998，2009；Mo，2001）及 ECOHAT 模型（刘昌明，2009）等。这些模型往往针对不同地理及气象条件，将水文过程和能量及物质循环相耦合。另一个比较常见的耦合研究是将区域气候模式与大尺度水文模型进行耦合的研究（雍斌，2006），或者在陆面模式中融入水文过程的模拟（Gulden，2007；Niu，2012）。

2. 模型应用

水循环模型应用研究主要包括以下几个方面：水资源评价、水资源开发利用、水资源节约保护、水资源高效利用、水资源规划管理、流域对气候变化及人类活动（土地利用/覆被变化）的响应模拟等。

（1）水资源评价。彭伟（2009）运用新安江模型、TOPMODEL 模型和数字流域模型对黑河上游山区流域和汉江褒河流域径流和土壤含水量进行了模拟和评价。许继军（2007）运用基于流域地形地貌特征的分布式水文模型（GBHM）对长江上游水资源进行了评价，主要包括河道流量、径流深、实际蒸散发及土壤含水量等。王欣等（2007）运用 LL-Ⅲ 分布式水文模型对宁蒙灌区水资源进行了评价。

（2）水资源开发利用。张荔（2010）运用基于地貌的分布式水文模型对渭河流域的可利用水资源量及不同保证率下的水资源量进行了分析，并分析了降雨和土地利用对径流的影响。

（3）水资源节约保护。张荔等（2007）结合水文模型和一维对流扩散水质模型对渭河流域主要水质指标进行了模拟分析，为解析渭河流域的水环境问题提供了依据。

（4）水资源高效利用。李明星等（2008）将分布式水文模型和作物模型模拟了陕西省冬小麦产量的空间分布，取得了较好的效果，为分布式水文模型和作物模型耦合应用进行产量预报研究提供了基本的试验支持，为促进水资源高效利用提供了基础。代俊峰等（2009）提出灌区分布式水文模型，并运用其进行典型灌区小流域和区域尺度的水平衡模拟，定量分析了不同水管理措施对灌区小流域尺度水量平衡评价指标的影响，对促进水资源高效利用有重要意义。

（5）水资源规划管理。赵串串（2007）运用 GBHM_2 模型对渭河流域可供水资源量及十大灌区年用水量进行了模拟，模拟结果对于流域水资源规划和管理有重要的指导作用。董小涛等（2006）运用新安江模型、HEC 模型和TOPMODEL 模型对滦河宽城流域进行洪水模拟计算，认为蓄满产流模型可以进行半干旱地区洪水模拟和预报分析。李巧玲等（2006）基于数字高程模型对黄河支流洛河中游的长水-宜阳区间流域进行了洪水模拟应用，为该流域制定防洪决策提供了科学参考。

（6）气候变化及人类活动（土地利用/覆被变化）对水资源的影响。唐莉华等（2009）运用分布式水文模型对密云水库上游白马关河小流域内不同降雨频率下的产汇流进行了模拟计算，分析了其下垫面特性对降雨径流的影响规律。王纲胜等（2006）运用 DTVGM 模型模拟了华北地区密云水库以上潮白河流域气候变化和人类活动对径流减少的贡献。崔炳玉（2004）研究了气候变化和人类活动对滹沱河区水资源变化的影响。

1.3.1.3 平原区水循环模拟

平原区通常位于流域中下游，是人口、城镇、生产生活的最主要活动区域，因此平原区水文循环过程受到人类水资源开发利用活动（取、用、耗、排）影响也更加剧烈和集中，表现出显著的自然-人工复合特征，近代以来尤为如此。平原区下垫面受土地开发和生产活动影响，在自然水系的基础上形成了一套人工建造的灌溉渠系、运河、水利工程、公园湖泊等，自然水系与人工水系交叉互联，因此平原区水循环模拟面临更为复杂的水系统关系和影响机制，难度更大。一方面，基于 DEM 的水系划分在平原区基本失效，地形及水系特征提取结果无法满足模拟需求；另一方面，平原区地势平坦、水力坡降较缓，径流形成及汇流过程与山区产汇流也存在较大差异，且地表水与地下水交互关系更为复杂，与地下水状态密切相关，而目前对平原区水循环产汇流机理的研究还不清晰。第三，在人工调控和干扰下，平原区水平向径流过程减弱，垂向蒸发蒸腾及入渗等水循环过程加强并成为平原区水循环的主要路径，这一特征在干旱与半干旱平原区尤为显著。

针对平原区水循环的特点，不同学科背景的学者基于各自研究需要，从不同角度开发了各类数学模型，以研究平原区水循环过程及相关物质或能量循环过程。上世纪 80 年代以来，为满足水资源评价及规划需求，中国水利水电科学研究院在"六五""七五"科技攻关项目中，进行了大气水、地表水、土壤水与地下水相互转化关系研究，建立山丘区和平原区的"四水"转化模型（叶丽华，2004）。刘新仁等（1989，1993）提出了淮北平原坡水区汾泉河流域的概念性水文模型，随后在此基础上将土壤水动力学应用到平原水文模型中，模拟垂向水流及地下水动态，并指出平原水文模型与一般流域水文模型的突出差别在于模型包括了地下水位涨落过程的模拟。山东省邓集试验站及南京水文水资源研究中心（1988）提出黄淮海平原地区"三水"转换水文模型，并对周寨站和邓集站做了实例研究。方崇惠等（1995）针对平原水网湖区，结合 QUALHYMO 水文模型和 NETWORK 河网汇流模型，考虑灌溉等客水影响，开发了 SPUMP 二级泵站调度模型，建立集总式组合流域模型。雷志栋等（1999b）提出以土壤水为核心的农区-非农区水均衡模型，给出了叶尔羌河平原绿洲 1993—1996 年农区、非农区的潜水蒸发量，以及农区向非农区的地下水迁移量等分析结果。王发信（2001）提出五道沟水文模型，该模型是一个平原区四水转化模型，由降水入渗补给地下水模型、地表水径流模型、田间蒸散发模型、地下水开采模型、土壤水模型、潜水蒸发模型 6 个子模型构成。胡和平等（2004）建立了以农区土壤水为中心的干旱区平原绿洲散耗型水文模型，将研究区域分为河段、泉井、水库湖泊、农区和非农区五类水均衡模块，研究引水灌溉和地下水开采等对水平衡的影响，并应用于西北内陆的阿克苏河平原绿洲等地区（汤秋鸿，2004）。赵勇等（2006，2007a，2007b，2007c）在西部开发重大攻关项目"宁夏经济生态系统水资源合理配置研究"中针对宁夏平原引黄灌区建立了分布式水循环及配置模型（Water Cycle and Allocation Model，WACM1.0），该模型针对平原区自然-人工复合型地表水系统、土壤水系统和地下水系统进行模拟，充分考虑平原灌区人类水资源配置活动对水循环的影响；翟家齐（2012）、刘文琨（2013，2014）进一步改进和发展了WACM 模型。赵长森等（2010）提出了和田绿洲散耗型水文模型（DHMHO），包括河道模块、水库模块、灌溉地模块、非灌溉地模块、地下水模块等。刘浏（2012）建立了太湖流域洪水过程水文-水力学耦合模拟，采用山区水文 VIC 模型和下游平原区 ISIS 水力学模型耦合，基本满足了平原河网地区的洪水模拟要求。陆垂裕等（2012）提出面向对象模块化的分布式水文模型 Modcycle，该模型基于 C++语言以完全面向对象的方式（OPP）进行模块化开发，具有较好的功能可拓展性，且将每个子流域概化为一个渠系系统，以模拟平原区农业灌溉对水循环的影响。

得益于分布式水文模型的发展，平原区水循环模型由早期应用于干旱半干旱地区的"三水""四水"转化概念性模型向物理机制明确的分布式水循环模型发展，并将灌溉等人类水资源开发利用活动有机结合到模型中。此外，应用于南方湿润地区的平原区水循环模拟则主要考虑平原区河网的水力联系。这些模型的研发和应用有力地促进了平原区水循环研究。国外学者鲜有开发针对平原区的水循环模型，其平原区域相关水文过程研究往往采用 MIKE 系列等较强水力学特色的水文模型进行模拟（Herbert，2013；Chris Nielse，2008），但在灌溉、水库调蓄等人类水资源配置活动对水循环影响方面的刻画较为欠缺。

除以上区域或流域尺度的平原区水循环模型外，还有一些学者从农田水利、城市雨洪及地下水等学科方向的研究需要出发，做了大量的研究工作，实际上有利于揭示平原区灌区农田、城镇居工地等土地利用类型的水循环规律，推动平原区的水循环研究发展。典型成果包括灌农业水文模型及生态水文模型、城市雨洪模型、地下水地表水耦合模型等的开发及应用。

农业水文模型的发展往往从农田水利研究需要出发，从点尺度扩展到区域尺度，农业水文过程的研究也因此对以农田为主要土地利用类型的平原区具有重要价值。较为典型的农业水文模型如荷兰瓦特宁根大学开发的 SWAP 模型（Soil Water Atmosphere Plant Model），由一维土体的水分运动模拟（Broek，1994）拓展到半分布式的区域模型（Dam，1997）。国内外学者往往将该模型与作物产量模型 WOFOST 或者地下水运动模型 Modflow 等耦合应用于相关研究。Singh 等（2006a，2006b）利用 SWAP - WOFOST 耦合模型，对印度某地区的农田水分生产率进行了模拟分析。刘路广等（2009，2010）分别结合 SWAP 模型、SWAT 模型及 SWAP 与 MODFLOW 模型进行了柳园口引黄灌区不同灌溉制度下地下水开采量与埋深变化研究，提出了该灌区用水管理策略。徐旭等（2011）结合一维农田水文模型 SWAP 和 ArcInfo 提出 GSWAP 模型，以考虑区域尺度土壤和水文气象的空间变异性对农田区的水分及盐分运动进行模拟。任理（2017）应用分布式 SWAP - WOFOST 模型对内蒙古河套灌区的主要作物在不同灌溉管理方式下的农田水文响应进行模拟，分析其水分生产率。除 SWAP 耦合模型研究外，也有学者建立自己的农业生态水文模型或 SWAT 模型等用于相关研究。莫兴国（1998，2001）建立植被界面过程（VIP）模型，模拟土壤-植被-大气系统界面物质及能量交换过程，研究了无定河流域、华北平原等区域的蒸散和土壤水分的时空变异及交互关系，为区域农业节水提供科学依据。雷慧闵（2011）基于农田生态水文过程观测，耦合作物生长模型和田间尺度水文强化陆面过程模型 HELP，建立田间尺度生态水文模型 HELP - C，再与分布式水文模型耦合，得到灌区尺度的生态水文模型，并应用于位山引黄灌区的水分和碳循环研究。潘登等（2012a，2012b）用分布式水文模型 SWAT 等模拟徒骇马颊河、黑龙港及运东平原等区域不同灌溉模式下的农业水文过程，用于灌溉管理。

城市也往往集中在平原区，由于城镇地区居工地建设大大改变了原有的下垫面条件，传统的水文模型往往难以反映城市水文过程（如暴雨洪水）的规律，一些典型的城镇化对流域水文过程影响的研究也常常反映城镇化过程对流域中的蒸散发或出口处的河道流量等的影响，难以刻画城市下垫面的水文过程（Misra，2011；Palla，2015）。因此，一批模拟城市雨洪过程的城市雨洪模型也应运而生。国际上比较常用的城市雨洪模型，如 SWMM（Storm Water Management Model）（Gironás，2010）及 HSPF（Hydrological Simulation Program - Fortran）模型（李燕，2013）等被广泛应用于城市雨洪模拟研究（王晓霞，2008）。国内也有一些学者自主开发相关模型对城市雨洪进行分布式模拟研究（刘佳明，2016）。

这些研究多以灌区或城区等较小的区域尺度进行，聚焦人类活动集中的农田及城市地区等下垫面条件，针对这些人类活动直接影响的下垫面的水文过程进行模拟研究，有力地促进了我们对平原区自然-人工复合水循环过程的认识。但也应注意到常见的农业水文模型与地下水模型耦合研究依然存在一些不足，如 SWAP 与 MODFLOW 的耦合，其在单元划分方面的差异使得其难以实现紧密耦合。

1.3.2　水资源配置研究进展

2002 年，水利部水利水电规划设计总院在《全国水资源综合规划大纲》中将水资源配置定义为：在流域或特定的区域范围内，遵循有效性、公平性和可持续性的原则，利用各种工程与非工程措施，按照市场经济的规律和资源配置准则，通过合理抑制需求、保障有效供给、维护和改善生态环境质量等手段和措施，对多种可利用水源在区域间和各用水部门间进行的调配（水利部水利水电规划设计总院，2002；陈家琦，2002）。水资源的有限性决定了很多区域或流域通常面临着无法同时满足社会经济发展、生态与环境保护要求，因此需要考虑在自然条件、工程条件、用户需求特性等各类限制性约束条件下，确定社会经济和生态环境综合效益最大目标下的水量分配方案。围绕这一目标，过去三十年水资源配置领域在配置理论、计算方法与模型软件方面都取得了丰富的成果。下面从配置理论和模型方法应用两大方面对取得的进展情况进行简要的梳理。

1.3.2.1　水资源配置理论

配置理论是指导配置技术实现、解决实践问题的指导性思想。由水资源配置的核心思想脉络来看，从早期的供给端的径流性水资源（地表水与地下水资源）配置到优化经济社会与生态需水的多目标优化配置，再到把降水、土壤水等非常规水资源纳入配置水源的广义水资源配置，以及考虑需水端水质需求差别与用水效率差异的多维配置，还有跨区域、跨系统的协同配置理论等，其产生、发展和进步展示了水资源配置技术方法的革新，也反映了水资源管理实践的迫切需求。具体如下：

（1）地表与地下水联合配置理论。早期主要以水利工程尤其是以水库为主实施水量分配，以解决经济用户缺水最小、用户水量配置最均衡等问题为主，通过配置为水利工程规划建设服务（陈志恺，1981）。"六五"科技攻关项目形成的华北平原地表水资源量、地下水资源量、水资源总量及水资源可利用量评价成果，为水资源配置奠定了基础。随后的"七五"科技攻关项目进一步考虑到地表水与地下水之间的循环转化动态关系，在此基础上将水资源配置从地表水径流配置推进到地表水与地下水联合配置，拓展了水源的配置口径，进一步丰富和发展了区域水资源量评价、四水转化机理等基础理论和技术方法，形成了地表水与地下水联合配置理论（沈振荣，1992）。该理论方法采用"以需定供"模式,以径流性水资源为配置水源,对确定性的用户进行水资源的配置,是该配置理论的主要特点。

(2) 面向经济社会与生态的水资源配置理论。随着经济社会用水需求剧增、生态保护问题日益突出,水资源的社会属性与生态价值日益显现,地表水与地下水联合配置理论缺乏与经济社会及生态系统的交互反馈这一短板开始显现出来。为补上这一短板,保障基本的生态环境条件,与经济社会系统、生态系统形成互馈,发展形成了两大理论成果:基于区域宏观经济的水资源优化配置理论和面向生态的水资源配置理论方法。

基于区域宏观经济的水资源优化配置理论形成于"八五"攻关时期,目标是解决华北平原水资源与经济社会发展之间的动态协调问题,开发华北宏观经济水资源优化配置模型,构建相应的模型系统,为区域水资源优化配置和规划管理提供科学决策手段。其对配置理论的突出贡献在于首次将宏观经济理论应用于水资源领域,提出了基于宏观经济水资源规划管理的理论与方法,定量揭示了宏观经济系统、水资源系统和水环境系统间相互联系的规律,研制了一批适用于区域水资源优化配置问题中各主要方面的通用数学模型,并构建了区域水资源优化配置决策支持系统(王浩,2008)。以此为基础,考虑区域宏观经济目标的水资源配置在华北平原(许新宜,1997)、黄河流域(常丙炎,1998)、京津唐(刘健民,1993)、安阳(尹明万,2003)等多个区域得到推广应用,并进一步发展和丰富了该理论方法。

面向生态的水资源配置理论方法则是在"九五"攻关时期逐步形成,依托"西北地区水资源合理开发利用与生态环境保护研究"等项目,针对水生态问题最为严峻的西北内陆河流域提出面向生态的水资源配置方法,即首先确定国民经济和生态系统的合理用水比例,满足最必需的生态用水,然后再配置社会经济用水和最小生态需水以外的生态用水,通过协调区域发展模式和生态系统质量提出了水资源开发利用的合理阈值,为西北地区大规模水资源开发利用带来的生态问题提供解决路径,支撑了国家西部大开发战略(王浩,2003a)。该系列成果提出了三项关键技术:①西北地区的发展界限——水资源承载能力;②生态系统的允许状态——生态保护准则与生态需水;③社会经济发展、生态系统保护与水资源合理开发利用的相互关系——水资源合理配置。其主张以生态系统需水量为基础,通过水资源承载能力分析平衡协调区域发展模式、生态系统质量、水资源开发利用格局三者之间关系,并提出坚持水土平衡、水沙平衡、水盐平衡、以水定发展规模、坚持水量平衡、统筹生产用水与生态用水等水资源配置方案的基本原则,形成了面向生态的水资源配置理论框架,推动了生态水量配置的发展与应用,如将生态用户作为与生活、生产用户并列进行规则化模拟的配置方法(尹明万,2004),以生态需求为约束构建经济效益最大化的优化配置模型（邵东国，2005；赵微，2006），采用统一度量生态效益与经济效益的整体性模型等（粟晓玲，2005）。这些理论成果为干旱半干旱区水资源开发利用与保护指明了基本方向，至今仍然具有很高的参考和借鉴价值。

（3）广义水资源配置理论。广义水资源配置理论在"十五"科技攻关中形成，其理论突破表现在三个方面：①在水源层面，将狭义的径流性水资源拓展为包括土壤水和降水在内的广义水资源；②在配置对象层面，在考虑传统的生产、生活和人工生态的基础上，考虑了天然生态系统，配置对象更加全面；③在配置指标层面，将配置指标分为三层，通过全口径配置指标全面分析了区域经济生态系统水资源供需平衡状况，即：传统的供需平衡指标，地表地下耗水供需平衡指标和广义水资源供需平衡指标（裴源生，2006a；赵勇，2007a，2007c）。水资源高效利用是缓解水资源短缺的有效手段，广义水资源配置理论从资源有效性出发拓宽了水资源配置对象，将与人工系统和生态系统具有效应的水分纳入到配置的水资源中，并在配置行为中考虑如何将无效降水转化为有效降水，对水资源合理配置、雨水资源化、真实有效节水和缺水标准研究具有重要的理论和实际意义，是一套具有超前理念的理论方法。基于广义水资源配置理论方法，在传统供需平衡配置基础上，进一步考虑以耗水控制为目标的优化配置思路，即在综合考虑自然水循环天然耗水和社会水循环的用水耗水的基础上，进行各区域、各部门耗水量的分配，确保区域总耗水量（自然耗水量和社会耗水量）不超过耗水量管理目标要求（蒋云钟，2008；周祖昊，2009）。这种基于耗水量的配置技术在宁夏（赵勇，2007a，2007c）、北京（蒋云钟，2008）、嫩江流域（魏传江，2006）、天津（桑学锋，2009）等地得到了应用。由于广义水资源配置所需要的大气降水、土壤水等非常规水源缺乏相应的基础数据积累，在实际使用中存在较大困难，基于耗水的配置也存在类似问题，还需要在实际工作中逐步推进相关基础性工作。

（4）量-质-效一体化配置理论。由于不同用水主体对供水水质要求的差异性，在水资源十分有限的前提下，优水优用、合理分质供水成为迫切需求。在此背景下，突破水量配置局限，进一步考虑水量-水质综合目标的联合调配方法在实践需求中应运而生，比较典型的如水库的水量水质调度。在早期水库供水和调度中，由于水量水质密切相关，水量大小直接影响水质变化，与此同时用水户对水质方面的需求也日益强烈，从而促进了水量调度下的水质变化规律研究，并形成用水户水质需求导向下的水量配置方法（樊尔兰，1996；邵东国，2000）。此后，水量水质联合配置调度由点到面逐步从水库向流域层面推广，流域层面比较有启示意义的如太湖流域分质供水研究（王同生，2003），以及实施引江济太调水之后开展的水量水质联合调控实践，推动了该理论方法的应用和发展（刘春生，2003；陈静，2005；王凯，2007）。2000年以来，我国各类供水标准和规范逐步完善，不同类别用户对水质的要求也日益明确，而且随着全国水资源综合规划工作的推进，促使全国及流域、区域层面开展水量水质联合配置的研究得到重视。其中，解决系统水量分配下的水质联动变化成为开展水量水质统一配置的关键。围绕这一难题，牛存稳等（2007）以黄河流域为例，基于分布式水文模型提出了水量水质联合模拟与评价方法；刘丙军等（2007）构建了基于信息熵分析的河流水质时空演化分析模型，验证分析了东江流域水量调控下的水质变化规律。结合流域分布式水文模型，探索水量变化下的水质联动效应，为开展流域水量水质一体化配置奠定了技术基础。严登华等（2007）提出了水量、水质双总量控制约束条件下的区域水资源合理配置方法，并以唐山市为例开展了水量水质的统一配置；董增川（2009）、付意成（2009）、张守平（2014a）等采用数值模拟、水资源系统网络等方法构建了水量水质联合模拟和配置模型，进一步丰富和发展了水量水质统一配置的方法和模型，为解决流域、区域的水量水质统一配置应用实践问题提供了理论技术基础（顾世祥，2007；吴泽宇，2011；张守平，2014b）。由于实践需求的复杂性及多样性，一个理论、模型和方法无法解决所有的问题，在水资源配置领域也不例外，为了满足这种多目标的需求，在水量水质联合的基础上，进一步考虑经济、生态及效率效益等方面的约束成为未来一段时期探索和发展的方向之一，也是跨区域/流域复杂水资源系统调配理论、方法发展、成熟的基础之一。

　　（5）跨区域/流域复杂水资源系统调配理论。南水北调工程涉及长江、淮河、黄河、海河四大流域，确定工程规模、调水路径、调水影响等亟须解决跨流域大系统水资源配置中涉及的多水源、多用户、多目标、多阶段等问题，受此驱动，一批面向跨流域复杂水资源系统的调配理论方法被提出并在实践中得到应用。如王浩（2003b）提出"三次平衡分析"理论方法，为跨流域复杂水资源系统调配和规划分析提供了可行的路径；针对水资源配置的时空优化问题，王劲峰等（2001）提出设定调水工程最优运行的目标和相关约束，实现对水资源进行时间、空间和部门的分配，并以此构建了区际调水时空优化配置理论模型；针对跨流域工程运行受需求、工程和水价成本、本地水与外调水关系影响等问题，系统仿真理论（赵勇，2002）、供应链管理理论（王慧敏，2004）、"水银行"（于陶，2006）、多目标线性规划（游进军，2008）等分析方法也被引入到跨流域调水的配置和调度分析中，并在南水北调受水区得到广泛应用。为解决调水工程在调水区和受水区的水量分配问题，徐良辉（2001）提出了对调出区和受水区所在流域整体进行系统概化和模型构建技术，并在松花江流域规划中进行了应用。由于跨流域复杂水资源系统调配涉及的因素很多，不仅要考虑调水工程的优化调度问题，还需要从水量配置效益角度分析水源区、受水区、管理运营方等不同利益主体之间的协调关系，以及对调出区和调入区带来的生态、环境及经济社会影响，是一个包含自然、社会、经济等多方面的复杂巨系统。目前对复杂巨系统的研究更多是基于规划论证分析或者规划建成后的运行情景分析，还缺乏一套综合、全面的理论方法，需要更多的理论探索和积累。

1.3.2.2　水资源配置模型及应用

目前，国内外水资源配置模型及软件众多，比较有代表性的如 MIKEBA-SIN、WEAP、RIVERWARE、ROWAS、WAS 等，这里不再一一列举。其中，WEAP 模型（Huberlee，2005）基于水量平衡原则，其软件平台面向用户、组织灵活，易于理解和掌握，也是目前在世界范围内应用十分广泛的配置模型软件，包括加利福尼亚（Forni，2010）、伊朗（Safavi，2015；Jamshid，2017）、摩洛哥（Rochdane，2012；Johannsen，2016）和中国的石羊河流域（胡立堂，2009）、塔里木河流域（魏光辉，2019）、西辽河流域（郝璐，2012）、宁夏（俞立，2014）、天津滨海新区（李青，2010；Li，2015；）等。MIKEBASIN 模型是一个可用于大尺度多水源多用户的水资源配置和管理软件，其直接嵌入 ArcGIS，包含水量分配、水库仿真、河流推演、流域产汇流、灌溉和产流分析等模块（卢书超，2016），可以通过普通模拟或者优化模拟运行软件，应用推广涉及南非、泰国、埃及以及国内的汉江流域、永定河上游、云南和北京等地区（Jha，2003；张洪刚，2008；浦承松，2011；Hassaballah，2012；王海潮，2012；杨芬，2013）。ROWAS 模型是一个基于规则的水资源配置模型，是国内比较有代表性的水资源配置模型之一，可与水循环模型配合使用，已在海河流域等得到应用（游进军，2005）。WAS 模型全称水资源动态配置与模拟模型（Water Allocation and Simulation Model，WAS），是中国水利水电科学研究院桑学锋团队于 2018 年推出的一款公开的水资源配置模型软件。该模型由水循环与水资源调配两大部分组成，其中水资源调配部分能够对区域或流域进行水量供需平衡计算，可以实现地表水和地下水、自然水和社会水循环联合模拟，模型中的各模拟模块均相互影响并实时反馈（桑学锋，2018，2019）。

1.3.3　面临的主要科学问题

1. 强人类活动影响下平原区地表水与地下水一体化耦合模拟

平原区经济社会活动、土地利用开发、水资源利用等显著改变了自然水循环路径和通量，一方面造成了自然水循环过程的割裂或不连续性，如地下水的持续超采，地下水埋深不断增大，从 2～3m 增加至 10m、20m，甚至达到 50m，大埋深条件完全改变了原本地表水和地下水频繁快速转换状态，地表积蓄的水分经巨厚包气带才能形成对地下水的补给，而地下水位的过低则大幅度减弱地下水转化补给地表水的功能，延缓地表水与地下水循环转化速率，甚至导致循环路径的断裂；另一方面，社会经济发展和人类对水资源调控能力的增强，带来社会水循环通量的持续增加，受人工调控的水资源在水资源系统中的占比逐步增大，比如在城区及大型灌区，其水通量、路径及过程完全受人工调控，社会水循环成为主体。

在此背景下，地表水与地下水的耦合模拟已显著不同于自然条件下的地表水与地下水转化过程，目前常见的地表水-地下水耦合模拟多为松散式或半松散式耦合，主要基于自然过程的作用因素，对人类活动影响考虑不足。因此，基于动力学机制准确刻画灌溉、水库调蓄等人类水资源开发利用活动的影响，考虑强人类活动影响的平原区地表水-地下水耦合作用机制是面临的一大科学难题。

2. 新时代经济社会高质量发展趋势下水资源配置与水文过程动态互馈的耦合模拟

水资源配置反映了人类水资源开发利用的布局和强度，也是经济社会发展的直接体现。当前，我国经济社会发展整体正处于从中高速向中低速、高质量发展的转型阶段，新时代背景下将面临经济社会发展模式和产业结构调整、城市化与人口分布变化（向城市集中）、经济发展速度转型（向中低速高质量发展）等新的发展趋势，由此带来农业、工业、生活和生态用水需求的结构性、层次性和系统性变化，水资源配置的基本条件发生根本性变化，从而对水资源配置的目标、水量、供需平衡等均提出了新的要求。如何通过配置满足不同用水主体的需求，协同保障多层次的需水目标成为新的挑战。从理论方法层面来看，回答上述问题的关键难题之一是如何有效耦合模拟水循环与水资源配置动态过程，考虑地表水地下水配置-循环互馈效应，解决配置的循环效应问题，如地表水配置增加或减少了地下水补给，影响配置区地下水资源量，从而影响地下水资源配置的可供给水资源量，对配置过程带来新的变化。

第 2 章　平原区地表水–地下水转化关系及其耦合模拟

2.1　平原区地表水与地下水循环转化关系及变化

2.1.1　地表水与地下水循环转化路径

地表水，是指存在于地壳表面、暴露于大气的水，包括各种液态的和固态的水体，主要赋存于河流、湖泊、沼泽、冰川、冰盖等空间载体。地下水，是指赋存于地面以下岩土空隙中的水，狭义上是指地下水水面以下饱和含水层中的水。在国家标准《水文地质术语》（GB/T 14157—93）中，地下水是指埋藏在地表以下各种形式的重力水。地表水、地下水的赋存形式多样，空间差异显著，因此难以逐一详述，故而文中所述地表水与地下水特指平原地区狭义层面的概念，即平原区的河川径流、湖泊沼泽中的地表水，以及潜水水面以下饱和含水层中的地下水。以此为基本范畴探讨地表水与地下水的转化关系。

平原区地表水与地下水通常存在直接的水力联系，随着时空边界条件的变化，二者的循环转化也呈现出不同的特征。从赋存形式和转化路径上看，二者直接联系转化存在以下几种类型：

1. 河道径流与地下水的转化

河道径流性性地表水与地下水之间的转化取决于二者的水位关系。当河道径流水位（H_R）低于地下水位（H_G）时，地下水补给河道径流地表水［见图 2-1（a）］，通常所说的河川基流即是地下水补给地表水所形成的；反之，当河道径流水位高于地下水位，则河道径流成为补给源，形成地表水补给地下水的关系［见图 2-1（b）］。二者的补排关系并非一成不变，而是受地形、降水、水文地质结构等条件影响不断发生变化，如丰水期径流量大、河道水位较高，一般形成径流水位高于地下水位的情形，此时地表水补给地下水；而到了枯水期，河道径流量小，水位快速降低，地下水位则由于其滞后性仍保持较高值，则会形成地下水位高于河道水位，地下水排泄补给地表水。

2. 湖泊地表水与地下水的转化

湖泊是地表相对封闭且可蓄水的洼地，是湖盆及其承纳的水体的总称。湖泊的水分来源主要有降水、地面径流、地下水或冰雪融水，其消耗途径主要有

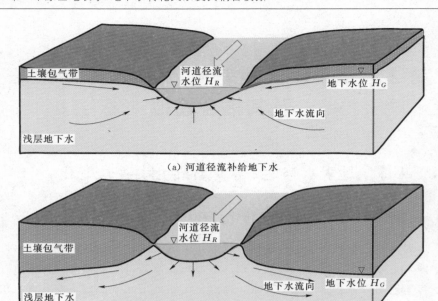

（a）河道径流补给地下水

（b）地下水补给河道径流

图 2-1 河道径流与地下水的转化

蒸发、渗漏、排泄及开发利用。其中，地下水是维持湖泊水量平衡的关键水循环要素之一。根据湖泊的位置及其与地下水的转化关系（见图 2-2），一般可分为三种补排类型：①湖泊地势较低，其水位低于周边地下水位，作为地下水排泄区接受地下水补给；②湖泊水位高于地下水位，渗漏补给地下水；③湖泊水位低于上游地下水位，但高于下游地下水位，则湖泊既是上游地下水的排泄区，又是下游地下水的补给区。

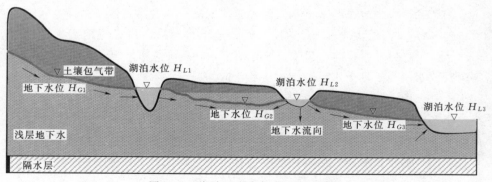

图 2-2 湖泊地表水与地下水的转化

3. 山区、平原区地表水与地下水的转化

山区排泄的地表水或地下水是平原区的重要水分来源，直接影响平原区水系统及生态系统。其水力联系有四种情景（见图2-3）：①山区地表水入渗补给平原区地下水，即山区河川径流进入平原区后，在山前带入渗补给平原区地下水；②山区地下水出露转化形成平原区地表水，即山区地下水侧向流入平原区后出露，再流入河道或湖泊，形成平原区地表水；③山区地表水流入平原区河道或湖泊，即形成平原区地表水入境水；④山区地下水侧向流入平原区地下水含水层，即形成平原区潜水层或承压层的补给水源。

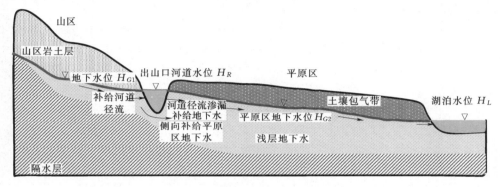

图2-3　山区、平原区地表水与地下水的转化

平原区地表水与地下水除了存在上述直接的水力联系形式外，自然条件下更为普遍的是降水经土壤包气带入渗补给地下水，以及人类活动影响下农田地表水灌溉入渗补给地下水、地下水灌溉回补地下水、地下水开采利用后排入河湖，见图2-4。

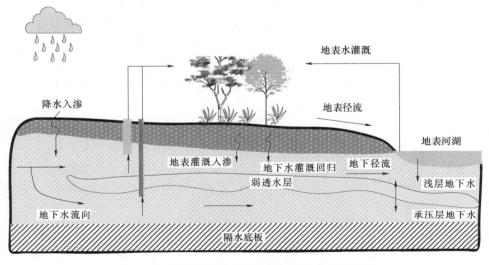

图2-4　平原区地表水与地下水的间接联系情形

2.1.2　不同地下水埋深条件下平原区地表水与地下水转化关系

自然条件下，水位是影响地表水与地下水转化关系及路径的关键动力因素。不同地下水埋深条件下，地表水与地下水之间无论是直接还是间接水力联系都发生显著变化，影响了水循环的通量、路径及形式，并导致各种生态环境效应。

1. 地下水位下降导致河湖-地下水之间的直接水力联系断裂

随着地下水位的下降，由地下水排泄补给河湖逐步转向河湖地表水渗漏补给地下水，二者之间的补排关系发生逆转（见图 2-1、图 2-2）；当地下水位进一步大幅下降，河湖地表水补给地下水的通道在逐步缩减，补给强度也呈下降趋势［见图 2-5 (a)］；当地下水埋深达到 10m、20m，甚至 40m、50m 或者更大时，河湖地表水与地下水的补给通道可能出现断裂，即地表渗漏水量需要经非饱和岩土层入渗补给地下水，原本直接相连的地表水与地下水出现断裂，造成地表水补给地下水的距离大幅度增加、补给时间及周期显著增加、补给速度和强度显著降低［见图 2-5 (b)］；在更极端的情况下，持续的补给可能加剧河湖漏损带来的水量不足问题，出现河湖间歇性乃至长期的干涸，此情景下地表水与地下水补给链断裂，直接的水力联系已经非常微弱，形成水循环的不连续性问题［见图 2-5 (c)］，诱发生态环境风险。

2. 地下水位持续下降导致地表入渗补给地下水的路径与转化规律产生根本性变化

随着地下水位持续下降，地表入渗补给地下水需要经过更厚的土壤包气带，导致入渗输移距离显著增加、入渗强度减弱、入渗补给时间增加，影响水循环链条中的多个环节，如潜水蒸发、植被吸收利用地下水等，大埋深条件下地表水与地下水的路径、通量及生态环境效应存在显著差异。

图 2-6 展示了平原区不同埋深条件下各水循环关键环节及要素之间的变化，可以看出：地下水埋深变化显著影响潜水蒸发、植被吸收利用地下水、河湖渗漏补给地下水，受地下水埋深加大的影响，上述水循环过程逐步减弱至忽略不计。

(1) 当地下水埋深非常浅时（如埋深小于 1.5m），土壤含水量较高，潜水蒸发大（易形成土壤盐渍化问题），降水或灌溉时易形成地表产流（排水），河湖地表水与地下水关系密切、补排转换频繁，如图 2-6 (a) 所示。

(2) 当地下水埋深进一步增加时（如埋深在 2~3m），土壤包气带水量增加，但含水率降低，潜水蒸发减小（土地盐碱化有所减轻），植被仍能够吸收部分地下水维系生长需求，地表产流（排水）减少，河湖地表水与地下水补排强度有所降低，地下水排泄量减少，如图 2-6 (b) 所示。

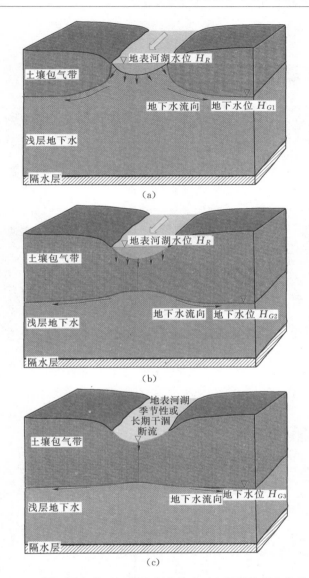

图 2-5 不同埋深条件下河湖地表水与地下水补排路径变化示意图

（3）当地下水埋深继续增加时（如埋深在 5～8m），土壤含水率进一步降低，土壤干燥化趋势加剧；潜水蒸发减小至极小量，土地盐碱化显著减轻，局部甚至会因为无潜水蒸发，盐渍化问题完全消失；大多数植被已无法吸收地下水维系生长需求，可能导致植被由非地带性植被向地带性植被过渡，引发生态退化问题；地表产流（排水）减少或保持稳定，河湖地表水与地下水补排强度显著减少，或形成季节性补给特征；地下水补给地表水大幅减少甚至逆转为地

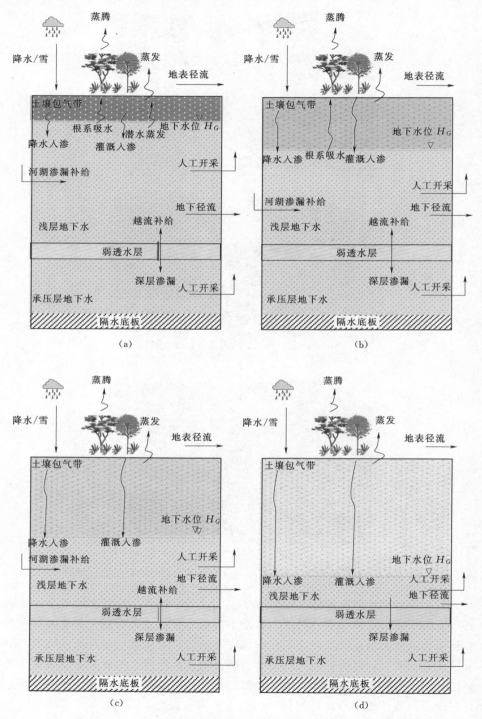

图 2-6　不同埋深条件下地表水与地下水补排关系变化示意图

表水补给地下水，河道径流显著减少，依赖地下水补给的河道断流或湖泊萎缩甚至消失，如图 2-6（c）所示。

（4）当形成地下水大埋深情形（如埋深超过 20m，甚至达到 50m 以上），地表产流（排水）减少或保持稳定，仍有一定量的降水入渗或灌溉回归水量，地表水与地下水补给通道可能出现断裂情景，地下水得不到有效补给，地下水漏斗扩大，带来不可逆转的生态问题。

2.2 强人类活动影响下的地表水与地下水转换

平原区是人类活动的主要场所，城市、耕地、道路、水利工程等建设生产设施完全改变了自然下垫面条件，改变了自然地表水与地下水转换路径及规律。本节通过解析平原区人类活动类型、表征及作用方式，探讨强人类活动对地表水、地下水及二者之间转换关系的影响，为研究平原区强人类活动影响下的水循环和水资源演变提供参考。

2.2.1 平原区强人类活动类型及其表征

从水循环过程来看，平原区强人类活动对水系统的影响表现为两大类型：一类是影响或改变地表水或地下水资源的形成与分布，如耕地、城市建设、道路建设等土地资源的开发利用活动；另一类是直接影响水资源的输移、耗散过程及分布，如水库闸坝、地表引水灌溉、地下水开采、生态补水等水资源的开发利用活动。这两类活动并非孤立，土地资源和水资源的开发利用都是为了服务于人类经济社会发展需要，土地类型的改变意味着水资源开发利用类型的变化，而水资源的开发利用也加速或迟滞了土地类型的演化。

1. 土地资源开发利用

平原区土地利用开发强度和范围显著高于山区，其显著特征之一就是人类活动最集中、改造活动最强烈的耕地和居工地面积占比一般较高，成为区域内的最主要的土地利用类型。表 2-1 分析列举了七个典型平原区或灌区不同土地利用类型占比情况。可以看出，在人口稀少、人类活动较弱的三江源区，下垫面以林草地和未利用地为主，耕地和居工地占比不足 1%；而从干旱区平原灌区到半干旱平原区，再到半湿润平原区，随着人口及人类活动的增加，土地资源开发强度呈现出明显的阶梯增长特征，土地资源系统人工化程度、人工调控作用趋势不断加强。

（1）宁夏引黄灌区、内蒙古河套灌区。地处内陆干旱区，降水量小（多年平均不足 200mm），受益于过境的黄河水，绿洲农业发展历史悠久。目前耕地和居工地面积占比达到 56%～59%，林草地面积占比 24%～32%，但其中人

表 2 - 1　　　　　　　　典型平原区或灌区不同土地利用情况对比

区域名称	降水量/mm	耕地＋居工地	林地＋草地	水域	未利用地
三江源区	440	1%	72%	2%	25%
宁夏引黄灌区	200	59%	32%	6%	3%
内蒙古河套灌区	171	56%	24%	2%	18%
大黑河平原区	410	70%	23%	3%	5%
渭河平原区	590	77%	14%	1%	9%
徒骇马颊河平原区	550	93%	3%	2%	3%
河北石津灌区	510	92%	6%	2%	0%
海河北系平原区	580	85%	7%	7%	1%

数据来源：徒骇马颊河平原区采用 2000 年土地利用数据；渭河平原区采用 2005 年土地利用数据；
　　　　　海河北系平原区、河北石津灌区、三江源区采用 2009 年土地利用数据；内蒙古河套灌
　　　　　区、大黑河平原区采用 2014 年土地利用数据；宁夏引黄灌区采用 2015 年土地利用数据。

工林草地的占比增加已成为近年来的发展趋势，人工调控和再造河湖水域的现象越来越普遍。

（2）大黑河平原区和渭河平原区。地处黄河中游，降水量在 400～600mm 之间，该区域降水能够基本维持天然植被生长需要，历来也是人口和城市发展的集中区之一（分别坐落着内蒙古呼和浩特市和陕西省西安市）。目前其耕地和居工地面积占比在 70%～77%，土地利用开发强度显著高于宁蒙河套引黄灌区，这与该区域人口相对稠密，工业及三产相对发达有密切关系；林草地面积占比在 14%～23%，水域和未利用地占比在 8%～10%。

（3）海河北系平原区、徒骇马颊河平原区及河北石津灌区。分别位于华北平原的北部、中部和南部，是京津冀城市群所在地，也是我国重要的粮棉油生产基地，人口稠密、经济发达，区域年降水量 510～580mm。目前耕地和居工地面积占比达到 85%～93%，林草地、水域及未利用地占比仅 6%～15%，开发利用强度远高于上述其他平原区，人类活动十分活跃。

2. 水资源开发利用

水利工程是反映人类开发利用水资源的能力体现。从战国时期的都江堰、郑国渠到秦汉时期的秦渠、灵渠，隋唐宋元时期的京杭大运河，清朝时期新疆坎儿井、后套八大渠，再到现代的三峡工程、小浪底工程、南水北调工程等等，水利工程的规模、控制范围既是经济社会和技术发展水平的展现，也是人类活动强度的具体表征。我国水利普查将水利工程分为十大类，包括水库工程、堤防工程、水电站工程、水闸工程、泵站工程、跨流域调水工程、灌区工程、地下水取水井、农村供水工程、塘坝与窖池。从平原地区水资源开发利用强度的角度看，水库工程、灌区工程、地下水取水井是最直观反映水资源供用和开发状况的指标。表 2 - 2 列举了表 2 - 1 中各平原区及灌区所在省区的水

库、灌区及取水井水利普查统计情况，主要包括北京、天津、河北、河南、山东、陕西、内蒙古、宁夏，平原地带是上述省区主要城市及耕地的聚集区，基本可以反映出平原区水利工程开发程度。

表 2－2 　　　　　　　部分区域水库、灌区及取水井状况统计

区域			北京	天津	河北	河南	山东	陕西	内蒙古	宁夏
2011年	地表水资源量	亿 m³	9.2	10.9	69.8	222.5	237.5	575.5	298.2	6.9
	地下水资源量	亿 m³	21.2	5.2	126.2	191.8	195.9	164.3	213.4	21.6
	地表供水量	亿 m³	8.1	16.8	38.5	96.9	127.4	54.5	91.1	68
	地下供水量	亿 m³	20.9	5.8	154.9	131.3	89.3	32.7	92.5	5.6
水库	水库数量	个	87	28	1079	2650	6424	1125	586	323
	总库容	亿 m³	52.17	26.79	206.08	420.17	219.18	98.98	104.92	30.39
	兴利库容	亿 m³	40.4	12.69	84.92	147.92	113.48	50.49	37.92	4.14
	设计供水量	亿 m³	20.13	20.98	96.67	89.1	70.73	47.46	34.19	74.15
	平原水库数量	个	6	19	205	418	427	157	267	44
	平原水库总库容	亿 m³	0.91	10.8	23.03	46.25	60.06	5.32	28.63	2.77
	2011年实际供水量	亿 m³	5.78	12.33	41.51	47.42	36.81	22.92	11.69	67.48
灌区	控制灌溉面积	万亩	347.89	482.54	6739.15	7661.29	8196.46	1956.32	5083.05	862.48
	2011年实际灌溉面积	万亩	257.5	418.11	5934.42	6808.83	7310.69	1574.74	4357.34	809.74
	0.2m³/s 及以上规模渠道 渠道数量	条	70	8007	19996	18915	38115	8723	34847	13800
	渠道长度	km	139.9	7091.6	25840.7	33569.4	45029.3	20396.9	51737.7	17646.9
	建筑物数量	个	188	5734	66893	107421	100410	73698	120864	71711
	0.6m³/s 及以上规模排水沟 排水沟数量	条	497	12975	4876	9425	40000	739	1626	8840
	排水沟长度	km	716.9	8428.8	6374.7	19535.2	43434.4	2182.1	4595.2	9682.3
	建筑物数量	个	1636	6036	7093	29758	63128	3730	3763	15083
取水井	数量	眼	80532	255553	3910828	13554632	9195997	1436791	2845110	338612
	取水量	万 m³	164127	58902	1463808	1136991	893195	259379	855845	59521
	规模以上机电井（井管内径大于200mm，日取水量大于20m³） 浅层井数量	眼	48524	17656	785539	1083318	819277	115423	342277	9116
	深层井数量	眼	133	14397	115784	21995	6593	30754	769	865
	山区	眼	5275	2958	84213	43882	121958	17308	135904	3869
	平原区	眼	43382	29095	817110	1061431	703912	128869	207070	6112
	城镇生活	眼	4966	1256	4670	5601	4405	2556	2447	717
	乡村生活	眼	8461	5492	35649	19477	33174	12443	16802	421
	工业	眼	3124	2471	15743	8743	15548	3300	5101	1151
	农业灌溉	眼	31943	22544	805054	1071245	772581	127777	318660	7690
	2011年实际取水量	亿 m³	16.29	5.87	141.29	98.15	79.52	22.5	73.5	5.54

注 表中水库、灌区和取水井数据摘录于第一次全国水利普查成果丛书《全国水利普查数据汇编》；2011年地表、地下水资源量、供水量数据摘录于《2011年中国水资源公报》。

分项来看，水库数量山区居多，平原区水库数量占比平均约为 24％、库容占比约为 17％，水库主要修建在山区，但山区水库的主要供水对象则是下游的平原城市或耕地，水库供水能力或实际供水量占当地水资源量的比例在 9％～986％，其中天津、宁夏均存在当地地表水源不足，严重依赖区外地表水源供水的情况；北京、河北、河南、山东地区的地表供水占地表的比例均超过 40％。灌区引水渠系、排水渠系及其附着的建筑物是灌区调控水资源的主要工程设施，例如宁夏引黄灌区每万亩灌溉耕地对应的规模以上引水渠道长度达到 20.46km，引水建筑物 83.1 个，排水沟道长度 11.23km，排水建筑物 17.5 个。地下水取水井则反映了地下水开发利用能力，主要类型包括日取水量超过 20m³ 的规模以上机电井、规模以下的机电井和人力井，其中规模以上机电井占比 2.9％～60.4％，北京地区规模以上机电井占比最大；规模以上机电井中，55％～99.8％ 的机电井为浅层开采井，60％～96％ 的机电井分布在平原区，66％～97％ 的机电井主要供农业灌溉使用。

2.2.2　强人类活动对平原区地表水与地下水的影响

人类活动对土地资源的开发利用、修建的大量水利工程设施越来越显著地影响甚至改变了平原区水循环系统，加速了水资源系统结构、驱动力、循环转化规律的演化进程，引发一系列的生态、环境效应。下面从四个方面阐述其影响：

1. 重构了平原区水循环系统要素间转化关系和拓扑结构

自然状态下，水循环过程受气候、地形、植被土壤等自然驱动力的影响，其下垫面及水资源分布呈显著的地带性特征。以河套绿洲为例［见图 2－7 (a)］，在人类大规模垦田发展农业生产之前，绿洲大部分区域属于干旱荒漠地带，天然绿洲主要集中于黄河沿岸河滩及山区河流周边，一般沿河流形成天然绿洲带，但面积相对较小，具有随水源的时空分布变化而变化的显著特征，生态系统以区域地带性植被为主。从水循环角度看，绿洲水分来源于本地降水、山区地表径流和山区地下水侧向补给以及过境黄河水对地下水的补给，蒸发蒸腾及地表产流输出是其水分排泄的途径，土壤及地下水保持多年平衡稳定状态。

随着人类活动范围的扩展以及调控水资源能力的大幅提升，大部分天然绿洲逐渐演变为天然-人工绿洲，且形成了人工调控成为主导的趋势。一方面，通过侵占天然生态面积，在绿洲内部形成的由人工供水支撑的人工绿洲，构成了绿洲区社会经济的载体；另一方面，通过人工引水灌溉等手段，将绿洲外径流向人工绿洲集中，抬高了人工绿洲及其周边的地下水位，形成了新的绿洲地表水与地下水补排转化关系。图 2－7 (b) 展示了内蒙古河套沿黄绿洲生态在

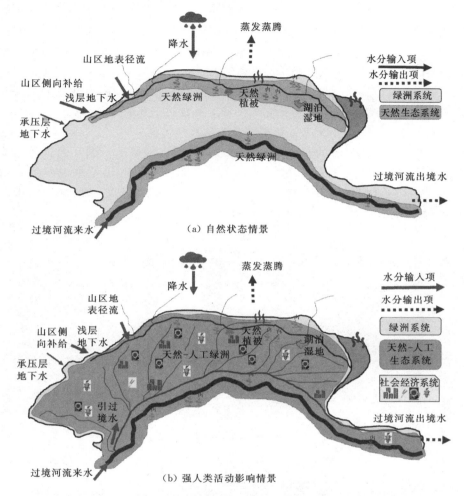

（a）自然状态情景

（b）强人类活动影响情景

图2-7 自然状态与强人类活动影响下平原区水循环系统要素与
植被生态分布示意图（以内蒙古河套绿洲为例）

人工影响下的显著变化：人工渠系遍布绿洲平原区的空间边沿，绿洲带面积迅速扩大，直至平原地貌单元的边界；绿洲水源由天然状态下的本地水为主转变为以引用过境水为主、本地水为辅；植被生态则转变为以人工种植的作物、林草地为主导；河湖湿地对人工调控补水的依赖性在逐步增强。

对比人类活动影响前后绿洲水资源和生态结构的变化，可以看出：通过土地资源开发和水资源利用，客观形成了人工修建的灌区干渠、支渠、斗渠、农渠等多级引水渠系，或者大量分布的灌溉机井，以满足农田灌溉需求，实质上已经形成了一套特征鲜明的水资源耗散通道，即灌溉水源通过各级渠道或灌溉

机井输送分散至各灌溉田块，完成水资源由点、线扩散到面的过程（可参考第
1 章图 1-5 和图 1-6）。水资源在参与经济社会活动后，剩余水分通过地表或
地下通道，受自然水文运动规律或人工驱动作用，从面到线沿沟道、河道向流
域出口汇集。由此，天然状态下的水资源自然汇合结构被打破，形成了平原区
典型的水资源耗散-汇合结构，水循环各要素之间也由单一的自然重力势能驱
动关系转化为自然重力势能与社会人工势能复合的拓扑结构。

　　2. 改变了平原区水资源系统通量及其耗散转化特征

　　人类活动影响形成的复合水系统结构体系下，平原区水循环通量相比天
然情景下已经产生显著的变化。将地下潜水面以上包气带及地表作为平衡
体，分析区域水量平衡关系，详见图 2-8 所示系列典型平原区水资源系统
通量特征。

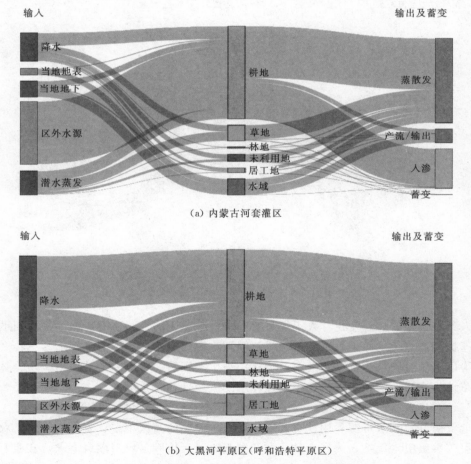

（a）内蒙古河套灌区

（b）大黑河平原区（呼和浩特平原区）

图 2-8（一）　典型平原区水资源系统通量特征

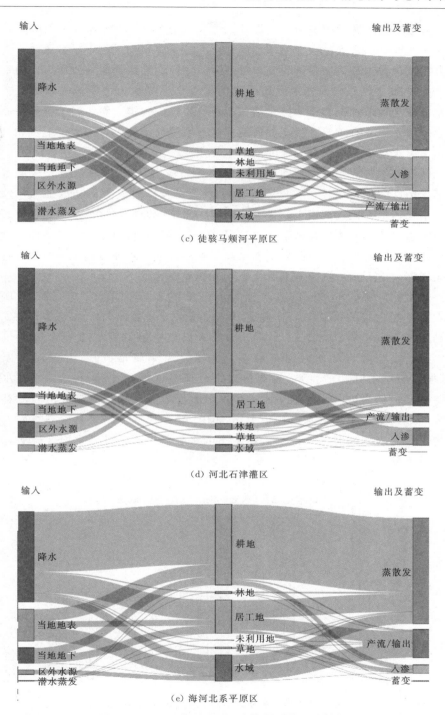

（c）徒骇马颊河平原区

（d）河北石津灌区

（e）海河北系平原区

图 2-8（二） 典型平原区水资源系统通量特征

　　从水资源系统的源通量看（即输入水分通量）：①随着降水量的减少，平原区人工区外引水通量占比呈增加趋势，尤其是降水稀少的干旱平原区，人工区外引水已成为输入通量的主要组成部分，如河套灌区的区外水源占比通常超过 65%，而半干旱半湿润平原地区则仍然以当地降水为主要输入水源；②地下水源成为调节和保障平原区生活、生产、生态的关键水源，对于维系平原区健康持续发展具有重要意义，如海河北系、大黑河平原区，当地地下水相对丰富，地下水已成为城市和农业灌溉的主要水源。

　　从绿洲水资源系统的汇通量看（即消耗与输出量）：①蒸散发是区域水资源汇集消耗的主要途径，占比通常超过 75%，且随着人类活动的加强，垂向水分消耗通量占比逐渐增大，进一步削弱了水平向通量，这也是地表径流衰减的原因之一；②入渗补给地下水是平原区水分汇集的重要途径，对平原区地下水平衡状态影响显著，但随着地下水超采加剧，地下水埋深逐步从浅埋深过渡为大埋深，地下水的资源调节及生态功能明显弱化。

　　从平原区不同下垫面的水分通量看（见图 2-8、图 2-9、图 2-10）：①农业生产为主的平原区，其耕地单位面积水分通量最大，如河套平原、徒骇马颊河平原、石津灌区；②城市群或人口集中区，其居工地水分通量最大，显著高于灌区；如海河平原区（北京、天津城市群）、大黑河平原区（区域中心城市呼和浩特）；③非耕地水分通量区域占比接近 40%，其水分来源主要包括当地降水、地下水，但区域差异显著，地表灌溉区由灌溉补充带来的地表水补给地下水占比更大，说明干旱平原区灌溉水不仅支撑着农田作物生长需求，同时还支撑着天然生态的水分需求，是维系平原区健康持续的重要基础。

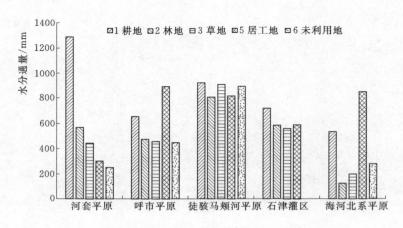

图 2-9　典型平原区不同下垫面水分通量特征

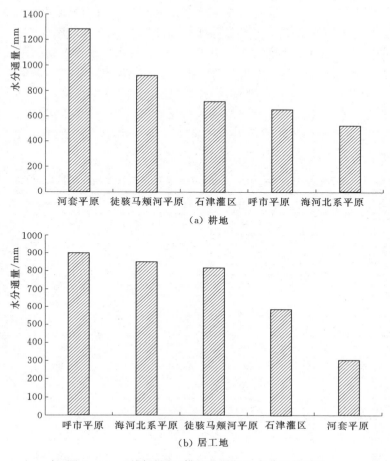

图 2-10 不同平原区耕地及居工地水分通量对比

3. 导致了地表水-地下水补排响应关系的多重变化

平原区人类活动对水资源系统的强烈扰动表现在两个方面，即地表水开发利用或地下水开发利用。从典型平原区的发展历程及特点看，不同的开发利用模式和程度，形成了时空差异显著的地表水与地下水转化关系与规律特征，主要表现为以下几种情形：

（1）主要开发利用当地地表水资源的情形。地表河川径流性资源的取用最为便捷，通常也是人类开发利用优先选取的水源。在经济社会发展需水相对较小且地表水资源充足的阶段，地表水资源通常作为主要水源，随着用水需求的增加，在河流上修建了大量水库及引水工程，地表取水量与开发程度也不断增加，其直接影响是河川径流过程明显不同于天然过程，径流量显著减少，甚至河道断流、湖泊萎缩无法满足供水需求。例如华北平原 20 世纪 50—80 年代在各子流域出山口修建了大量的水库，担负着拦蓄洪水、保障城市与灌溉供水功能，但随着上下游水资源开发利用程度的剧烈增加，地表入库径流显著衰减。表 2-3 统计了密云和官厅水库 1956—2009 年系列入库水量及蓄水量变化。可以看出，自 20 世纪 50 年代以来，两库来水量总体均呈现不断衰减的趋势，尤其是 80 年代以后，水库来水量衰减更加迅速，而随着用水量大幅增加，为保障供水安全，水库蓄水量一直保持在高位运行，与 60、70 年代相比，1980—2009 年系列两库年均入库水量减少了 61%，而年均蓄水总量增加了 2%，90 年代两库年均蓄水总量达到 31.7 亿 m³。

表 2-3　密云、官厅水库 1956—2009 年入库水量与蓄水量变化情况 单位：亿 m³

时　间	密　云		官　厅		密云＋官厅	
	入库水量	蓄水量	入库水量	蓄水量	入库水量	蓄水量
1956—1959 年			20.4	8.9		
1960—1969 年	11.1	12.8	13.0	5.5	24.1	18.3
1970—1979 年	12.8	17.1	8.2	4.7	21.0	21.8
1980—1989 年	6.0	12.9	4.6	3.7	10.6	16.5
1990—1999 年	7.6	26.8	4.2	4.9	11.9	31.7
2000—2009 年	2.8	10.8	1.2	2.1	4.0	12.9
1960—1979 年平均	11.95	14.95	10.60	5.10	22.55	20.05
1980—2009 年平均	5.47	16.83	3.33	3.57	8.83	20.37
1960—2009 年平均	8.06	16.08	6.24	4.18	14.32	20.24

（2）开发利用当地地下水资源的情形。当地表水资源天然缺乏或由于地表水资源不足以支撑经济社会发展用水时，开发利用地下水成为必然选择。图 2-11 为河北省 1956—2016 年地下水开采量统计结果。可以看出，50 年代地下水年均开采量仅 22 亿 m³，60 年代增至 38 亿 m³，70 年代快速增至 97 亿 m³，80 年代进一步增至 129 亿 m³，90 年代缓慢增至 150 亿 m³，2000—2009 年达到 161 亿 m³，2010—2016 年回落至 144 亿 m³，与 50 年代相比地下水利用量增加了 6.5 倍，相当于每年用掉 1/3 个黄河水量。持续的开采导致地下水严重超采，累计超采水量超过 1550 亿 m³，相当于 4 个三峡水库的库容水量；四十余年来地下水位持续下降。河北省浅层地下水平均埋深从 50 年代的 2.0m 增至 2010 年以来的 16.7m（见图 2-12），漏斗中心水位埋深不断刷新纪录，平原区浅层地下水漏斗中心埋深已经由 5m 降低到 80m，中东部深层承压水中心水位埋深从不到 50m 下降到超过 150m，形成了 3.3 万 km² 浅层地下水和 4.8 万 km² 深层地下水超采区，相当于 2~3 个北京市的面积，已经发展成为"全球最大的地下水漏斗"。

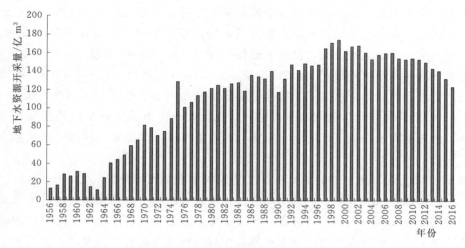

图 2-11 河北省 1956—2016 年地下水开发利用量变化

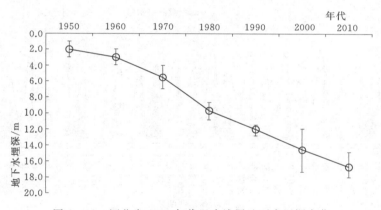

图 2-12 河北省 1950 年代以来浅层地下水埋深变化

地下水位的下降给地表水带来两方面的直接效应：一是原本作为补给地表径流基流量部分的地下水量逐步衰减归零，地下水补给地表水作用迅速衰退；二是地下水位降至河道水位以下后在渗透性好的区域直接形成对地表水的袭夺，地表水与地下水补排关系逆转，地表水大量补给亏缺的地下水含水层，进一步加剧河道径流衰减形势，导致河道断流干涸、河湖湿地萎缩、地面沉降、生态退化、污染累积等一系列问题。据统计，华北平原地区依赖地下水补给的河流常年断流，1980 年以来永定河卢沟桥-屈家店一带只有 3 年汛期有少量径流，过流时间不足半月，大清河与子牙河年均断流干涸超过 300 天以上，漳河与漳卫新河断流时间超过 208 天。

（3）主要开发利用区外地表水资源的情形。对当地地表水资源匮乏的区域来说，合理利用区域外客水资源是满足本地经济社会发展的重要保障，如地处干旱区的河套灌区平原，长期依赖黄河水资源维持本地农业灌溉和城市发展。长期利用区外地表水资源，使其水循环具有显著的"降水/灌溉→入渗→蒸发/排泄"这一典型的耗散-汇合结构特征。由于灌溉的补给，地下水埋深普遍较浅，灌溉后区域地下水位迅速抬升，随着灌溉结束水位逐步消落（如图 2-13 所示），呈现出非常显著的灌溉开始→水位抬升→灌溉结束→水位消落变化规律，灌溉地表水与地下水的转化频繁，由此也形成了伴随这一过程的区域生态系统。

4. 地表水与地下水补排失衡引发了区域生态环境问题

随着地表径流衰减、区外引水减少，地表补给地下水强度减弱以及地下水开采强度居高不下，地下水潜水位持续下降，改变了地表水与地下水之间的循环转化关系，而地表水与地下水补排关系的逆转或失衡直接引发一系列区域生态环境问题。例如，华北平原地下水位下降给平原区天然河湖湿地带来毁灭性

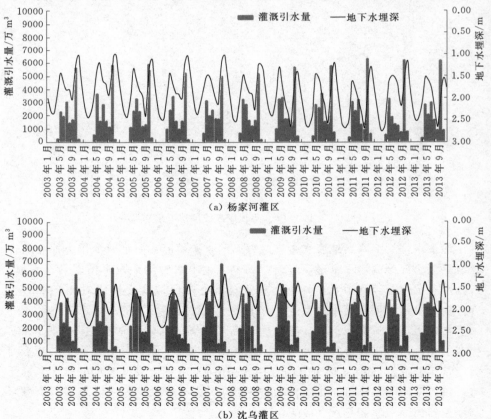

（a）杨家河灌区

（b）沈乌灌区

图 2-13（一）　河套平原灌区地表引水过程与地下水埋深变化响应

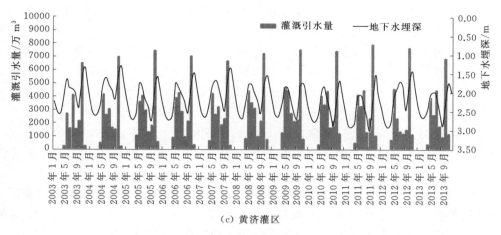

（c）黄济灌区

图 2-13（二） 河套平原灌区地表引水过程与地下水埋深变化响应

破坏，天然河湖湿地大幅度萎缩，虽经过大量人工补水修复，当前河湖湿地面积仅相当于 20 世纪 50 年代的 40%，相当于消失了 30 个白洋淀（现状白洋淀淀区面积约 200km²）。此外，地下水超采还造成严重的地质环境灾害，在天津和河北中部平原已经发生区域性地面沉降问题，沉降幅度超过 0.1m 的面积占比超过 55%，最大降深达到 1.52m，造成建筑物和铁路路基沉陷、桥梁破坏、房屋与大堤出现穿裂缝损坏，给生产生活带来恶劣影响。即便是在灌溉水量较多、地下水埋深较浅的干旱灌区，同样导致一系列生态环境退化的问题。如宁蒙河套灌区，1998 年以来，水资源短缺倒逼缺水地区开始持续大规模推行灌区节水改造以提高农业用水效率，引黄水量较 1998 年减少 30 亿 m³，与此同时灌区地下水位平均下降超过 0.52m，地下水超采区面积逾 900km²，出现小湖泊消失、大湖泊萎缩、部分人工林成片死亡等一系列生态问题。

2.3 平原区地表水与地下水耦合模拟

2.3.1 地表水与地下水耦合模拟难点与问题

降水、蒸散发、产汇流等地表水文过程与地下水过程相互作用，是一个具有密切联系的有机整体。由于地表水与地下水运动的差异性及不同领域关注的侧重点不同，客观上形成了模型构建时往往会侧重于水文过程的某些方面，对其他过程则简化或忽略。如地表水模型通常侧重于河道径流过程的形成与演进模拟，而地下水模型则侧重于考虑饱和带水流及其蓄变作用，对降水入渗、非饱和带土壤水与地下水之间的动态联系则进行参数化处理。随着人类活动强度的增加，对变化环境下的水文响应及水资源演变规律的研究受到越来越多的关注，从大气降水-地表水-土壤水-地下水及水资源开发利用全过程考虑不同环节或过程水分转化及其反馈作用的研究显得尤为重要。尤其是近年来遥感、地理信息及计算机模拟软硬件技术的快速发展，为建立全过程的精细化水系统模型提供了技术条件，地表水与地下水的耦合模拟成为国内外研究的热点之一，也产生了一系列地表水与地下水耦合模拟模型，促进了水资源评价、水循环演变、水资源管理及生态环境保护等领域的发展进步。

从地表水与地下水耦合模型的动力过程、作用方式、耦合结构及适用范围综合来看，可将其分为以下四类：

（1）基于地表水模型扩展地下水模块。即通过地表水模型模拟输出水量、水位等数据信息，作为地下水模拟的输入或边界条件，进行地下水过程的模拟，属于地表水模型与地下水模型之间的松散耦合或单向耦合，其中地表水过程采用传统水文模型方法，地下水过程采用均衡或动力学方法。比较有代表性的如雨洪径流模型 HSPF（Becknell，1993）、新安江模型（郝振纯，1992）、IHM（Aly，2005）、SWATMOD（Sophocleous，1999；Kim，2008；王中根，2011；Bailey，2016）、GSFLOW（Ettling，2008）等。此类耦合方式的优点是具有较为成熟的模型基础，比较便于应用操作，但由于这类模型对饱和含水层动力过程的简化及缺少对河流、湖泊、湿地等地表水-地下水交互过程的定量描述，早期版本只能进行地表水变化对地下水的单向反馈及影响分析，不能模拟和反映地下水变化（如地下水开采）对地表水的影响，适用于地下水对地表水系统补给或排泄关系较弱的区域。近年来，其中一些模型也在借助新的技术和模拟方法不断改进和发展，能够考虑农田灌溉等人类活动带来的地表水与地下水转化关系影响（Perkins，1999；刘路广，2012；Xin Wu，2016）。

（2）基于地下水模型扩展地表水模拟功能。此类耦合方法以含水层水动力方程数值求解建立的地下水模型，其比较适用于分析地下水时空变化特征以及降水、入渗补给、地下水开采、潜水蒸发等因素对地下水系统的影响，但对土壤水、地表水的动态变化一般采用源汇项或边界条件进行概化，难以定量描述和反映地下水变化对上述水文过程的影响。为克服这些问题，也发展出一些改进这一问题的模型，比较有代表性的如基于 MODFLOW 发展起来的 MODBRANCH（Swain，1996）、MODFLOW - UZF1（NISWONGER，2006）、MODFLOW - SWR1（Hughes，2012）、地表河网-地下水系统耦合模型（武强，2005）、湖泊-地下水模型（张奇，2007）、四水转化模型（Chen X，2007）、MODCYCLE 模型（陆垂裕，2012）等。

（3）基于小尺度地表水-土壤水-地下水数值耦合模拟模型。此类方法通常全部采用具有显著物理机制的动力学方程，如地表水模拟采用地表漫流的运动方程、土壤水模拟采用一维非饱和土壤水运动方程、二维地下水非稳定流方程，结构上通过划分统一的矩形单元格，按照统一的尺度和边界进行衔接，地表水、土壤水与地下水之间通过统一的变量进行传递，无需中间转化过程。比较典型的模型如卢德生（1992）在研究四水转化关系时建立的降雨、地表水、地下水相互作用的耦合模型，并以河北省南皮县常庄乡的试验区为案例分析了不同场次暴雨下的降水入渗及地下水变化特征；李旭东（2018）建立了农田尺度地表水-土壤水-地下水耦合模型，以栾城试验站为例模拟分析了大埋深条件下水分循环转化与补给规律。此类模型的优点是物理机制清晰，具有很好的理论基础，在单元上实现了地表水-土壤水-地下水的一体化模拟，其不足之处在于模拟的时间尺度通常在秒或分钟级，数值求解计算时间较长，对边界条件敏感且精度要求高，因而主要适用于小时空尺度范围的模拟研究（如单次降水条件下地表水与地下水的模拟分析），在大尺度、人类活动影响大、边界条件情况复杂的区域应用难度大。

（4）大尺度分布式地表水-地下水一体化耦合模拟模型。此类模型的特点是围绕流域尺度、核心过程均采用物理动力学过程模拟，地表产流过程采用 Green – Ampt 或 Richards 方程计算，坡面汇流及河道汇流采用运动波或动力波计算，浅层及承压层地下水运动采用二维或三维地下水运动方程进行数值模拟，河道、湖泊等地表水体与地下水之间则通过水位变化关系进行模拟计算。如丹麦水力研究所（DHI）在欧洲水文模型 SHE 的基础上开发的综合性分布式水文系统 MIKESHE 模型（Thompson，2004；卢小慧，2009）、德国亥姆赫兹环境研究中心（The Helmholtz – Centre for Environmental Research）研发的 mHM（The mesoscale Hydrologic Model）（Samaniego，2010）、INhm 模型（Vanderkwaak，2001）、MODHMS 模型（Panday ，2004；Zou T Y，2015），以及国内的 GBHM 模型（杨大文，2004）、WEP 模型（贾仰文，2005）、WACM 模型（裴源生，2006a，2006b）等。

总的来看，当前地表水-地下水耦合模拟研究在模型方法和应用方面均开展了大量的研究工作，也有了丰富的积累，但仍存在三大难题亟待更好的解决：①垂向结构上地表水与地下水的时空单元嵌套；②水平方向地表水与地下水之间的交互衔接；③考虑社会水循环过程的地表水与地下水耦合模拟问题。

2.3.2 水资源系统耗散-汇合单元拓扑关系构建

在第 1 章中系统解析了平原区水循环系统的耗散-汇合结构及其特征，要通过模型刻画和模拟其这一特征，首先需要构建目标区域水资源系统耗散-汇合单元拓扑关系，主要思路及过程如下：

（1）确定研究区自然汇流水系网络，并划分汇合单元，明确单元间汇流关系。

1）梳理研究区内的汇流载体情况，通过地理信息建立河网拓扑关系。如地表河流水系，可借助地图软件将区域内河流水系分布进行矢量化，并对河道进行分段编码，建立河道特征数据库，包括河段编号、长度、坡度、深度、糙率系数、下游河段编号、水库编号、闸坝编号等。若是地表引水灌区，则用同样方法将排水渠系的总干沟、干沟、支沟、斗沟、农沟等分级信息进行矢量化，并建立各级排水沟特征数据库，包括排水沟编号、类型、级别、长度、坡度、深度、糙率系数、下游沟段编号等，同时注意将排水沟道纳入整个流域水网中进行编码，建立一体化的水流拓扑关系。

2）依据已确定的各段汇流河段或排水沟段，确定汇水单元边界，明确汇水单元与河段之间的水流关系，并同步进行编码。

（2）确定研究区社会水循环耗散网络及路径，并划分耗散单元，明确单元之间的水流耗散关系。

1）获取研究区人工取水、输水设施或供水范围信息，如引水渠系、开采井等，根据其地理信息进行空间矢量化，构建耗散要素之间的拓扑关系和特征数据库。例如，灌区引水渠系的耗散拓扑关系构建，关键是利用地图软件将总干渠、干渠、支渠、斗渠、农渠等各级渠道信息进行矢量化，并建立各级引水渠系之间水力关系及渠道特征数据库，包括渠系编号、类型、级别、长度、坡度、深度、糙率系数等。对井灌区，其核心耗散路径为开采井，关键是获取地下水开采井坐标，并对开采井进行编码，建立地下水开采井的特征数据库，包括开采井编号、经度、维度、井深、水源类型、成井日期、水泵功率、井口标高、水位标高、埋深等。

2）根据耗散路径、水力联系及行政区划因素，确定耗散单元边界，建立各级耗散单元之间的水流关系，并进行统一的编码。

（3）叠加映射构建耗散－汇合拓扑关系，并通过地下水网格串联耗散单元与汇合单元，建立二者之间的耦合关系，明确水流在耗散单元与汇合单元之间的传递转化路径，实现平原区自然水循环与社会水循环在结构上的耦合。

1）利用地理信息处理软件将研究区域划分为 1km×1km（或者 2km×2km 以及其他尺度）的网格单元，并对网格单元的行、列编号，标识区域内有效单元。划分网格单元的作用有两个：①串联耦合前面确定的耗散单元和汇合单元；②作为地下水数值模拟或者整个模型计算单元的空间单元。

2）按照空间地理位置关系，确定每一个网格单元所对应的耗散单元和汇合单元，即明确每一个网格单元的水分来源和去向，同时确定对应的拓扑关系，比如所在地市与区县行政区、所在灌区与灌域、对应引水渠段与抽水井、所在流域与子流域单元、河段、排水沟段、水库、取水口与排水口等。

3）在上述基础上获取网格单元对应的气象、土地利用、植被、土壤、地下水等信息，并建立数据库。如网格计算单元对应的气象站点信息、土地利用类型及种植结构、复种情况、主要土壤类型及物理特征参数、水文地质参数等，并绘制相应的参数分布图。

2.3.3　地表水-土壤水-地下水一体化模拟实现

平原区水循环过程的耗散-汇合结构特征客观上反映出水分在地表、土壤、地下各层的频繁转换过程，尤其是大量的人工灌溉及土地利用变化进一步改变了地表水、土壤水和地下水之间的转换路径与通量。因此，平原区水循环的模拟计算需要在考虑其耗散-汇合特征之外，将地表水、土壤水、地下水进行一体化的模拟，充分考虑人类活动影响下各层水分通量的转换与循环过程。

（1）在单元垂向层面，平原区地表水-土壤水-地下水循环转换一体化模拟计算采用紧密耦合方式依照水流次序逐层依次计算，如图 2-14 所示。其中，地表水过程包括降水、蒸散发、农业灌溉、工业生活取水与排水等，土壤水过程包括地表产流、入渗、潜水蒸发等，地下水按照潜水层与承压含水层根据情况计算其地下水源汇项、水位动态变化。详细过程在模型原理部分会有详细的介绍。

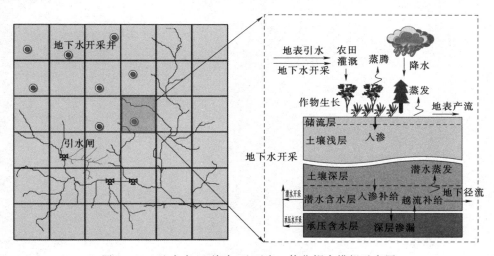

图 2-14　地表水-土壤水-地下水一体化耦合模拟示意图

（2）在空间结构上采用耦合了耗散-汇合关系的网格单元作为唯一的计算单元，其他所有信息均通过单元垂向与水平向的水流传递关系进行刻画和模拟计算。如图 2-15 所示，地表水、土壤水和地下水计算均采用网格计算单元，保证了彼此间信息传递的一致性。其中，地表水网格单元由于建立了水流的耗散-汇合结构关系，因此当从一片区域来看时，其模拟结果就能够客观反映该区域的水平向水流循环转化特征，为精细模拟自然-人工水循环过程提供了基础。

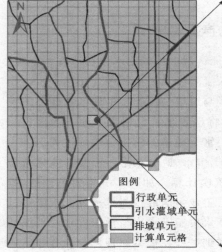

信息类型	数据信息说明
单元地理信息	单元高程、坡度值
所在行政区	到每个县及相应的用水信息
所在灌域	对应的四级灌域
对应引水渠	引水的来源
所在排域	对应的四级排域
对应排水渠	排水的去处
对应的自然河道	汇流的拓扑关系
井灌分布信息	是否有地下水取水点
水利工程信息	是否有引排水工程设施
土地利用信息	单元土地利用类型（动态）
土壤分布信息	单元土壤类型
水文地质信息	含水层厚度、初始地下水位等

图 2-15　计算单元空间拓扑关系

第3章 平原区水的分配与循环模拟模型
——WACM 模型

3.1 WACM 模型简介

3.1.1 WACM 模型发展历程

WACM 模型（Water Allocation and Cycle Model，简称 WACM）是由中国水利水电科学研究院水资源所裴源生教授级高级工程师、赵勇博士领衔的研究团队历经十余年自主开发而成的一套分布式水循环与水资源配置模型系统（裴源生，2006a，2006b；赵勇，2007a，2007b，2007c）。该模型系统围绕平原区强人类活动影响，基于广义水资源理论对平原区水的分配、循环转化过程及其伴生的物质、能量变化过程进行全过程精细化模拟仿真，可为水资源配置、自然-人工复合水循环模拟、物质循环模拟、气候变化与人类活动影响等提供模拟分析的手段。

WACM 模型系统在应用的过程中结合实践需求及技术问题不断改进和更新，自 2005 年以来相继开发出 WACM1.0、WACM2.0、WACM3.0 和 WACM4.0 四个版本：

（1）WACM1.0 版本。WACM 模型的开发最早依托于科技部西部开发重大攻关项目"宁夏经济生态系统水资源合理配置研究"，初期版本的模型系统围绕水循环模拟和区域水资源配置需求构建了两大核心模块，即平原区分布式水循环模拟模型和区域水资源合理配置模型，模型在宁夏水资源配置、生态稳定性评价、经济效益响应、农业节水潜力等方面取得了很好的应用效果（裴源生，2006a；赵勇，2006）。

（2）WACM2.0 版本。在 1.0 版本基础上，针对流域山区-平原区的产汇流及地下水模拟中的边界衔接问题，按照山区与平原区不同的产汇流特征对产流、汇流模块进行改进，将流域山区水循环中的河道汇流、山前地下水排泄分别与平原区水循环中的河道汇流、地下水模拟过程衔接起来，从而实现对流域山区-平原区水循环全过程模拟。同时，为了满足植被生长和土壤风蚀过程的模拟需求，研发了植被生长和土壤风蚀模块，并在徒骇马颊河流域进行了应用（赵勇，2011）。

（3）WACM3.0 版本。在 2.0 版本基础上，针对水循环伴生的物质循环过程，依托水循环过程模拟，开发了流域/区域物质循环模型，增加了氮循环和碳循环的模拟功能，并通过水与氮、碳在大气、植被、地表、土壤和地下多个界面循环中与水循环的相互作用实现动态耦合，可用于流域或区域的水循环模拟、污染物迁移转化过程模拟、氮循环与碳循环过程模拟，为水环境模拟、农业非点源污染影响及温室气体排放的影响效应提供技术工具（翟家齐，2012）。该版本成功应用于海河流域北系、石津灌区、三江源区等多个地区，取得了较好的效果。

（4）WACM4.0 版本。前三个版本模型都是采用 Delphi 语言平台开发，在编程语言的通用性和模型结构架设上还存在较大的限制，尤其是调用成熟的外部程序模块较为困难，模型运转效率也逐渐不能满足应用需求。为解决上述问题，自 2011 年开始从框架和语言上对 WACM 模型进行结构重新设计和代码重新编写，形成 WACM4.0 模型。WACM4.0 版本的核心目标是构建一个水资源开发利用条件下，以水量循环过程为载体的流域能量过程、水化学过程和生态过程的综合性模拟分析研究平台。在程序语言上采用 VB. NET 和 Fortran 语言进行混合编程。模型全部代码利用 VB. NET 和 Intel Visual Fortran 编译器在 Visio Studio 平台下完成编译。并利用在 Visio Studio. NET 框架下使用 Fortran 语言编程的方法与 ArcGIS 软件以共享文本文件的方式实现耦合（刘文琨，2014）。该版本模型目前已成功应用于渭河流域、淮河流域、河套灌区等多个区域，并且在应用过程中结合实际问题不断完善和发展。

3.1.2　WACM 模型主控结构

WACM 模型的研发一直坚持模块化构建思路，以便于根据模拟需要来新增功能性模块，这也是当前各类模型开发的主流思想。采用模块化开发思路，需要将水循环的自然过程及人工过程分解成相对独立的子过程，然后将每个子过程进行独立的模块化开发，通过主程序调用实现整个过程以及模块之间的耦合交互。其中，采用什么样的主控程序结构将这些模块系统组合起来，以实现不同的模拟环境和功能需求，是影响模型适用能力、模拟效果以及计算效率的关键。

3.1.2.1　WACM 模型框架

WACM 模型整体框架如图 3-1 所示。其中，水循环模拟模块是 WACM 模型的核心，水资源配置、水环境模拟、植被生长、土壤风蚀、氮循环与循环等其他过程的模拟均是以水循环过程为基础展开的。

3.1.2.2　时间尺度选取

模拟时间尺度分多个层次，如输入数据的时间尺度、模拟单元的时间尺度、模型参数的时间尺度、输出结果的时间尺度等，在同一个模型中并非要求

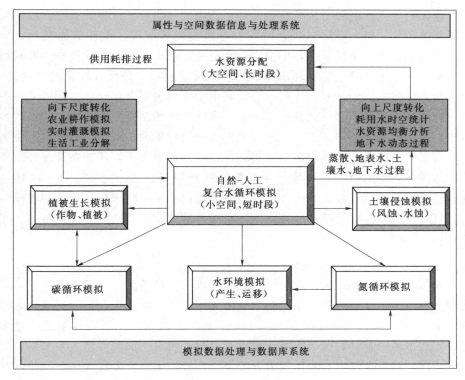

图 3-1 WACM 模型框架

所有层次的时间尺度完全一致，而是根据模拟研究目的、数据资料情况等综合确定。通常，我们在了解一个模型的时间尺度要求时习惯选择模拟单元过程的时间尺度作为主要参考指标，水循环模型多以日作为最小模拟时间步长、配置模型多以月或年作为计算时间步长。模型的时间离散概化如图 3-2 所示。

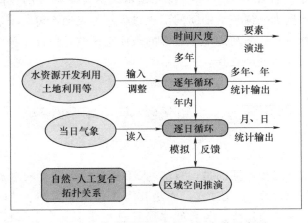

图 3-2 模型不同尺度的时间离散示意图

59

　　由于自然水文过程的周期性以及社会经济用水的年、月特征，在时间序列上通常采用年、月、日多层嵌套循环的方式实现多过程、全环节的模拟。例如，在多年长系列流域水循环模拟中，为便于反映模型各类参数和输入数据的年际变化，模型选择逐年循环作为第一个循环层次，这种处理方式的好处是：一方面可以将水资源配置、水资源开发利用、土地利用等在规划与实际工程中的年际改变和调整及时反馈到模型中去；另一方面便于模型逐年数据的统计和输出，在模型率定时可方便的从宏观上把握模拟结果的合理性，根据实际应用需求添加针对不同水循环问题的代码。在逐年循环层次下，还需完成逐日循环层次的模拟，即通过当日气象、水资源开发利用等数据，完成逐日水循环过程，然后对流域日过程进行统计、输出及传递给下一个模拟日。在水循环模拟中，日尺度模拟还需要依据流域水循环空间推演顺序，必须结合计算单元之间的自然-人工拓扑关系才能实现。

3.1.2.3　空间拓扑关系构建

　　模拟要素间的拓扑关系在本质上反映了水分循环的路径、通道以及运动的规则，在地表水文过程模拟中比较常见的如基于树形或数字规则的流域河道编码方法（李铁键，2006；罗翔宇，2006）。此类方法的优点是能够系统描述和表征自然水系特征，且便于数字化提取和运算，但对于加入大量人工水系、渠系的情况则难以处理，在表征能力方面也存在较大困难。为解决这一问题，本模型在吸收上述方法优点的基础上，建立了一种基于命令配置表的模型结构，并将自然-人工复合拓扑关系融入其中，使得流域拓扑关系不是通过单纯的数字编码体现，而是通过合理安排模型适时调用各种命令的形式来实现其对模拟计算顺序的控制。

　　从天然水循环过程来看，地表水流在流域尺度上的运动可概化为一个从单元到河网的过程，如图 3-3 所示。首先是由天然降水形成的坡面产流与汇流过程，然后是水流进入河道后的河网汇流过程，与坡面产流与汇流过程相关的是各水循环计算单元，而河道汇流过程的载体是河网，由此水流在流域上完成的是一个从单元到河网的过程。

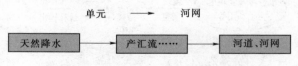

图 3-3　天然地表水运动过程概化图

　　与天然水循环过程不同的是，自然-人工复合的水系统的水流路径已经不是自然的"单元-水网"汇流过程，而是在人工作用下增加了"取水-输水-用水-耗水-排水"一系列过程，与自然水循环过程叠加复合就形成了"单元-水网-单元-水网"的运动过程。其中，人工直接作用的部分可分为三个阶段（见图3-4）。第一个阶段是取水输水阶段，可概化为水流从河网到单元的过程，即通过各类水利工程由河网引水，输送至用水单元，相当于一个由点/线到面的耗散过程；对地下水取水，实际也是一种从单元到单元的过程，可概化为

图3-4 人工取用水过程概化图

从井网到单元的过程。简而言之，人工取水过程就是水流从水网到单元的耗散过程。第二个阶段是用水耗水过程，该过程与自然水循环复合叠加，可概化在同一个水循环计算单元内完成。第三个阶段是排水过程，人工排水过程与天然排水过程类似，且相互交织，无论是天然降水产流、灌溉排水或者是生活工业污水排泄其在排放通道上都会或多或少的受到人造渠系的影响，甚至在水资源开发利用强烈地区，三者的排放通道是统一的。所以人工排水的过程就是一个从单元到水网的汇合过程。

综上，可以将水资源开发利用条件下的流域水循环空间过程概化成一个由天然条件加之人工排水过程为主驱动推演的水循环单元到水网的过程和一个由人工取水过程为主驱动推演的水网到单元的过程，如图3-5所示，而且形成一个时间离散意义上的锁链，即一个从单元到水网再到单元再到水网的循环过程。在日尺度模拟计算时，逐段完成循环过程的模拟计算。在进行水资源配置计算时，从逐日人工取水开始，首先根据现有资料或水资源配置模型的水量分配要求，将水量通过各类型计算推演分配到各水循环计算单元，然后开始进行水循环单元的陆面过程模拟，最后完成水循环单元在天然降水和人工用水条件下的流域排水过程，即一个"水网-单元-水网"的模型模拟空间概化思路。

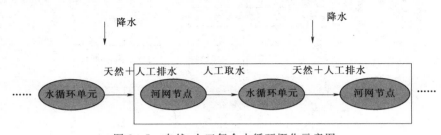

图3-5 自然-人工复合水循环概化示意图

3.1.2.4 模型主控——命令配置表

平原区是受人类活动影响最为强烈、最为集中的区域，其水循环过程早已不是单一的自然水循环过程，而是在人类开发利用水资源的过程中形成了一种

"自然-人工"复合的水循环过程，在水循环的结构、通量、耦合关系等诸多方面都发生了深刻变化。无论发生什么样的改变，实现水循环过程的模拟的首要基础在于建立计算单元与地形、河网、水库、渠系、城市等各要素之间的时空拓扑关系。在 WACM4.0 版本的研发中，我们针对这一问题，按照在最小时空单元上采用集中调用各种功能性命令的方式实现循环的模拟控制，创新性地提出了命令配置表这一模型指导中枢，从而实现流域/区域水循环全过程的控制，并且能够根据模拟实际增加或选取所需的模块命令及其计算优先序。

目前，命令配置表中已经提供了水资源合理配置、节点引水、生活工业用水模拟、井灌区模拟、渠灌区模拟、井渠结合灌区模拟、子流域模拟、河道模拟、水库模拟、节点间调水、汇水叠加、分水相减、跨流域调水、即时输出、地下水计算、平衡及统计计算等 21 种命令，还可以根据应用需要进一步添加，各命令之间相互独立运行，互不影响。在模型运行中，通过一次或多次反复调用这些模拟命令的方式完成整个流域水循环模拟任务。而这些命令通过调用模型具体子程序计算模块的方式来完成各自过程，每个命令的调用次数与调用顺序由命令配置表控制，而命令配置表的形成由流域水循环模拟的时间和空间离散方式及流域拓扑关系决定。下面将从命令配置表的详细结构、构建过程以及模型命令配置过程三个方面，来具体叙述模型是如何依靠命令配置表来控制模型的模拟次序，以及实现流域拓扑关系的程序化。

1. 命令配置表的结构

从构成上讲，命令配置表是一个多行五列的纯整数字列表（见图 3-6），每一行存放一个模拟命令，通过逐行读取数字信息的方式，来逐一完成模拟命令，以完成模型的最小时间尺度的循环。其中，第 1 列为各类命令编号（比如节点引水命令编号为 1），用来表征当前命令的类型；第 2 列为过程编号，即

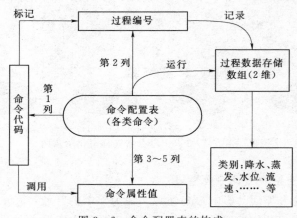

图 3-6　命令配置表的构成

当前的行号，一方面能记录当前使用过的命令个数，另一方面也是模型数据在不同模拟命令之间的传递数组的下标。第 3～5 列为当前命令的属性值，用来控制如何完成当前命令，以及当前命令的输入数据的来源和输出数据的去向。

需要说明的是，模型在各命令之间在当前时间尺度的数据传递上，利用的是一个二维双精度的过程数据存储数组，此数组的作用是存储当前命令的当前时间段模拟计算结果，其第一个维度下标是计算结果的类别，比如 1 代表降水，2 代表蒸发、3 代表水位、4 代表流速等，第二个维度下标则是命令配置表的行号，即每一行每一命令都会记录一个计算结果。下面举例介绍命令配置表的功能。

目前模型共设置了 21 种命令类型（见表 3-1），也可根据需要添加新的模块及命令。下面具体介绍说明各种命令的功能：

表 3-1 命令配置表各命令的编号及属性

命令内容	命令编号/名称（第 1 列）	计算结果存储数组下标（第 2 列）	属性 1（第 3 列）	属性 2（第 4 列）	属性 3（第 5 列）
水资源合理配置	0/Dispose	从 1 开始依次累加	无	无	无
节点引水	1/Div	依次累加	生活工业源数据	渠灌区源数据	井渠结合源数据
生活工业用水模拟	2/Dri	依次累加	源数据	无	无
井灌区模拟	3/Idw	依次累加	源数据	无	无
渠灌区模拟	4/Idc	依次累加	源数据	无	无
井渠结合灌区模拟	5/Idwc	依次累加	源数据	无	无
子域模拟	6/Sub	依次累加	子流域编号	无	无
土壤水模拟	7/Soilw	依次累加	源数据	无	无
河道模拟	8/River	依次累加	子河段编号	上游源数据	上级河道数量
水库模拟	9/Reservoir	依次累加	水库编号	上游源数据	所在流域编号
节点间调水	10/Diversion	依次累加	提水河道/水库编号	目的地类型（0 河道/1 水库）	供水河道/水库编号
汇水叠加（A+B）	11/Add	依次累加	下一目标河段编号	源数据 A	源数据 B
分水相减（A-B）	12/Minus	依次累加	下一目标河段编号	源数据 A	源数据 B
跨流域调水	13/Transfer	依次累加	目标编号	调水类型	主体类型
土壤风蚀模拟	14/Erosion	依次累加	源数据	无	无

续表

命令内容	命令编号 /名称 （第 1 列）	计算结果存 储数组下标 （第 2 列）	属性 1 （第 3 列）	属性 2 （第 4 列）	属性 3 （第 5 列）
植被生长过程 模拟	15/PlantG	依次累加	源数据	无	无
氮循环模拟	16/Nitrogen	依次累加	源数据	无	无
碳循环模拟	17/Carbon	依次累加	源数据	无	无
地下水计算	18/Groundwater	依次累加	无	无	无
即时输出	19/Output	与要输出的 数组相同	输出编号	是否同时输出 浓度 0/1	无
平衡及统计计算	20/Balance	依次累加	无	无	无

注　为简化说明，下文中对各命令采用其数字编号或英文简写名称对其称呼。

0 号命令，表示水资源配置命令 Dispose，设置该命令的功能是解决水资源配置情景下流域水循环过程模拟问题。具体来讲就是在完成流域整体配置的前提下将当日的水资源配置结果转换成模型可识的数据结果，存放于传递数组中，其在命令配置表中第 1 列为 0，第 2 列为结果数据存放数组下标，第 3～5 列属性值为空值。

1 号命令，表示节点引水命令 Div，该命令的功能是计算当日河网引水节点的三类引水量，即生活工业引水、渠灌区引水、井渠结合灌区引水。该命令通过调用取用水模块实现河道取水分流过程的模拟，其命令代码为 1，放置于命令配置表中的第一列，第 2 列为结果数据存放数组下标，第 3～5 列属性值分别为其三类引水的命令代码。

2 号命令，表示生活工业用水模拟命令 Dri，该命令的功能是完成当日的各单元生活工业用水、耗水及排水过程的模拟，计算生活、工业用水环节的水通量，其在命令配置表中第 1 列为 2，第 2 列为结果数据存放数组下标，第 3 列属性值为其源数据储存数组下标，第 4～5 列为空值。

3、4、5 号命令，分别表示井灌区（Idw）、渠灌区（Idc）、井渠结合灌区（Idwc）模拟命令，这三个命令的功能是完成当前灌区在当日灌溉制度下的灌水量模拟及作物生长模拟等。其中，3 号命令计算井灌区灌溉用水过程，4 号命令计算渠灌区灌溉用水过程，5 号命令计算井灌和渠灌均有的情况。其在命令配置表中第 1 列分别为 3、4、5，第 2 列为结果数据存放数组下标，第 3 列属性值为其源数据储存数组下标，第 4～5 列为空值。

6 号命令，表示子流域模拟命令 Sub，其功能是完成子流域当前时段的地表水循环过程模拟，计算当前模拟子流域各水循环单元上不同土地利用类型的当前时段的产流量、蒸散发量、入渗量等，也是前文所述整个模型水循环过程的"单元过程"。该命令的完成还需要依赖其他命令的运行结果，如 3、4、5号命令计算的灌区模拟结果。子流域模拟命令在命令配置表中第 1 列为 6，第 2 列为结果数据存放数组下标，第 3 列属性值为子流域编号，第 4～5 列为空值。

7 号命令，表示土壤水模拟命令 Soilw，其功能是完成各单元当前时段的土壤水运动过程模拟。土壤水模拟命令在命令配置表中第 1 列为 7，第 2 列为结果数据存放数组下标，第 3 列属性值为为其源数据储存数组下标，第 4～5列为空值。

8 号命令，表示河道模拟命令 River，其功能是计算当前主河道流量过程。河道模拟命令在命令配置表中第 1 列为 8，第 2 列为结果数据存放数组下标，第 3 列属性值为子流域编号，第 4 列为上游源数据存放数组下标，第 5 列为下游河道编号。

9 号命令，表示水库模拟命令 Reservoir，其功能是计算水库的当日入库、出库流量及蓄变量。其输入源数据来源于上游河道断面。其在命令配置表中第1 列为 9，第 2 列为结果数据存放数组下标，第 3 列属性值为水库编号，第 4列为上游源数据存放数组下标，第 5 列为其所在子流域编号。

10 号命令，表示节点间调水命令 Diversion，该命令功能是完成流域内的水量调度，以适应水资源开发利用条件下的水循环模拟的需求。调水量储存在传递数组中，通过其 3 个属性列编码决定其调水路径，由于此命令在设计上放于被调水河道或水库命令之后，第 3 列属性值为对应的河道或水库编号，第 4列为供水目的地的类型（0 为河道、1 为水库），第 5 列为其供水目的的河道或者水库的编号。

11 号命令，表示汇水叠加命令 Add，该命令功能是完成节点的水量叠加，实际上是两组传递数据 A 与 B 的数值叠加。多用于河道与河道的交汇点计算，同时用于供水目的地河道或水库之前的水量叠加。其在命令配置表中第 1 列为11，第 2 列为结果数据存放数组下标，第 3 列属性值为下游河段的编号，第 4列属性值为源数据 A 的数据存放数组下标，第 5 列属性值为源数据 B 的数据存放数组下标。

12 号命令，表示分水相减命令 Minus，该命令功能是完成节点的水量消减，实际上是两组传递数据 A 与 B 的数值相减。多用于节点调水命令或跨流域调水命令之后。其在命令配置表中第 1 列为 12，第 2 列为结果数据存放数组下标，第 3 列属性值为下游河段的编号，第 4 列属性值为源数据 A 的数据存放数组下标，第 5 列属性值为源数据 B 的数据存放数组下标。

13 号命令，表示跨流域调水命令 Transfer，该命令功能是完成跨流域的水量调入或调出。其在命令配置表中第 1 列为 13，第 2 列为结果数据存放数组下标，第 3 列属性值为目标编号，第 4 列属性值为调水类型（1 为调入、2 为调出），第 5 列属性值为调水主体类型（1 为河道、2 为水库）。

14 号命令，表示土壤风蚀模拟命令 Erosion，该命令功能是完成流域或区域分布式土壤风蚀过程的模拟。其在命令配置表中第 1 列为 14，第 2 列为要输出的结果数据存放数组下标，第 3～5 列均为空值。

15 号命令，表示植物生长模拟命令 PlantG，该命令功能是完成陆面地表植物生长过程的模拟。其在命令配置表中第 1 列为 15，第 2 列为要输出的结果数据存放数组下标，第 3～5 列均为空值。

16 号命令，表示氮循环模拟命令 Nitrogen，该命令功能是完成流域分布式氮循环过程的模拟。其在命令配置表中第 1 列为 16，第 2 列为要输出的结果数据存放数组下标，第 3～5 列均为空值。

17 号命令，表示碳循环模拟命令 Carbon，该命令功能是完成流域分布式碳循环过程的模拟。其在命令配置表中第 1 列为 17，第 2 列为要输出的结果数据存放数组下标，第 3～5 列均为空值。

18 号命令，表示地下水计算命令 Groundwater，该命令功能是模拟山区与平原区地下水过程。其在命令配置表中第 1 列为 18，第 2 列为要输出的结果数据存放数组下标，第 3～5 列均为空值。

19 号命令，表示即时输出命令 Output，该命令功能是完成对指定变量或指标结果的输出，以及动态控制模型模拟的进程和实时计算结果，以方便模型调参。其在命令配置表中第 1 列为 19，第 2 列为要输出的结果数据存放数组下标，第 3 列属性值为输出编号，第 4 列属性值为是否输出浓度指标（默认值为 0 不输出，1 为输出），第 5 列属性值为空值。

20 号命令，表示平衡、统计计算命令 Balance，该命令功能完成当日水循环过程的各类型水量统计与平衡校验，包括选择性的输出当日的单元蒸发量、子流域蒸发量、全流域蒸发量、河道水量等不同面积尺度和时间尺度数据，以及保存当日数据到月统计数组、年统计数组、多年统计数组中去。其在命令配置表中第 1 列为 20，第 2 列为要输出的结果数据存放数组下标，第 3～5 列均为空值。

2. 命令配置表的构建

根据命令配置表的结构及属性要求，按照"河网—单元—河网"的时空路径，基于研究区单元及河道信息，进一步采用基于 Fortran 编制的命令配置表小程序完成整个命令配置表的书写，具体过程如下（见图 3-7）：

（1）第一步，书写水资源配置命令、引水节点命令、灌区模拟命令等人工引水、用水、耗水、排水相关的命令。

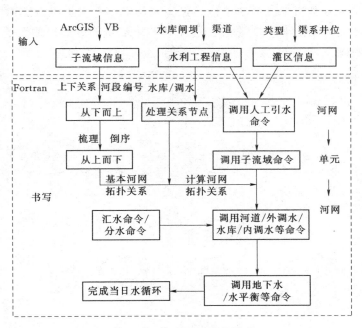

图3-7　命令配置表的形成

（2）第二步，按子流域编号依次书写子流域模拟命令，完成流域水循环、氮循环、碳循环、土壤风蚀、植被生长等陆面过程。

（3）第三步，根据坡面单元离散后构建的流域河网与子流域上下游关系，采用逆序法找到流域出口，然后倒序找到顶级子流域与子河道，继而加上各类人工取用耗排水节点（引排水节点、水库节点等），并按照总体河网的上下游关系书写各子流域的子河道命令，依次完成各主河道的模拟。

（4）第四步，加上河网汇水、分水、调水命令，将这些命令按照其发生的空间和时间顺序穿插入已书写好的主河道命令表中，完成河网汇流。

（5）第五步，完成地下水模拟、统计平衡计算命令，完成当日的流域水循环计算过程。

3. 模型命令配置过程示例

前面已经介绍了命令配置表的结构及构建过程，下面结合几个小示例详细说明命令配置如何驱动流域整个水循环过程的模拟。

对于“河网-单元”过程，如图3-8所示，某时段水循环模拟由水资源配置开始，其计算结果保存于下标为1的数组，结果包括当日生活工业用水、渠灌区用水、井渠结合灌区用水量，其通过其属性列的值2、4、5将这些数据传递到引水节点命令中，然后引水节点完成河道引水计算后，将其结果储存在下标为 6 的储存数组中继续往下传递，譬如其中一个引水节点会影响到 138、126、106 号子流域，则其数据会传递给这些子流域命令，以驱动子流域过程模拟。

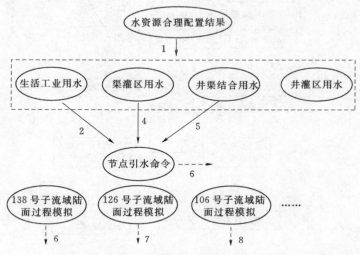

图 3-8　命令的配置过程示例（一）

对于河道汇水过程，如图 3-9 所示，例如 90 号子河段与 77 号子河段的下游子河段均为 79 号河段，则汇水命令的源数据 A 与 B 分别为 90 号和 77 号子河段的数据储存数组下标 256 与 257，通过汇水命令后数据储存在数组下标为 258 的数组中，继续传递给 79 号子河段，而 79 号子河段完成其河道模拟过程后将数据储存于下标为 259 的传递数组中，然后继续传递。

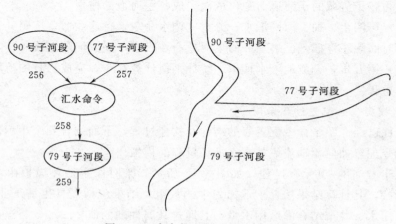

图 3-9　命令的配置过程示例（二）

对于河道汇水过程遇到水库节点，如图 3-10 所示，例如 242 号子河段与 243 号子河段的下游子河段均为 247 号河段，但 242 号节点上存在编号为 10 的水库节点，则 242 号子河段的计算结果保存在下标为 337 的储存数组中，传递给 10 号水库节点完成计算后将结果保存在下标为 338 的储存数组中继续传递，其汇流过程与上述的河道汇流相同，不再赘述。

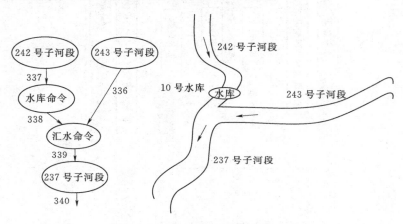

图 3-10　命令的配置过程示例（三）

3.2　水资源优化配置模型

3.2.1　水资源配置结构

水资源利用的配置过程是人类对水资源及其环境进行重新分配和布局的过程（裴源生，2006a）。水资源配置结果可为流域水循环模型对未来或虚拟情景进行模拟计算提供基本基础数据。水资源配置在计算流程上首先完成基准年供需分析，然后按照配置需求设置各类规划情景方案，进而对规划年进行供需平衡分析，甄别各类方案的优劣，选择合适的配置结果，最后提出推荐的水资源合理配置方案下的应对策略等。其主体框架如图 3-11 所示。

其中，基于流域水资源系统网络图的水资源配置模拟模型是解决问题的关键手段和技术。本文模型采用基于实际工程模拟的优化算法模型，将优化算法和模拟算法相结合，其总体思路是：首先按照流域套行政区的方式，根据区域特点将整个水资源系统概化成由诸多计算单元、计算节点以及输水网线构成的系统网络图，每个单元和节点有其单独供需水平衡方程，在弄清各单元和节点之间联系和约束条件后，可形成一个线性方程组。如图 3-12 所示。

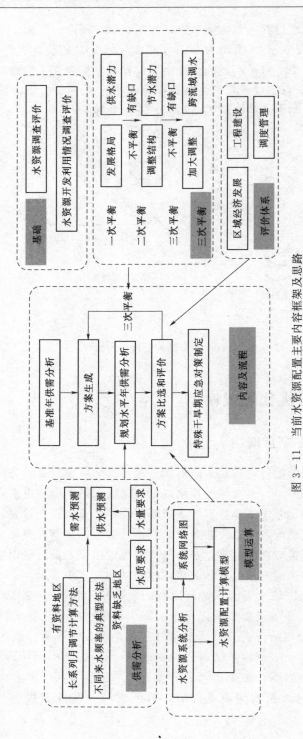

图 3 - 11　当前水资源配置主要内容框架及思路

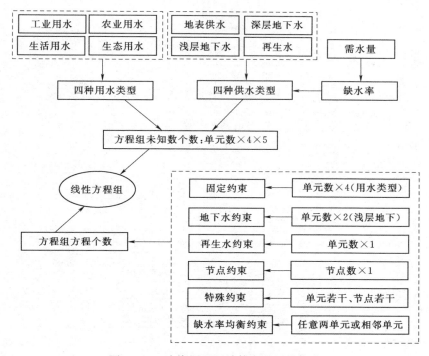

图 3-12 水资源配置计算方程组的构成

对此方程的求解即是完成对水资源的一次配置过程，改变方程组的各类约束条件，可实现对不同水资源配置方案的模拟。其中单元由用水户构成，划分形式是流域套行政区；节点根据实际工程情况有多种种类，主要包括引水节点、退水节点、水库节点、汇水节点等。其模型整体计算流程如图 3-13 所示。

该模型是一个通用水资源配置模型，在传统的仿真模拟和数学优化算法基础上演化而来，该模型的特点是既保持了仿真模拟在实际问题刻画上的优势，也保持了数学优化算法在计算方法上简单明了可通用的优点。可根据研究区域内不同的供用水需求，工程实际，调度情景等设置不同类的约束方程，简明的通过增加、减少、改变方程实现水资源配置过程的动态可控。

3.2.2 水资源配置模型构建

3.2.2.1 目标函数

根据水资源合理配置研究区域的特点研究需求，水资源合理配置目标可以是以供水的净效益最大为基本目标，也可以考虑以供水量最大、水量损失最小、供水费用最小或缺水损失最小等为目标函数。如选取系统缺水总量最少的

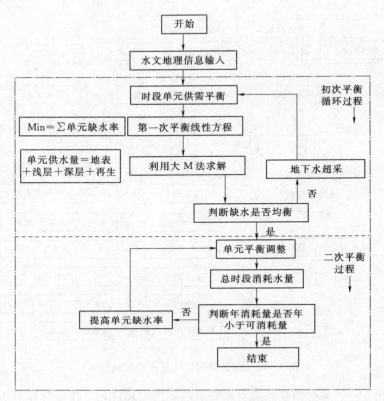

图3-13 配置模型计算框架

目标函数：

$$MinZ = \sum_{m=1}^{M} \sum_{u=1}^{U} \sum_{k=1}^{K} QSH(m,u,k) \quad\quad (3-1)$$

式中：$QSH(m, u, k)$ 表示第 m 时段第 u 个计算单元第 k 用水类型的缺水量。

3.2.2.2 约束条件

系统约束条件主要包括水量平衡约束、蓄水库容约束、引提水量约束、地下水使用量约束、地下水埋深约束、当地可利用水量约束、生态稳定度约束、经济效益约束等。

1. 水量平衡约束

（1）区域耗水总量约束。

$$\sum_{1}^{12} QTCon(m) \leqslant QYHL(p) \quad\quad (3-2)$$

式中：$QTCon(m)$ 表示区域每一个时段可消耗水资源量；$QYHL(p)$ 表示来

水频率为 p 时区域可消耗的水资源量。

（2）计算单元水量平衡约束。

$$QSH(m,u,k)=QDM(m,u,k)-QYHS(m,u,k)$$
$$-QGS(m,u,k)-QRUS(m,u,k)-QFS(m,u,k)$$

$$(3-3)$$

式中：$QSH(m,u,k)$ 表示第 m 时段第 u 计算单元第 k 用水类型的缺水量；$QDM(m,u,k)$ 表示第 m 时段第 u 计算单元第 k 用水类型的需水量；$QYHS(m,u,k)$ 表示第 m 时段第 u 计算单元第 k 用水类型的河道供水量；$QRS(m,u,k)$ 表示第 m 时段第 u 计算单元第 k 用水类型的水库供水量；$QGS(m,u,k)$ 表示第 m 时段第 u 计算单元第 k 用水类型的地下水使用量；$QRUS(m,u,k)$ 表示第 m 时段第 u 计算单元第 k 用水类型的再生水回用量；$QFS(m,u,k)$ 表示第 m 时段第 u 计算单元第 k 用水类型的山区洪水供应量。

（3）河渠节点水量平衡约束。

$$H(m,n)=H(m,n-1)+QH(m,r)+QRX(m,i)+QRec(m,n)$$
$$-QRC(m,i)-QI(m,n)-QL(m,n)$$
$$(3-4)$$

式中：$H(m,n)$ 表示第 m 时段河渠节点 n 的过水量；$H(m,n-1)$ 表示第 m 时段河渠节点 $n-1$ 的过水量；$QH(m,r)$ 表示第 m 时段河渠上下断面区间第 r 河流汇入水量；$QRX(m,i)$ 表示第 m 时段河渠上下断面区间第 i 水库的下泄水量；$QRec(m,n)$ 表示第 m 时段河渠上下断面区间的回归水汇入量；$QRC(m,i)$ 表示第 m 时段河渠上下断面区间第 i 水库的存蓄水变化量；$QI(m,n)$ 表示第 m 时段河渠上下断面区间的引水量；$QL(m,n)$ 表示第 m 时段河渠上下断面间的蒸发渗漏损失水量。

（4）水库枢纽水量平衡约束。

$$VR(m+1,i)=VR(m,i)+QRC(m,i)-QRX(m,i)-QVL(m,i)$$

$$(3-5)$$

式中：$VR(m+1,i)$ 表示第 m 时段第 i 个水库枢纽末库容；$VR(m,i)$ 表示第 m 时段第 i 个水库枢纽初库容；$QRC(m,i)$ 表示第 m 时段第 i 个水库枢纽的存蓄水变化量；$QRX(m,i)$ 表示第 m 时段第 i 个水库枢纽的下泄水量；$QVL(m,i)$ 表示第 m 时段第 i 个水库枢纽的水量损失。

（5）河渠回归水量平衡约束。

$$QRec(m,n)=\sum_{u=u0}^{uT}QRECD(m,u)+\sum_{u=u0}^{uT}QRECI(m,u)$$
$$+\sum_{u=u0}^{uT}QRECA(m,u)+QFL(m)$$
$$(3-6)$$

式中：$QRec(m, n)$ 表示第 m 时段河渠上下断面区间的回归水汇入量；$QRECD(m, u)$ 表示第 m 时段河渠上下断面区间生活退水量；$QRECI(m, u)$ 表示第 m 时段河渠上下断面区间工业退水量；$QRECA(m, u)$ 表示第 m 时段河渠上下断面区间灌溉退水量；$QFL(m)$ 表示第 m 时段河渠上下断面区间山洪水量。

2. 蓄水库容约束

$$V_{\min}(i) \leqslant V(m, i) \leqslant V_{\max}(i) \qquad (3-7)$$

$$V_{\min}(i) \leqslant V(m, i) \leqslant V'_{\max}(i) \qquad (3-8)$$

式中：$V_{\min}(i)$ 表示第 i 个水库的死库容；$V(m, i)$ 表示第 i 个水库第 m 时段的库容；$V'_{\max}(i)$ 表示第 i 个水库的汛限库容；$V_{\max}(i)$ 表示第 i 个水库的兴利库容。

3. 引提水量约束

$$QP(m, u) \leqslant QP_{\max}(u) \qquad (3-9)$$

式中：$QP(m, u)$ 表示第 u 计算单元第 m 时段引提水量；$QP_{\max}(u)$ 表示第 u 计算单元的最大引提水能力。

4. 地下水使用量约束

$$G(m, u) < P'_{\max}(u) \qquad (3-10)$$

$$\sum_{m=1}^{M} G(m, u) < G_{\max}(u) \qquad (3-11)$$

式中：$G(m, u)$ 表示第 m 时段第 u 计算单元的地下水开采量；$P'_{\max}(u)$ 表示第 u 计算单元的时段地下水开采能力；$G_{\max}(u)$ 表示第 u 计算单元的年允许地下水开采量上限，M 表示时段总数。

5. 地下水埋深约束

$$H_{\min}(m, u) \leqslant H(m, u) \leqslant H_{\max}(m, u) \qquad (3-12)$$

式中：$H_{\min}(m, u)$ 表示第 m 时段第 u 计算单元的最浅地下水埋深；$H(m, u)$ 表示第 m 时段第 u 计算单元的地下水埋深；$H_{\max}(m, u)$ 表示第 m 时段第 u 计算单元的最深地下水埋深。

6. 当地可利用水量约束

$$N(i, t) \leqslant N_{\max}(i) \qquad (3-13)$$

式中 $N(i, t)$，$N_{\max}(i)$ 分别表示第 i 个计算单元使用的当地天然来水和当地天然来水可利用量。

7. 最小供水保证率约束

$$\beta(m, u, k) \geqslant \beta_{\min}(m, u, k) \qquad (3-14)$$

式中：$\beta(m, u, k)$ 表示第 u 计算单元第 m 时段第 k 类用户的供水保证率；$\beta_{\min}(m, u, k)$ 表示第 u 计算单元第 m 时段第 k 类用户要求的最低供水保证率。

8. 河湖最小生态需水约束

$$QRVE(i,t) \leqslant QREVE_{\min}(i) \qquad (3-15)$$

式中：$QRVE(i，t)$，$QREVE_{\min}(i)$ 分别表示第 i 条河道实际流量和最小需求流量，最小需求流量可根据水质、生态、航运等要求综合分析确定。

9. 生态稳定度约束

$$\lambda(u) \leqslant \lambda_{\min}(u) \qquad (3-16)$$

式中：$\lambda(u)$ 表示第 u 计算单元的生态稳定度；$\lambda_{\min}(u)$ 表示第 u 计算单元的最小生态稳定度；

10. 经济效益约束

$$i \geqslant \theta \qquad (3-17)$$

式中：i 表示区域总体工程内部收益率；θ 表示预期的最小内部收益率。

11. 非负约束

概指根据变量物理意义或其他要求数值为非负数的约束变量。

3.2.2.3 运行策略

合理配置模型在模拟系统运行方式时，要有一套运行规则来指导，这些规则的总体构成了系统的运行策略。实际运行时，根据面临时段所能得到的系统信息，依据运行策略的指导，确定系统在该时段的决策，运行策略包括以下几部分：

1. 需水满足优先序

需水满足优先序主要考虑供水优先次序、均衡供水和分质供水等。

供水优先次序即需水满足的先后次序，需水中最优先满足的是生活需水和基本生态需水，另外专门的菜田灌溉需水可作为生活需水考虑，予以优先满足。在此基础上，大致按照单位用水量效益从高到低的次序进行供水，依次为工业需水、农业需水、其他生态需水、发电需水和航运需水等。在调度操作上，供水高效性原则的定量实施还要受到供水公平性原则的制约。

均衡供水是指在来水不足条件下，在调度过程中应在时段之间、地区之间、行业之间尽量比较均匀地分配缺水量，防止个别地区、个别行业、个别时段的大幅度集中缺水，做到实际缺水损失最小。另外，均衡供水还隐含了兼顾供水的公平性原则，防止经济效益好的地区和行业优先配水，不利于地区、行业和人群均衡发展。

不同行业对供水水质的要求不同，按照现阶段的用水质量标准，Ⅴ类或劣于Ⅴ类的水资源只能用于发电、航运以及河口生态系统供水或作为弃水；Ⅴ类水可以供农业及一般生态，也可以用于发电、航运等；Ⅳ类水可以供工业、农业及一般生态系统；Ⅲ类水及优于Ⅲ类的水可以供各行各业使用。在优质水水量有限的条件下，在调配过程中为了满足各行各业的需水要求，需要实行分质供水。即优质水优先满足水质要求高的生活和工业的需要，然后满足农业和生态环境的需要。

2．水源的供水次序

在水资源配置过程中，各种水源的供水次序的合理确定对于进行系统调节计算和保证调配结果的最优性和正确性具有重要的作用，但确定水源利用顺序是一项复杂的工作，受到历史传承、实际情况和决策者需求的影响。根据各种水源特点和专家调度经验，拟定各种水源的利用优先序，一般可参考以下次序：①降水、土壤水优先；②非常规水源优先；③处理后的污水优先；④地表水、水库蓄水优先；⑤地下水的正常开采优先；⑥灌溉退水、地下水中的超量开采量、蓄水水库死水位以下的可利用水量等作为紧急备用水量，在一般情况下，只有当系统的缺水量达到较大的程度，符合启动水资源应急措施条件时才使用。

地表水与地下水的利用要考虑它们之间的补偿作用，其利用优先序需要根据实际情况进行适度调整。

3．各种水源的运用规则

在广义水资源配置系统中，降水和土壤水是优先使用的水源，但不能人工直接配置，人工可以直接配置的地表水、地下水和污水处理回用三类水源运用规则如下：

（1）地表水水源运用规则如下：

1）上游没有调节水库的提水和引水工程的可供水量要优先利用。

2）上游有调节水库的提水和引水工程，应优先利用水库来水进行供水。如果引、提工程的区间来水量和水库来水量不够用时，就动用水库的可用蓄水量。当水库的蓄水位达到当前时段允许的下限水位时，就不能再增加水库供水。

3）一个蓄、引、提工程能够同时向多个用水对象供水的情况，如果有规定的分水比例，便优先按照规定的比例供水；如果事先没有规定分水比例，依照配置准则分配。

（2）地下水运用规则如下：

1）将地下水的总补给量分为不受人类活动影响的天然补给量和受人类活动影响的工程补给量，前者不考虑工程方案和配置运用方式的影响，后者必须要考虑工程方案和配置运用方式的影响。

2）根据水循环模拟结果，将地下水供水量分为三部分：①最小供水量（以潜水以上的地下水量按照最小供水量对待）；②最小供水量与可供水量之间的机动供水量；③允许的超采量。地下水利用的优先次序：①最小供水量；②机动供水量；③超采量。

3）地下水最小供水量要优先于当地地表径流量和水库需水量利用。

4）机动供水量与地表水供水进行联合调节运用。

5）地下水超采量只有当缺水达到一定深度，地表水供水难以保障时，才允许动用。超采的地下水量，在其后时段要通过减少地下水开采量等方式予以回补。

6）当前时段的补给量按照上一时段的补给条件计算，并滞后到下一时段才能算作地下水量供开采使用。

（3）污水处理回用规则如下：

1）面临时段的污水量、处理量、处理回用量、各行业的回用量，按照上一时段的城镇生活用水量和工业用水量计算，即要滞后一个时段退水和回用。

2）各行业的回用量要优先于地表水供水和地下水供水利用。

3）回用水量优先供本单元回用，有外单元回用，系统网络图中必须有相应的供水渠道。

4）经计算单元排水渠道排走的未处理污水和未回用的处理后水，如果被下游计算单元间接利用，不算作污水处理回用量。

4. 水库运行调度策略

每个水库都有一个以年为周期的调度图指导其运行，调度线将水库分为若干区域，一般形式是在水库兴利水位（汛期为防洪限制水位）和死水位之间，依次有防弃水线和防破坏线控制，从而将水库运行区域分成防弃水区、正常工作区和非正常工作区三部分，如图 3-14 所示。根据确定的不同优先级用水户，设定生活调度线、工业调度线和农业调度线。当水库水位落在防弃水区时，水库尽可能多供水，减少未来时期出现弃水的可能性。水位落在正常工作

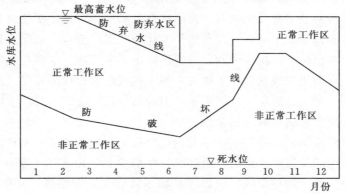

图 3-14　水库调度示意图

区时，水库按正常需要供水，除满足生活、工业需水外，还满足农业用水要求。水位落在非正常工作区时，限制水库供水，首先保证生活用水，其次是工业用水，再后是农业用水。

3.3 水循环过程模拟基本原理

3.3.1 降水过程

降水是水循环模型最重要的输入信息，降水过程模拟首先需要判别当天降水的性质是降雨或是降雪，可通过日平均气温判断。降雪背景温度阈值（一般为−5～5℃，多采用1℃）为模型的重要参数。如果当天的平均气温低于降雪背景温度阈值，则认为当天降雪（或冻雨），否则认为是降雨。

除了需要判断降水的状态，掌握降水的强度与时空分布信息更为重要。对于流域尺度水循环模型，一般以日作为模拟时间尺度，重点需要明确 24 小时降水量及其在空间上的雨量分布情况。24 小时降水量通过气象观测站或雨量站监测得到，然后通过泰森多边形法、克里金差值法、距离反比法等对降水空间分布进行插值展布。其中，泰森多边形方法应用最为广泛，但该方法适用于气象站点较多且气象变动较为平稳的平原地区，对于地形起伏大、站点少的山区该方法误差很大，很难反映实际降水分布情况；距离反比法比较适用于地形起伏大、降水变化剧烈的地区。

3.3.2 积雪融雪过程

积雪融雪过程是北方地区水循环过程的重要环节，对于调节流域水量的时空分布具有重要作用。本文介绍采用双层积雪融雪模型来模拟流域积雪融雪过程的影响。双层积雪融雪模型基于能量和质量平衡计算积雪和融雪过程，其中，能量平衡部分主要模拟融雪、再结冰以及积雪热含量的变化过程；质量平衡部分主要模拟积雪、融雪、雪水当量变化及融雪产流量。其优点是以考虑水—热过程的相位转化理论为基础，分层次提出了水、冰、水汽在土壤表层、冠层的变化、运动机机理及数学表达式，整个积雪融雪过程由温度、湿度、蒸散发、大气压、风速、冠层、日照水平等多种因素共同决定，对积雪融雪过程的临界控制方面考虑的因素更加全面。

双层积雪融雪模型将雪层分为上积雪层和下积雪层两层。上积雪层的作用是与大气发生能量交换，且为方便计算，在物理上对其进行较薄的设定。下积雪层不与外界反生能量交换，仅通过水和冰的形式与上层雪层发生物质交换，以热量的形式与上雪层反生能量交换，而与土壤层之间仅有水量交换。

积雪融雪模拟计算过程分为能量和水量平衡计算两个部分（赵勇，2017）。热量变化是水的相位变化中能量过程关注的重点，而水量平衡主要关注积雪融雪各个过程中水分的收支状况。

上积雪层与大气以及冠层发生能量交换。采用在时间步长 Δt 上的向前有限差分格式，得到上积雪层的能量平衡方程为：

$$W_{t+\Delta t}T_s^{t+\Delta t} - W^t T_s^t = \frac{\Delta t}{\rho_w c_s}(Q_r + Q_s + Q_e + Q_p + Q_m) \quad (3-18)$$

式中：ρ_w 为水的密度，kg/m^3；C_s 为冰的比热，$J/(kg \cdot ℃)$；W 为表层积雪的雪水当量，m；Q_r 为净辐射，$kJ \cdot m^2/d$；T_s 为表层温度，℃；Q_s 为感热通量，$kJ \cdot m^2/d$；Q_e 为潜热通量，$kJ \cdot m^2/d$；Q_p 为经由降雨和降雪提供给积雪层的能量，$kJ \cdot m^2/d$；Q_m 为液态水结冰时向积雪层释放的能量或融化时从积雪层吸收的能量，$kJ \cdot m^2/d$；积雪表层吸收的能量记为正值，反之则为负值。

水量平衡方程：

$$\Delta W_L = p_L + \left[\frac{Q_e}{\rho_w \lambda_v} - \frac{Q_m}{\rho_w \lambda_f}\right]\Delta t$$

$$\Delta W_I = p_I + \left[\frac{Q_e}{\rho_w \lambda_s} + \frac{Q_m}{\rho_w \lambda_f}\right]\Delta t \quad (3-19)$$

式中：ΔW_L 和 ΔW_I 分别为液态水和固态水的变化量，m^3；λ_s、λ_v、λ_f 分别表示升华潜热、汽化潜热和熔解热，kJ/m^2；p_L 和 p_I 分别为液态水和固态水的降水量，m；其他符号意义与式（3-18）中相同。

降雨量与降雪量计算：

$$\begin{cases} P_s = p, & T_a \leqslant T_{min} \\ p_s = \dfrac{T_{max} - T_a}{T_{max} - T_{min}}p, & T_{min} < T_a < T_{max} \\ p_s = 0, & T_{max} \leqslant T_a \\ p_r = p - p_s \end{cases} \quad (3-20)$$

式中：P_r 是降雨量，m，P_s 是降雪的雪水当量，m；T_{min} 是最低临界气温，在此气温以下仅有降雪（一般取 $-1.1℃$），℃；T_{max} 是最高临界气温，在此气温以上仅有降雨（一般取 $3.3℃$），℃；同时假定温度在 T_{min} 和 T_{max} 之间时，降水包括降雨和降雪。

冠层截留降雪计算：

$$I = fp_s, I < B \quad (3-21)$$

式中：I 为时段内截雪的水当量，m；f 是冠层对降雪的截留率；p_s 是本时段降雪量；B 为最大截雪容量，m，由叶面积指数等参数决定。

3.3.3　蒸散发过程

水循环单元的蒸发蒸腾量模拟是流域水循环模拟的重要环节，影响蒸发蒸腾的因素包括四个方面：①边界层气象因子，包括地表温度、近地气压、地表净辐射、空气湿度、地表风速等，这些因子直接决定水分在蒸发过程中外界能量或热量对其的驱动，同时构成水分蒸发的边界层条件；②土壤含水率及土壤各层的水分分布，它为蒸发提供了植物根系吸水条件和土壤表层水分状况；③植物生理特性，植物在不同生育期的叶面积指数、根系长度等均不相同，直接决定了各时期植物对水分的需求和损耗不同，造成了植物蒸腾的变化以及土壤含水量的变化；④土壤质地、潜水水位因素，这些因素是蒸发蒸腾计算过程中需要重点考虑的因子。

根据蒸散发的过程环节以及不同类型土地可能出现的情况，结合流域特点将蒸发蒸腾过程分为五个计算过程模块，即水域蒸发计算模块、植被截留蒸发计算模块、植被蒸腾计算模块、土壤蒸发计算模块和不透水域蒸发计算模块，以供各类土地计算类型按需单独或者组合使用，从而完成该种土地计算类型的蒸发蒸腾计算。同时，由于能量过程与蒸发蒸腾过程紧密联系不可分割，因而将能量过程中的净辐射、显热、潜热、地表热通量等过程量计算也进行具体介绍。

1. 水域蒸发量计算

水域的蒸发量按照 Penman 公式（Penman，1948）计算：

$$E_w = \frac{(RN-G)\Delta + \rho_a C_p \delta_e / r_a}{\lambda(\Delta + \gamma)} \qquad (3-22)$$

式中：RN 为净辐射量，MJ·m^{-2}·d^{-1}；G 为传入水体的热通量，MJ·m^{-2}·d^{-1}；Δ 为饱和水气压对温度的导数，kPa·℃$^{-1}$；δ_e 为水气压与饱和水气压的差，kPa；r_a 为蒸发表面空气动力学阻抗；ρ_a 为空气密度，kg/m^3；C_p 为空气定压比热，MJ·kg^{-1}·℃$^{-1}$；λ 为水体的气化潜热，MJ/kg；γ 为 C_p/λ。

2. 植被域-裸地蒸散发量计算

蒸散发量通常可由植被截留蒸发量、植被蒸腾量、土壤蒸发量三部分构成（贾仰文，2005；裴源生，2006a），即：

$$E_{SV} = E_i + E_{tr} + E_s \qquad (3-23)$$

式中：E_i 为植被截留蒸发量，mm；E_{tr} 为植被蒸腾量，mm；E_s 为土壤蒸发量，mm。分别计算如下：

（1）植被截留蒸发量：采用 Noilhan-Planton 公式计算。

$$E_i = Veg \cdot \delta \cdot Ep \qquad (3-24)$$

$$\frac{\partial W_r}{\partial t} = Veg \cdot P - Ei - Rr \qquad (3-25)$$

$$R_r = \begin{cases} 0 & W_r \leqslant W_{r\max} \\ W_r - W_{r\max} & W_r > W_{r\max} \end{cases} \tag{3-26}$$

$$\delta = (W_r / W_{r\max})^{2/3} \tag{3-27}$$

$$W_{r\max} = 0.2 \cdot Veg \cdot LAI \tag{3-28}$$

式中：Veg 为植被域-裸地的植被覆盖度；δ 为湿润叶面的面积率；E_p 为潜在蒸发量（由 Penman 公式计算），mm；P 为降雨量，mm；R_r 为植被出流水量，mm；W_r 为植被截留水量，mm；$W_{r\max}$ 为最大植被截留水量，mm；LAI 为叶面积指数。

（2）植被蒸腾量：采用 Penman Monteith 公式计算。

$$E_{tr} = Veg \cdot (1 - \delta) \cdot E_{PM} \tag{3-29}$$

$$E_{PM} = \frac{(RN - G)\Delta + \rho_a C_P \delta e / r_a}{\lambda [\Delta + \gamma (1 + r_c / r_a)]} \tag{3-30}$$

式中：RN 为净辐射量，$MJ \cdot m^{-2} \cdot d^{-1}$；$G$ 为传入植被体的热通量，$MJ \cdot m^{-2} \cdot d^{-1}$；$r_c$ 为植物群落阻抗；其他符号意义与前文相同。

（3）裸地土壤蒸发量：采用修正 Penman 公式计算。

$$E_s = \frac{(RN - G)\Delta + \rho_a C_P \delta e / r_a}{\lambda (\Delta + \gamma / \beta)} \tag{3-31}$$

$$\beta = \begin{cases} 0 & \theta \leqslant \theta_m \\ \frac{1}{4}[1 - \cos(\pi(\theta - \theta_m)/(\theta_{fc} - \theta_m))]^2 & \theta_m < \theta < \theta_{fc} \\ 1 & \theta \geqslant \theta_{fc} \end{cases} \tag{3-32}$$

式中：β 为土壤湿润函数或蒸发效率；θ 为土壤浅层的体积含水量；θ_{fc} 为土壤浅层的田间持水量；θ_m 为单分子吸力对应的土壤体积含水量；其他符号意义与前文相同。

3. 居工地（不透水域）蒸发量计算

不透水域的蒸发量由下式计算（贾仰文，2005；裴源生，2006a）：

$$E_u = cE_{u1} + (1 - c)E_{u2} \tag{3-33}$$

式中：E_u 为蒸发量，mm；c 为居工地建筑物在不透水域的面积率；下标 1 表示居工地建筑物，2 表示居工地地表面。

其中，居工地建筑物和居工地地表面的蒸发量由下式计算：

$$\frac{\partial H_{u1}}{\partial t} = P - E_{ui} - R_{ui} \tag{3-34}$$

$$E_{ui} = \begin{cases} E_{ui\max} & P + H_{ui} > E_{ui\max} \\ P + H_{ui} & P + H_{ui} \leqslant E_{ui\max} \end{cases} \tag{3-35}$$

$$R_{ui} = \begin{cases} 0 & H_{ui} \leqslant H_{ui\max} \\ H_{ui} - H_{ui\max} & H_{ui} > H_{ui\max} \end{cases} \tag{3-36}$$

式中：i 取值为 1 或 2；P 为降雨量，mm；H_u 为洼地储蓄量，mm；R_u 为表面径流量，mm；$H_{u\max}$ 为最大洼地储蓄深，mm；$E_{u\max}$ 为潜在蒸发量（由 Penman 公式计算），mm；其他符号意义与前文相同。

4. 蒸发计算公式中一些具体参数的推求

（1）净辐射 RN。有些气象站点可直接提供净辐射的观测数据，若无相应数据，则可按照下列公式计算如下：

$$RN = R_{ns} - R_{nl} \tag{3-37}$$

$$R_{nl} = 2.45 \times 10^{-9} \cdot (0.9n/N + 0.1) \cdot (0.34 - 0.14\sqrt{e_d}) \cdot (T_{kx}^4 + T_{kn}^4) \tag{3-38}$$

$$T_{kx} = T_{\max} + 273 \tag{3-39}$$

$$T_{kx} = T_{\min} + 273 \tag{3-40}$$

$$N = 7.64 W_s \tag{3-41}$$

$$W_s = \arccos(-\tan\phi \cdot \tan\delta) \tag{3-42}$$

$$\delta = 0.409 \cdot \sin(0.0172J - 1.39) \tag{3-43}$$

$$R_{ns} = 0.77(0.19 + 0.38n/N)R_a \tag{3-44}$$

$$R_a = 37.6 \cdot d_r (W_s \cdot \sin\phi \cdot \sin\delta + \cos\phi \cdot \cos\delta \cdot \sin W_s) \tag{3-45}$$

$$d_r = 1 + 0.033\cos(0.0172J) \tag{3-46}$$

式中：R_{nl} 为净长波辐射，MJ/(m²·d)；T_{kx} 和 T_{kn} 分别为日最高绝对温度和最低绝对温度，K；n 为实际日照时数，h；N 为最大可能日照时数，h；W_s 为日照时数角，rad；ϕ 为地理纬度，rad；δ 为日倾角，rad；J 为日序数（元月 1 日为 1，逐日累加）；R_{ns} 为净短波辐射，MJ/(m²·d)；R_a 为大气边缘太阳辐射，MJ/(m²·d)；d_r 为日地相对距离。

（2）饱和水蒸气压对温度的导数 Δ，即温度—饱和水汽压关系曲线上在平均气温 T 处的切线斜率。

$$\Delta = \frac{4098 \cdot e_s}{(T + 237.3)^2} \tag{3-47}$$

$$e_s = 0.6108 \times \exp\left(\frac{17.27 T_a}{237.3 + T_a}\right) \tag{3-48}$$

$$T_a = \frac{T_{\max} + T_{\min}}{2} \tag{3-49}$$

式中：Δ 饱和水蒸气压对温度的导数，kPa·℃⁻¹；e_s 为饱和水汽压，kPa；T_a 为平均气温，℃；$T_{\max}$ 和 $T_{\min}$ 分别为日最高气温和日最低气温，℃。

（3）空气密度的计算采用以下公式：

$$\rho = 3.486 \times \frac{P}{275 + T_a} \tag{3-50}$$

式中：ρ 为空气密度，kg/m^3；P 为大气压力，kPa，标准大气压为 1.01×10^2 kPa；T_a 为气温，℃。

（4）水蒸气压与饱和水蒸气压差的计算采用以下公式：

$$\delta e = \left(\frac{e_s(T_{\max}) + e_s(T_{\min})}{2} \right) \times \frac{100 - RH}{100} \qquad (3-51)$$

式中：T_a 为平均气温，℃；e_s 为饱和水汽压，kPa；$T_{\max}$ 和 $T_{\min}$ 分别为日最高气温和日最低气温，℃；RH 为相对湿度，%。

（5）潜热的计算采用以下公式：

$$\lambda = 2.501 - 0.002361 T_s \qquad (3-52)$$

式中：λ 为水的潜热，MJ/kg；T_s 为地表温度，℃。

（6）地中热通量的计算采用以下公式：

$$G = c_s d_s (T_2 - T_1)/\Delta t \qquad (3-53)$$

式中：c_s 为土壤热容量，$MJ \cdot m^{-3} \cdot ℃^{-1}$；$d_s$ 为影响土层厚度，m；T_1 为时段初的地表面温度，℃；T_2 为时段末的地表面温度，℃；Δt 为时段，d。

（7）空气动力学阻抗的计算。空气动力学阻抗 r_a 计算依据 Monin - Obkuhov 相似性理论，按照考虑风速的对数和气温剖面的方程计算：

$$r_a = \frac{1}{\kappa^2 U} \ln[(z_u - d)/z_{om}] \times \ln[(z_e - d)/z_{ov}] \qquad (3-54)$$

式中：z_u、z_e 为风速和湿度观测点离地面的高度，m；κ 为 von Karman 常数；U 为风速，m/s；d 为置换高度，m；$z_{ox} = z_{om}$（运动量输送）、z_{ov}（水蒸气输送）、z_{oh}（热输送）的粗度，m。根据 Monteith 理论，若植被高度为 h_c，则 $z_{om} = 0.123h_c$、$z_{ov} = 0.1z_{om}$、$d = 0.67h_c$，m。

（8）植物群落阻抗的计算。植物群落的阻抗是各个叶片气孔阻抗之和，忽略 LAI 对叶气孔阻抗的影响，可用下式进行计算（贾仰文，2005；裴源生，2006a）：

$$r_c = \frac{r_{s\min}}{LAI} f_1 f_2 f_3 f_4 \qquad (3-55)$$

$$f_1^{-1} = 1 - 0.0016(25 - T_a)^2 \qquad (3-56)$$

$$f_2^{-1} = 1 - VPD/VPD_c \qquad (3-57)$$

$$f_3^{-1} = \frac{\dfrac{PAR}{PAR_c} \dfrac{2}{LAI} + \dfrac{r_{s\min}}{r_{s\max}}}{1 + \dfrac{PAR}{PAR_c} \dfrac{2}{LAI}} \qquad (3-58)$$

$$f_4^{-1} = \begin{cases} 1 & (\theta \geqslant \theta_c) \\ \dfrac{\theta - \theta_w}{\theta_c - \theta_w} & (\theta_w \leqslant \theta < \theta_c) \end{cases} \qquad (3-59)$$

式中：T_a 为气温，℃；VPD_c 为叶气孔闭合时的 VPD 值（约为 4kPa），kPa；PAR_c 为 PAR 的临界值（森林为 $30W/m^2$、谷物为 $100W/m^2$），W/m^2；r_{smin} 为最小气孔阻抗，s/m；r_{smax} 为最大气孔阻抗（5000s/m）；θ 为根系层的土壤含水率；θ_w 为植被凋萎时的土壤含水率（凋萎系数）；θ_c 为无蒸发限制时的土壤含水率（临界含水率）。

3.3.4　土壤水过程

土壤层是地面以下水分运动最为活跃的区域，控制和调节着整个地表水和地下水交换过程。降水和灌溉水量通过土壤非饱和带的再分配，形成入渗量、地表径流、地下水补给量和蒸发蒸腾量。在地下水埋深浅的地带，受强烈蒸发和蒸腾作用，土壤含水率迅速降低，地下水在水势差驱动下，通过毛细作用上升补给土壤水，可以起到缓解土壤墒情的作用。因此，土壤水系统作为联系地表水和地下水的纽带，在整个水循环系统中的地位非常重要。

以土壤层作为单元体，在上边界，降水、蒸发、灌溉是其收支项；在下边界，以变动潜水面为分界线，垂向渗漏和潜水蒸发是其收支项；在侧边界，地表产流和壤中流是其收支项；单元体各边界收支的平衡演算结果即为土壤水蓄变量变化，通常以土壤含水率表示，土壤含水率的大小反映了土壤层的湿润或干燥程度。整个土壤水运动过程十分复杂，受降水量、降水强度、地形坡度、下垫面、土壤质地与结构分布、温度、生物化学作用、耕作、水质等诸多因素的影响。在进行流域尺度土壤水模拟时，通常考虑流域特点保留关键因素，如在耕作农田区，存在人工修筑的田埂，只有当降水与灌溉水深超过了田埂挡水的高度才会形成产流，这与天然状态下地表产流入渗过程有着明显的差异。针对这一问题，设置地表储流层作为土壤表层（厚度 0～10cm），蓄滞深度作为该层反映人类耕作影响的关键参数；将地表储流层以下分为土壤浅层（厚度 10～200cm）和土壤深层（土壤浅层至潜水面）。在构建模型时，根据研究需要再对上述三层进行细化，采用 Richards 方程或均衡模型进行计算，见图 3-15。

在模拟的时间尺度上，田块尺度土壤水过程模拟一般以分、秒为时间步长来模拟一次降水、灌溉或作物生长季的变化过程，而在流域尺度上，地表产汇流模拟多以小时、天或月作为计算时间步长，地下水模拟以天、旬或月为计算步长。因此，在选择土壤水模拟的时间步长时，若时间步长过小（如秒、分钟），将面临土壤边界信息资料匮乏、计算不易收敛、模拟耗时长、与地表地下水模块变量交换转换等问题，过于精细的模拟并不一定能够保证获得可靠的结果。综合考虑资料获取、计算效率及其与地表水、地下水模块的耦合问题，推荐选择以天作为时间步长来模拟土壤水运动过程。下面分层介绍土壤水运动计算过程（裴源生，2006a）。

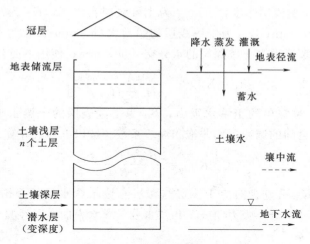

图 3-15 土壤水系统模拟示意图

1. 地表储流层

地表产流、入渗、蒸发等多个过程均在地表储流层发生，其水量变化也是上述多过程综合作用的最终反映。根据水量平衡原理，天然降水量与农田灌水量之和减去土壤下渗量与地表蒸散发量应该等于地表产流量与地表积水量之和（式）。地表积水量的计算在水资源开发利用条件下需要考虑到田埂高度、渠系阻拦的影响，同时按照不同的下垫面类型，在山区和平原区根据实际情况分别设置。

$$H_S = H_{S0} + P + I - R - E_s - F_s \qquad (3-60)$$

$$R = \begin{cases} 0 & H_S \leqslant H_{S\max} \\ H_S - H_{S\max} & H_S > H_{S\max} \end{cases} \qquad (3-61)$$

式中：H_{S0} 为模拟时段初的地表积水量，mm；H_S 为地表积水量，mm；I 为田间灌水量，mm；P 为天然降水量，mm；E_s 为地表蒸散量，mm；R 为地表产流量，mm；$H_{S\max}$ 为储流层厚度，mm；F_s 为土表入渗量，mm。

土壤水入渗采用 Horton 公式计算，其形式为：

$$f = f_c + (f_0 - f_c)e^{-kt} \qquad (3-62)$$

式中：f 为模拟时刻 t 的土壤下渗率，mm/h 或 mm/min；f_0 为计算时段初的下渗率，mm/h 或 mm/min；k 为土壤特性参数；f_c 是该土壤稳定下渗率，mm/h 或 mm/min，可通过相关土壤的特性曲线计算。

2. 土壤浅层

土壤浅层的水量平衡方程：

$$\theta_U \cdot H_U = W_{U0} + F_s - E_U - F_U \qquad (3-63)$$

式中：H_U 为土壤浅层厚度，m；θ_U 为土壤浅层含水率；E_U 为浅层土壤蒸发和植被蒸散量，mm；W_{U0} 为土壤浅层初始蓄水量，mm；F_U 为土壤水势梯度差异引起的土壤浅层与土壤深层的水分交换量，mm，使用下面公式计算：

$$F_U = K_{U,L} \cdot \left[\frac{2(S_L - S_U)}{H_L + H_U} + 1 \right] \tag{3-64}$$

式中：S_L 为土壤深层的土壤水吸力；S_U 为土壤表层的土壤水吸力；$K_{U,L}$ 为上下两层土壤之间的调和平均非饱和渗透系数。按以下公式计算：

$$K_{U,L} = \frac{2K_U \cdot K_L}{K_U + K_L} \tag{3-65}$$

式中：K_L 和 K_U 分别为对应于浅层与深层土壤水含水量的非饱和渗透系数，可以通过土壤"水分－吸力曲线"和"水分－导水率曲线"经验公式得到。

3. 土壤深层

土壤深层的水量平衡方程：

$$\theta_L \cdot H_L = W_{L0} + F_U - E_L - F_L \tag{3-66}$$

式中：H_L 为土壤深层厚度，m，随潜水位变化；θ_L 为土壤深层含水率；E_L 为植被蒸散量，mm；W_{L0} 为初始深层土壤蓄水量，mm；F_L 为土壤水势梯度差引起的土壤水和潜水之间水分交换量，mm，使用下面公式计算：

$$F_L = K_L \cdot \left(1 - \frac{2S_L}{H_L} \right) \tag{3-67}$$

模型中的非饱和土壤水力参数使用 Clapp－Hornberger 模型描述：

$$\begin{cases} \dfrac{\theta - \theta_r}{\eta - \theta_r} = \left(\dfrac{S_b}{S} \right)^{\lambda} \\ \dfrac{K(\theta)}{K_S} = \left(\dfrac{\theta - \theta_r}{\eta - \theta_r} \right)^{n} \end{cases} \tag{3-68}$$

其中，η 为土壤孔隙度；θ_r 为残余含水率；S_b 为考虑进气值的饱和含水率所对应的土壤水吸力，K_S 为土壤饱和渗透系数；λ 和 n 为拟合参数。

3.3.5　坡面与河道汇流过程

1. 山区单元坡面汇流计算

山区单元的坡度普遍较大，受重力驱动快速向坡底或河道汇集，受人类活动影响相对较小。采用一维运动波方程来模拟坡面汇流过程，该方法是一种水力学与水文学相结合的方法，利用简单的几何框架和简化的圣维南方程组来模拟复杂的天然坡面流（赵勇，2017）。

第一步，将山区单元坡面汇流概化为一个斜平面上的漫流过程，斜平面的坡度和长度为山区单元所在流域的平均坡度 J 和平均长度 L。所在流域坡面平均坡

度 J 取流域内所有山区单元的面积加权平均值，坡面平均长度 L 按照下式计算：

$$L = \frac{F}{2\sum l} \qquad (3-69)$$

式中：F 为山区单元所在流域面积；$\sum l$ 为所在流流域干、支流河道总长度。

第二步，把流域山区单元降水后的坡面汇流过程概化为"净降水量"在流域整体斜平面上的汇流过程。即在计算过程中把地表蓄积水量和入渗损扣除，且不考虑这些过程对坡面流运动的影响。

第三步，构建坡面流的运动波方程。将坡面流看作为简单非恒定流，则可将圣维南方程组简化，忽略其压力项和惯性力项和影响，得到一维运动波方程，如下式（3-70）：

$$\begin{cases} \dfrac{\partial x}{\partial x} + \dfrac{\partial x}{\partial x} = q \\ i = J \\ Q = \dfrac{A}{n} R^{2/3} J^{1/2} \end{cases} \qquad (3-70)$$

式中：Q 为过水断面的流量，$\mathrm{m^3/s}$；A 为过水断面面积，$\mathrm{m^2}$；q 为坡面旁侧入流单宽流量，$\mathrm{m^2/s}$；i 为坡面地表坡降，$\mathrm{m/m}$；x 为坡面长度，m；J 为水力坡度，$\mathrm{m/m}$；n 为曼宁糙率系数，$\mathrm{s/m^{1/3}}$；R 为过水断面水力半径，m。

河道流量与断面湿周可根据曼宁公式和运动波方程表述如下：

$$A = \alpha \cdot Q^{\beta} \qquad (3-71)$$

式中：$\alpha = \left(\dfrac{nP^{2/3}}{J^{1/2}}\right)^{0.6}$；而 P 为过水断面的湿周，m；$\beta = 0.6$。

第四步，运动波方程的求解。首先，按照隐式差分格式（Preismann. A.）将运动波方程组进行离散，得到

$$\frac{\partial A}{\partial t} = \frac{A_i^{j+1} + A_{i+1}^{j+1} - A_i^j - A_{i+1}^j}{2\Delta t}$$

$$\frac{\partial Q}{\partial s} = \frac{\theta(Q_{i+1}^{j+1} - Q_i^{j+1}) + (1-\theta)(Q_{i+1}^j - Q_i^j)}{\Delta s_i}$$

则式（3-70）可转化为

$$\frac{\partial A}{\partial t} + \frac{\partial Q}{\partial s} = \frac{A_i^{j+1} + A_{i+1}^{j+1} - A_i^j - A_{i+1}^j}{2\Delta t} + \frac{\theta(Q_{i+1}^{j+1} - Q_i^{j+1}) + (1-\theta)(Q_{i+1}^j - Q_i^j)}{\Delta s_i} = q_i^{j+1}$$

结合式（3-71），得

$$2\theta\Delta t Q_{i+1}^{j+1} + \alpha_{i+1}^{j+1}(Q_{i+1}^{j+1})^{\beta}\Delta s_i = [a_i^j (Q_i^j)^{\beta} + a_{i+1}^j (Q_{i+1}^j)^{\beta} - a_i^{j+1}(Q_i^{j+1})^{\beta}]\Delta s_i$$
$$+ 2\Delta t[\theta Q_i^{j+1} + (\theta-1)(Q_{i+1}^j - Q_i^j)] + 2q_i^{j+1}\Delta s_i \Delta t$$

$$(3-72)$$

而式（3-72）是一个与 Q_{i+1}^j 有关的非线性方程，等号的左侧是未知项，

右侧是已知项。故可以选择通过牛顿迭代方法来求解该方程。令

$$C = \left[a_i^j \, (Q_i^j)^\beta + a_{i+1}^j (Q_{i+1}^j)^\beta - a_i^{j+1} (Q_i^{j+1})^\beta \right] \Delta s_i$$
$$+ 2\Delta t \left[\theta Q_i^{j+1} + (\theta - 1)(Q_{i+1} - Q_i^j) \right] + 2q_i^{j+1} \Delta s_i \Delta t$$
$$f(Q_{i+1}^{j+1}) = 2\theta \Delta t Q_{i+1}^{j+1} + \alpha_{i+1}^{j+1} (Q_{i+1}^{j+1})^\beta \Delta s_i - C$$

其中 $f(Q_{i+1}^{j+1})$ 的一阶导数为

$$f'(Q_{i+1}^{j+1}) = 2\theta \Delta t + \alpha_{i+1}^{j+1} \beta \, (Q_{i+1}^{j+1})^{\beta-1} \Delta s_i \qquad (3-73)$$

所以，牛顿法迭代的格式为

$$(Q_{i+1}^{j+1})_{k+1} = (Q_{i+1}^{j+1})_k - \frac{f\,(Q_{i+1}^{j+1})_k}{f'\,(Q_{i+1}^{j+1})_k} \qquad (3-74)$$

另外，迭代终止条件为

$$|f\,(Q_{i+1}^{j+1})_{k+1}| < \varepsilon \qquad (3-75)$$

式中：ε 为迭代的精度要求；k 表示上一次迭代过程，而 $k+1$ 表示当前迭代过程；其他参数物理意义同上。

2. 平原区单元坡面汇流计算

平原区单元坡度较缓，水平汇流速度较慢、滞时较长，且受到农田、道路、居工地等多种人类活动的扰动，其运动特征表现出显著的自然-人工复合特征，完全不同于山区坡面汇流过程。因此，在平原单元坡面汇流过程模拟计算时，根据不同的土地类型进行计算，例如最为典型的灌区农田，按照就近入流的原则进行汇流计算，即通过地理信息获取每个平原单元最近的排水渠道，按照距离排水渠道的距离以及实际排水条件按照系数分时段汇入排水渠。这样灌区的坡面汇流就有节点排水与旁侧入流两种方式，对于有资料的灌区采取前一种，而资料缺乏的地区采取旁侧入流这种直接汇流入排水渠道或天然河道的形式。其物理过程概化如图 3-16 所示。

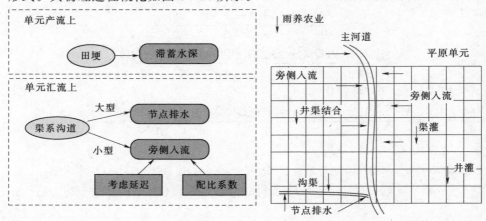

图 3-16　平原区单元汇流过程概化图

具体计算公式如下：

$$Q_i^j = \alpha_i^j Q_0^j \qquad (3-76)$$

式中：Q_i^j 为 i 时段末单元 j 汇入对应排水渠道的水量，m^3；Q_0^j 为本时段（i 时段）初单元表面蓄积水量，其由上时段未排水量与本时段净降水量构成，m^3；α_i^j 为 i 时段单元 j 的汇水系数；α_i^j 的数值由单元距离排水渠道的距离 L_j 与 Q_0^j 共同决定，具体依照模拟流域实际情况决定。

3. 河道汇流计算

河道汇流过程特指流水由坡面汇流后进入到天然河道以及各类排水干沟中的汇流演算。在单元离散时将流域天然河网概化为每个子流域仅有一条天然河道，而每个灌区计算单元对应唯一的排水干沟或河道。整体河网的汇流过程采用从上而下的空间顺序进行模拟，即从上游顶级子流域的河道开始逐级演算流域出口。

对于单个河道（或干沟）的水流演算，本次模型编制考虑到流域水循环对于地表水计算精度要求以及河道以及排水沟资料获取的难度，仍选择一维运动波方程来模拟单个河道以及人工排水干沟的水流过程，其具体计算方法和求解过程与上述的山区坡面汇流计算中的方程与求解方法相同。不同的是在具体物理参数的意义上，旁侧入量 q 的物理意义转化为单元坡面汇流在计算时段的沿河长的平均单宽流量，同时坡度等参数也随之改为与河道相匹配的物理意义。而流域天然河网的汇流过程将采用可变节点的动态运动波方法模拟，该方法主要由程序变化完成，后面模型程序实现部分会具体介绍。

3.3.6 灌区引水过程

农田灌溉引水根据水源及引水方式分为三种：地表渠系引水、井灌区提水、井渠混合引水。

1. 地表渠系引水

地表渠系引水过程首先根据灌区渠系分布确定各级渠系及其引水节点，自干渠引水口向分干渠、支渠、斗渠、农渠等逐级向下分配，直至各个引水灌溉单元，其过程如图 3-17 所示。渠系引水过程计算按照水量平衡法逐级渠段进行计算，下面以一个干、支、斗、农四级渠系系统为例进行具体介绍。

在图 3-17 所示四级引水渠系中，任意一级渠段的水量平衡项包括从上一级渠段引入水量、向下一级渠系流出水量、蒸发损耗量、渗漏损耗量及其他引水项等（见图 3-18），根据水量平衡原理，任意渠段 k 的水量平衡方程如下（赵勇，2017）：

$$\Delta W_k = Qin_{k+1} + P_k - ET_k - Qg_k - Quse_k - QL_k - Qout_{k-1} \qquad (3-77)$$

式中：ΔW_k 为 k 级渠系在计算时段内的渠道水分蓄变量，m^3；Qin_{k+1} 为本模

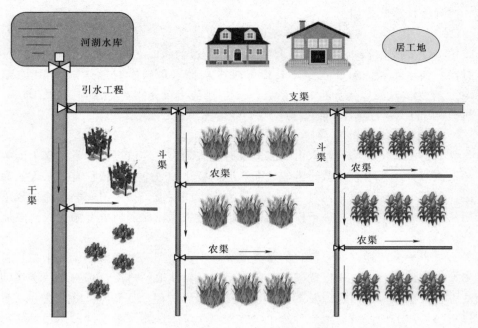

图 3-17 地表渠系引水过程示意图

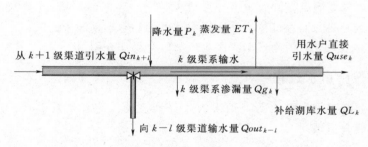

图 3-18 地表输水渠系水平衡项

拟计算时段从 $k+1$ 级渠系引入的水量，m^3；P_k、ET_k、Qg_k 分别为本时段的降水量、蒸发量和渠道渗漏量，m^3；$Quse_k$ 为本时段用水户直接从 k 级渠系取水量，m^3；QL_k 通过 k 级渠系直接补给河湖湿地的水量，m^3；$Qout_{k-1}$ 为本时段 k 级渠系向 $k-1$ 级渠系的输水量，m^3。

2. 井灌区提水

在地下抽水井灌区，采用从井点到灌溉单元的方式，在实际应用中根据数据资料情况可选择两种方法来处理抽水井点，一种是将井灌区的所有抽水井点或井群，结合水文地质条件，进行打包概化，集中到数量有限的几口集总开采井节点上，并保持地下水开采总量一致；另一种是根据实际开采井地理位置、抽水特征参数及开采量监测信息进行展布，适用于监测资料详实的区域。

确定井的信息后，再根据模拟计算单元的空间和时间尺度对地下水抽水信息进行空间和时间的展布，从而确定每个计算单元在计算时段内的开采量信息。本研究中采用克里金插值方法，获取各计算单元的实时地下水开采量，必要时可详细区分潜水或承压水。克里金插值法是一种被广泛应用的统计格网化方法，在地下水水位埋深的分布中经常用到，其优点是能够首先考虑插值要素在空间位置上的变异分布信息，确定对水循环单元本时段井灌水量有影响的距离范围，然后用此范围内的灌溉井（群）来估计的水循环单元的灌水量，此方法在数学上对井灌水量提供了一种最佳线性无偏估计的方法，能在水循环单元资料有限的前提下，最大程度的减少估计值与实际各单元水量在分配上的误差，详见图 3-19。

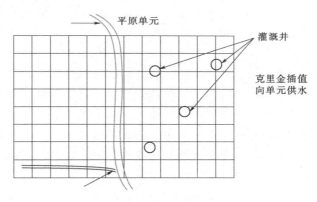

图 3-19　井灌区提水过程及分配计算示意图

3. 井渠混合引水

在地表渠系引水与地下水开采混合灌溉农田，若无特殊要求，则按照先使用地表水、后使用地下水的顺序进行灌溉，具体过程计算可参考地表渠灌与地下水开采灌溉农田的计算方法，需要注意灌水量的分配与渠系输水损失计算。

3.3.7　农田灌溉过程

农田灌溉过程受气象条件、作物生长需水状态、土壤墒情、可供灌溉水量、灌溉制度等多种因素的综合影响。当日灌溉水量的模拟计算的关键问题是确定单元每一种作物的当日灌溉需水量和当日可供灌溉水量。其中，当日灌溉需水量计算需要确定作物类型，当前所处的生育阶段、轮作情况、灌溉轮次及日数、灌溉制度或计算需水量等；当日可供灌溉水量计算则需要根据水源类型（当地地表水、当地地下水、外调水、再生水等）、可供水量、输水距离等。动态灌溉过程的模拟实现简单地说就是所有计算单元在每个计算时段的适配问题，这里面由于轮作与生育期差异，作物种类是动态变化的；由于气象、土壤墒情、地下水埋深的动态变化，需水量过程也是动态变化的；由于不同单元对同一水源的竞争性，灌溉条件的更替演化，可供水量也是实时动态变化的。

实现上述动态过程的模拟，在灌溉需水量计算层面，模型详细考虑了作物轮作以及复种对农田作物灌溉的影响。总体模拟思路是将作物分为可轮作类与不可轮作类，可轮作类按照其编号信息按照一定的规则进行实时土地计算类型的轮换计算，包括土壤含水量的交接、作物各类参数交接（如叶面积指数等）、灌溉制度交接等。作物高度、叶面积指数、根深等各类作物参数可由植物生长模块提供。

在可供灌溉水量计算层面，还需要在数据层面考虑尺度转换问题，这是由于实践应用中往往无法获取精细的日取水过程资料及空间分布信息，通常为月尺度或旬尺度，空间上到干渠或分干渠层面，因此在模型构建上考虑构建一个"虚拟水库"，通过水库的储水、放水过程，将"虚拟水库"中的水量作为可灌水量的上限，结合灌溉保证率，利用水量调配利用系数控制每日的可灌水量。对于有多个供给水源的情况，若无特殊要求，则按照外调水、当地地表水、浅层地下水、深层地下水的次序依次供给，直至满足灌溉需求；若全部水源全部用完还不能满足灌溉需求，则对不满足单元进行标记，在下一日灌溉时优先灌溉这些单元；若此灌溉轮次结束，还是不能满足灌溉需要，说明灌溉水源短缺严重，则以实际已供灌溉水量作为其实际灌溉水量。农田动态灌溉过程计算示意如图 3-20 所示。

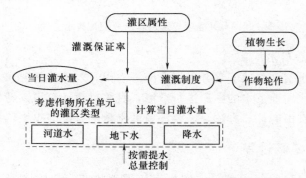

图 3-20   农田动态灌溉过程计算流程

3.3.8   灌区排水过程

排水过程是灌区水流汇集的过程，类似于流域汇流过程，不同的是灌区排水主要依赖人工修建的排水沟及抽水泵站来实现水流汇集并排出灌区（图 3-21）。大型灌区的排水过程对流域或区域的产汇流过程具有显著的影响，因而

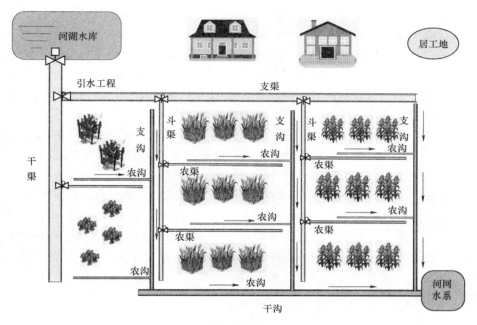

图 3-21　灌区排水过程示意图

如何将灌区多级排水沟汇流过程进行从物理到数学过程的概化是模拟的关键。
在地下水埋深较浅的灌区，灌溉渗漏补给地下再以地下水自然排泄是排水沟水
流汇集的重要途径，对此类情况需要根据模拟的农沟、斗沟、支沟等各级排水
沟底部高程与地下水埋深进行比较，以此判别地下水与排水沟之间的补排关
系，再根据达西定律及河道汇流方程逐级演算汇流过程。在构建模型时，通常
在每个灌区子流域内均设置一条唯一的排水干沟，该子流域内属于灌区的单元
格按照一定的方式坡面汇流到排水干沟，再通过排水干沟汇到子流域的主河
道，而子流域内不属于灌区的单元格，按照天然的方式直接汇到子流域的主河
道。这样，在主河道的模拟上需要增加一个排水节点，模拟该断面的水量
过程。

　　为合理简化运算过程，提高运算效率，模型将排水干沟的水量演算过程按
照一维运动波方法计算（具体方法同河道汇流），其他低级别的排水沟（支沟、
斗沟、田间排水毛沟等）则按照水量平衡方程进行计算。

　　排水系统水量平衡计算关系为（赵勇，2017）

$$Q_{P+1}=Q_P+P+Q_{ZP}+Q_{PH}+Q_P+Q_{TP}-E_w \qquad (3-78)$$

式中：Q_{P+1} 为进入本计算时段末的干沟水量，m^3；Q_P 为本时段初进入该沟段
的干沟水量，m^3；Q_{ZP} 为本时段支沟汇入水量，m^3；P 为本时段排水干沟上

降水量，m^3；E_W 为本时段水面蒸发量，m^3；Q_{PH} 为本时段地下水排水量（当地下水位高于排水沟水位时为正值，否则，则排水沟反向补给地下水，其为负值），m^3；Q_P 为引水渠道直接退入水量，m^3；Q_{TP} 为本时段田间地表水排水量，m^3。

　　排出地下水是排水沟的重要作用之一，能有效防止农田渍害等对农作物的影响。排水沟的径流水深和农田地下水位的关系直接决定了地下水的排泄量。对径流深的计算上，模型采用明渠均匀流的谢才公式：

$$d = \beta Q^v \tag{3-79}$$

式中：d 为径流深度，m；Q 为计算时段的径流量，m^3/d；β 为径流系数；v 为径流指数。

　　由式（3-79）与地下水排水的经验公式，可的地下水的排泄流量如下式：

$$Q_{PH} = T(H_g - D + d) \tag{3-80}$$

式中：Q_{PH} 为本时段地下水排水量，m^3/d；H_g 为计算单元内的地下水埋深，m；D 为计算单元内排水沟的底部深度，m；d 为径流深度，m；T 为本时段计算单元内单位时间地下水向排水沟的排水模数，m^2/d。

3.3.9　城乡工业生活用水过程

　　在微观层面，城乡工业生活用水系统及过程十分细致和复杂，本研究从流域/区域层面对其主要过程进行简化，通过土地利用中居工地面积作为其空间分布载体，将工业生活的取水、用水、耗水及排水概化为单元节点，并与河湖、地下水过程建立取水、排水时空联系，建立和计算工业取、用、耗、排通量，见图 3-22。

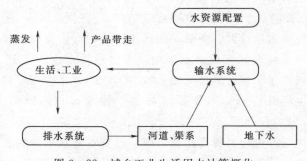

图 3-22　城乡工业生活用水计算概化

　　其中，取水量根据社会经济用水数据输入或根据水资源配置模块获取。工业耗水量和废污水排放量按照以下公式计算（赵勇，2017）：

　　耗水量：

$$Q_D = \sum_{i=1}^{2} \lambda_i \cdot Q_{oi} \tag{3-81}$$

式中：Q_D 为农村与城镇工业、生活耗水量，m^3；数字 1、2 分别表示工业、生活；λ_i 为工业、生活的耗水率；Q_{oi} 为农村与城镇工业、生活用水量，m^3。

排水量：

$$Q_W = \sum_{i=1}^{2} (1-\lambda_i) \cdot Q_{oi} \qquad (3-82)$$

式中：Q_W 为污水排放量；其他符号意义同上。

3.3.10 湖泊湿地补排过程

湖泊湿地由于实际为大片水域。在其概化上，一方面将其作为河网节点进行出入流及河道演算；但另一方面并不能完全将湖库湿地等同于河网节点，应考虑其自身的水平衡关系，考虑降水、蒸发、入渗等对其自身水量的影响。

湖库湿地的消耗项主要为蒸发和渗漏，其水均衡示意如图 3-23 所示。

湖库湿地的水量平衡关系为（赵勇，2017）：

$$\Delta Q = P + Q_F + Q_R + Q_T + Q_U - E_W$$
$$(3-83)$$

式中：ΔQ 为湖库水量蓄变量，m^3；E_W 为本时段水面蒸发量，m^3；P 为本时段降水量，m^3；Q_F 为本时段周边洪水补给量，m^3；Q_T 为本时段灌

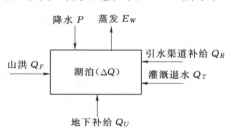

图 3-23 湖库水平衡示意图

溉退水补给湖库水量，m^3；Q_R 为本时段人工直接补给湖库水量，m^3；Q_U 为地下水与湖库的补排量（当地下水位低于湖水位时，湖库向地下水渗漏，反之，地下水向湖库补给，如图 3-24 所示），m^3。

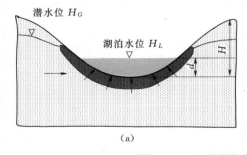
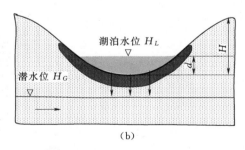

图 3-24 地下水与湖库湿地水量交换关系

湖库的地下水排泄量与田间排水沟地下水排泄原理类似，首先需计算湖库的水深，而湖库水量与湖库水深的幂函数关系可表述如下：

$$d = H \cdot \left(\frac{Q}{Q_F}\right)^{\alpha} \tag{3-84}$$

式中：d 为湖库水深，m；Q 为湖库水量，m³；H 为湖库的总深度，m；α 为幂指数；Q_F 为湖库的最大蓄水能力，m³。

则根据地下水排水的经验公式，可以计算湖库与地下水的交换量：

$$Q_U = T \cdot (H_g - H + d) \tag{3-85}$$

式中：T 为补排模数，m³/d；H_g 为地下水埋深，m；其他参数意义同上。

3.3.11 水利工程调蓄过程

水利工程是人类改造世界、开发利用自然资源的重要组成部分。据第一次全国水利普查成果统计（2017），全国共有水库、水电站、水闸、泵站、堤防、农村供水工程、塘坝、窖池 8 类工程数量 7127 万个，其中 10 万 m³ 及以上的水库 97985 座，水利工程几乎遍布所有河湖水系，成为调蓄和影响自然水循环的重要因素。因此，在水循环模拟中考虑水利工程调蓄对河川径流过程的影响成为必备环节之一。

本模型模拟水利工程调蓄的总体思路是将各类水利工程概化为流域计算河网上的节点，通过按照一定调蓄规则和要求，结合上游来水与取水过程来计算节点水库的水量动态变化。由于模型对于计算河网的设置是动态的，这些水利工程的节点可以位于子流域唯一主河道的任意位置，但考虑模型计算速度需求，设置单条主河道上最大节点不超过十个。这样各类水利工程相当于将子流域主河道分成了更多小段，通过计算节点水流的入流项、出流项以及原有主河道的上游来水信息采用运动波方程进行分析演算，见图 3-25。

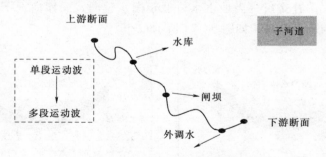

图 3-25 水利工程节点概化示意图

由于所有水库的实时调度资料很难全部掌握，故本模型对模拟期内的中小水库按照一般调度规则进行节点流量演算，对有资料的大型水库按照调度过程进行模拟计算。闸坝的调度过程，例如一些河道节制闸，其运行具有较大的人为干预性，一般依照可查询资料进行模拟演算，若无资料则按照阈值排水量进行开闸放水，并通过水文站径流观测资料进行校验。对可能出现的跨流域调水情况，模型设计原则是：调水工程若为流域内调水则应在河网增加一个调水节点和一个被调水节点，若为流域外调水则根据工程是调出还是调入决定在河网上增加一个调水节点或被调水节点，通过调水工程的规划设计或实际调水过程来进行调水工程节点的河道演算。

根据水库防洪、供水的需要（暂不考虑发电需水），将模拟时段分成汛期、汛末和非汛期三类。由于因此，对模拟期内的水库调度规则进行适度的简化，简化后的水库汛期、汛期末、非汛期的一般调度规则方程如下所示：

（1）汛期的调度计算：

$$
\begin{cases}
Q_{out} = 0 & V_{store} \leqslant V_{dead} \\
Q_{out} = f_{X1}(Q) & V_{dead} < V_{store} \leqslant V_{Lowflood} \\
Q_{out} = f_{X2}(Q) & V_{Lowflood} < V_{store} \leqslant V_{normal} \\
Q_{out} = f_{X3}(Q) & V_{nomal} < V_{store} < V_{Highflood} \\
Q_{out} = Q_{\max} & V_{store} \geqslant V_{Highflood}
\end{cases}
\tag{3-86}
$$

式中：Q_{out} 为本时段水库出流流量，m^3/s；V_{dead} 为水库的死库容，m^3；V_{store} 为当本时段末水库的蓄水量，m^3；V_{normal} 为水库的库容，m^3；$V_{Highflood}$ 为水库汛限的库容，m^3；$V_{Highflood}$ 为水库的防洪库容，m^3；$Q_{\max}$ 为水库的最大下泄能力，m^3/s；$f_{X1}(Q)$、$f_{X2}(Q)$ 与 $f_{X3}(Q)$ 分别为汛期各种条件下（由后缀不等式控制）水库调度流量的下泄过程，m^3/s。

（2）汛期末的调度计算：

$$
\begin{cases}
Q_{out} = 0 & V_{store} \leqslant V_{dead} \\
Q_{out} = f_{XE1}(Q) & V_{dead} < V_{store} \leqslant V_{Lowflood} \\
Q_{out} = f_{XE2}(Q) & V_{normal} < V_{store} < V_{Highflood} \\
Q_{out} = Q_{\max} & V_{store} \geqslant V_{Highflood}
\end{cases}
\tag{3-87}
$$

式中：$f_{XE1}(Q)$ 与 $f_{XE2}(Q)$ 分别为汛期末各种条件下（由后缀不等式控制）水库调度流量的下泄过程，m^3/s；其他符号意义同上。

（3）非汛期的调度计算：

$$
\begin{cases}
Q_{out} = 0 & V_{store} \leqslant V_{dead} \\
Q_{out} = f_{NX}(Q) & V_{dead} < V_{store} < V_{Highflood} \\
Q_{out} = Q_{\max} & V_{store} \geqslant V_{Highflood}
\end{cases}
\tag{3-88}
$$

式中：$f_{NX}(Q)$ 为分别非汛期各种条件下（由后缀不等式控制）水库调度流量的下泄过程，m^3/s；其他符号意义同上。

3.3.12　地下水过程

1. 山区水循环单元的地下水模拟

山区地下水变化采用均衡法进行模拟，主要考虑潜水含水层的地下水量的收支平衡，其均衡方程为：

$$(F_L + f + T - T_D) + 1000 \frac{Q_1 - Q_2}{F} = \mu \Delta H \tag{3-89}$$

式中：F_L 为由水势梯度差引起的土壤水和潜水之间水分交换量，mm；T 为深层承压水越流补给量，mm；T_D 为潜水的开采量，mm；f 为水库、渠道和湖库湿地入渗补给潜水量，mm；Q_1 与 Q_2 为均衡区地下水流入量和流出量，m^3；ΔH 为地下水水位变化，mm；F 为均衡区面积，m^2；μ 为潜水层的给水度。

2. 平原区水循环单元的地下水模拟

平原区水循环单元的地下水模拟采用二维或三维数值方法计算。潜水含水层与承压含水层地下水运动在计算方程及求解方法上类似，但它们求解的边界条件不一样。下面介绍平面二维地下水数值模拟方法：

（1）地下水运动控制方程。在水密度均匀分布的条件下，根据多孔介质流体力学，地下水在水平空间的流动可用二维偏微分方程表示如下（翟家齐，2012）：

1）潜水含水层

$$\frac{\partial}{\partial x}\left[K_{xx}(h_1 - h_b)\frac{\partial h_1}{\partial x}\right] + \frac{\partial}{\partial y}\left[K_{yy}(h_1 - h_b)\frac{\partial h_1}{\partial y}\right] + w = \mu \frac{\partial h_1}{\partial t} \tag{3-90}$$

2）承压含水层

$$\frac{\partial}{\partial x}\left[K_{xx}M\frac{\partial h_2}{\partial x}\right] + \frac{\partial}{\partial y}\left[K_{yy}M\frac{\partial h_2}{\partial y}\right] + w = S \frac{\partial h_2}{\partial t} \tag{3-91}$$

令 $T = K(h_1 - h_b)$ 或者 $T = KM$，以上两式可统一表示为

$$\frac{\partial}{\partial x}\left[T_{xx}\frac{\partial h}{\partial x}\right] + \frac{\partial}{\partial y}\left[T_{yy}M\frac{\partial h}{\partial y}\right] + w = S \frac{\partial h}{\partial t} \tag{3-92}$$

式中：T 为潜水含水层或者承压含水层的导水系数，量纲 L^2/T；K_{xx} 与 K_{yy} 分别为渗透系数在 X 和 Y 方向上分量，量纲 L/T，其中假定渗透系数主轴方向与坐标轴方向一致；h_1、h_2、h_b 分别为潜水位、承压含水层水头和潜水底板高程，量纲 L；t 为时间，量纲 T；w 为地下水单元源汇项，量纲 L/T；S 为贮水系数（无量纲），即该孔隙介质条件下单位面积的含水层柱体（柱体高为承压含水层厚度 M 或潜水层水头 h）当水头上升（或下降）一个单位时所储存（或释放）的水量，对于承压水来说是该承压含水层贮水率与层厚的乘

积，对于潜水含水层来说是该潜水层的给水度 μ。

（2）边界条件。边界条件能刻画研究区边界的水力特征，或说是能刻画研究区外对研究区边界的水力作用。假如研究区包含了整个地下水系统，那么边界条件的表达是地下水系统以外（如地表水、土壤水等）在边界上作用于地下水的关系。此时，这种边界属于自然边界。而在实际研究过程中，常会遇到非自然的边界条件，或称为人为边界。所以，确定计算范围是一个相当复杂的问题，模型在方法构建过程中更需要具体问题具体分析。一般的地下水计算的边界条件主要分为三种：

1）给定水头边界（第一类边界）。边界上水头动态为已知的被称第一类边界条件。其平面二维流可表示为：

$$H|_{B1} = H_1(x, y, t) \quad x, y \in B_1 \tag{3-93}$$

式中：H_1 是 B_1 上已知水头函数；B_1 是研究区上第一类边界。对于稳定流问题，t 与 H_1 无关。

该类型边界常见的有地表水体（如河、湖、海等）与渗流区域的分界线（面），此时 H_1 取地表水体水位。边界水头不再随时间改变时，称之为定水头边界。

2）给定流量边界（第二类边界）。边界上的单宽流量已知（对于平面二维流问题）或水力坡度已知，被称为第二类边界条件。其平面二维流问题可表示为：

$$T \frac{\partial H}{\partial n}|_{B2} = q(x, y, t) \quad x, y \in B_2 \tag{3-94}$$

式中：H 与 n 是水头与边界的外法线方向；B_2 表示是研究区的第二类边界；$-\frac{\partial H}{\partial n}$ 是水力坡度在边界方向上的分量；q 为流入研究区的单宽流量，当入流时其取正值。当 $q=0$ 时，称之为隔水边界，即 $\frac{\partial H}{\partial n}=0$。

3）混合边界条件。在实际计算过程中，也会遇到这样的情况，即在研究区的边界上，有部分条件是已知的水头变化情况，有部分条件则是已知的流量情况，此时就应使用混合边界条件来构建求解方程。

（3）初始条件。初始条件即是在初始时刻（$t=0$）时，研究区内各要素点处的水头分布情况。其平面二维流可表述为：

$$H(x, y, t)|_{t=0} = H_0(x, y) \tag{3-95}$$

在实际计算过程中，只要某时刻的水头分布已知，则该时刻即可作为计算的初始时刻。

（4）控制方程的数值离散。相应的初始和边界条件配合上地下水运动控制方程，就构成了描述地下水流运动的数学模型。从其解析解上来说，该数学模型的解是一表述水头值分布的数学表达式。但是一般地下水数学模型的解析解，除了一些简单的情况，其他的很难求得。所以，通常采用数值解法来获得地下水运动模型的近似解。数值求解方法常用的包括有限元法、有限差分法、边界单元法等，本次模型构建采用有限差分法来求解地下水运动方程。

有限差分法是一种方程离散计算方法，具体是将控制方程中的导数依照泰勒级数展开式，继而用网格节点上的函数值的差商代替，从而建立未知数以网格节点值的方程组。该方法直接将微分问题演变为了纯代数问题，数学概念直观，发展较早且成熟，广泛地应用于各类数值优化计算中。

有限差分在格式和形式上有多种类型，从差分计算的时间因子来看，可以分为隐式差分、显式差分和显隐式差分格式；而从差分单元的空间形式上可分为中心差分、向前差分和向后差分格式；从差分计算的精度考虑，可以一阶差分、二阶差分和高阶差分格式。在实际计算过程中，一般是根据研究所需使用多种差分格式相组合的形式。采用泰勒级数法可以有四种基本的差分形式：其中一阶计算精度的差分格式有两种，分别为一阶向前差分和一阶向后差分，二阶计算精度有两种，分别为一阶中心差分和二阶中心差分。

本次模型构建采用向前差分格式与中心差分格式分别对控制方程中的时间项和空间项进行离散。首先在单元 (i, j) 的四条边的中点插入四个点，记为 $(i-\frac{1}{2}, j)$、$(i+\frac{1}{2}, j)$、$(i, j-\frac{1}{2})$、$(i, j+\frac{1}{2})$，如图 3-26 所示，其导

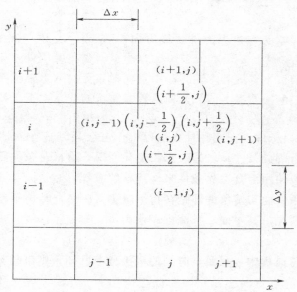

图 3-26 二维地下水剖分网格示意图

水系数 T 由相邻两个单元节点的导水系数的调和平均数表示，即

$$T_{xxi,j-\frac{1}{2}} = \frac{2T_{xxi,j-1} \cdot T_{xxi,j}}{T_{xxi,j-1} + T_{xxi,j}}$$

$$T_{xxi,j+\frac{1}{2}} = \frac{2T_{xxi,j+1} \cdot T_{xxi,j}}{T_{xxi,j+1} + T_{xxi,j}}$$

$$T_{yyi-\frac{1}{2},j} = \frac{2T_{yyi-1,j} \cdot T_{yyi,j}}{T_{yyi-1,j} + T_{yyi,j}}$$

$$T_{yyi+\frac{1}{2},j} = \frac{2T_{yyi+1,j} \cdot T_{yyi,j}}{T_{yyi+1,j} + T_{yyi,j}} \tag{3-96}$$

则可对水平二维地下水运动的控制方程作如下离散：

对 x 项离散：

$$\frac{\partial}{\partial x}\left(T_{xx}\frac{\partial h}{\partial x}\right) = \frac{1}{\Delta x}\left[\left(T_{xx}\frac{\partial h}{\partial x}\right)\Big|_{i,j+\frac{1}{2}} - \left(T_{xx}\frac{\partial h}{\partial x}\right)\Big|_{i,j-\frac{1}{2}}\right]$$

$$= \frac{1}{\Delta x}\left[T_{xxi,j+\frac{1}{2}}\frac{h_{i,j+1} - h_{i,j}}{\Delta x} - T_{xxi,j-\frac{1}{2}}\frac{h_{i,j} - h_{i,j-1}}{\Delta x}\right]$$

$$= \frac{1}{\Delta x^2}\left[T_{xxi,j+\frac{1}{2}} \cdot h_{i,j+1} - T_{xxi,j+\frac{1}{2}} \cdot h_{i,j} - T_{xxi,j-\frac{1}{2}} \cdot h_{i,j} + T_{xxi,j-\frac{1}{2}} \cdot h_{i,j-1}\right]$$

$$= \frac{1}{\Delta x^2}\left[T_{xxi,j+\frac{1}{2}} \cdot h_{i,j+1} - (T_{xxi,j+\frac{1}{2}} + T_{xxi,j-\frac{1}{2}}) \cdot h_{i,j} + T_{xxi,j-\frac{1}{2}} \cdot h_{i,j-1}\right]$$

$$\tag{3-97}$$

同理，可对 y 项离散：

$$\frac{\partial}{\partial y}\left(T_{yy}\frac{\partial h}{\partial y}\right) = \frac{1}{\Delta y}\left[\left(T_{yy}\frac{\partial h}{\partial y}\right)\Big|_{i+\frac{1}{2},j} - \left(T_{xx}\frac{\partial h}{\partial y}\right)\Big|_{i-\frac{1}{2},j}\right]$$

$$= \frac{1}{\Delta y}\left[T_{xxi+\frac{1}{2},j}\frac{h_{i+1,j} - h_{i,j}}{\Delta y} - T_{yyi-\frac{1}{2},j}\frac{h_{i,j} - h_{i-1,j}}{\Delta y}\right]$$

$$= \frac{1}{\Delta y^2}\left[T_{yyi+\frac{1}{2},j} \cdot h_{i+1,j} - T_{yyi+\frac{1}{2},j} \cdot h_{i,j} - T_{yyi-\frac{1}{2},j} \cdot h_{i,j} + T_{yyi-\frac{1}{2},j} \cdot h_{i-1,j}\right]$$

$$= \frac{1}{\Delta y^2}\left[T_{xxi+\frac{1}{2},j} \cdot h_{i+1,j} - (T_{xxi+\frac{1}{2},j} + T_{yyi-\frac{1}{2},j}) \cdot h_{i,j} + T_{yyi-\frac{1}{2},j} \cdot h_{i-1,j}\right]$$

$$\tag{3-98}$$

对时间项离散：

$$S\frac{\partial h}{\partial t} = S_{i,j} \cdot \frac{\Delta h_{i,j}}{\Delta t} \tag{3-99}$$

则可得到控制方程的离散方程式为

$$\frac{1}{\Delta x^2}\left[T_{xxi,j+\frac{1}{2}} \cdot h_{i,j+1} - (T_{xxi,j+\frac{1}{2}} + T_{xxi,j-\frac{1}{2}}) \cdot h_{i,j} + T_{xxi,j-\frac{1}{2}} \cdot h_{i,j-1}\right] +$$

$$\frac{1}{\Delta y^2}\left[T_{xxi+\frac{1}{2},j} \cdot h_{i+1,j} - (T_{xxi+\frac{1}{2},j} + T_{yyi-\frac{1}{2},j}) \cdot h_{i,j} + T_{yyi-\frac{1}{2},j} \cdot h_{i-1,j}\right] + w_{i,j}$$

$$= S_{i,j} \cdot \frac{\Delta h_{i,j}}{\Delta t} \tag{3-100}$$

若单元格划分是为正方形（本次模型构建拟采用 1km×1km 正方形网格），即 $\Delta x = \Delta y$，则方程可简化为

$$T_{xxi,j+\frac{1}{2}} \cdot h_{i,j+1} + T_{xxi,j-\frac{1}{2}} \cdot h_{i,j-1} + T_{yyi+\frac{1}{2},j} \cdot h_{i+1,j} + T_{yyi-\frac{1}{2},j} \cdot h_{i-1,j}$$

$$- (T_{xxi,j+\frac{1}{2}} + T_{xxi,j-\frac{1}{2}} + T_{yyi+\frac{1}{2},j} + T_{yyi-\frac{1}{2},j}) \cdot h_{i,j} + w_{i,j} \cdot \Delta x^2 = S_{i,j} \cdot \frac{\Delta h_{i,j}}{\Delta t} \cdot \Delta x^2$$

$$\tag{3-101}$$

在各项同性、均质、含水层厚度不变等条件下，各计算单元内的导水系数与渗透系数也不会改变，即 $T_{xx} = T_{yy} = T$，则方程可进一步简化为

$$T \cdot [h_{i,j+1} + h_{i,j-1} + h_{i+1,j} + h_{i-1,j} - 4h_{i,j}] + w_{i,j} \cdot \Delta x^2 = S_{i,j} \cdot \frac{\Delta h_{i,j}}{\Delta t} \cdot \Delta x^2$$

$$\tag{3-102}$$

以上各式中只考虑了空间网格上差分的差异，而按照时间差分的格式，又可分为显式差分格式与隐式差分格式。隐式差分在收敛性上优于显式差分，本次模型构建选择隐式差分格式，其推导求解过程如下：

由隐式差分格式可得 $\Delta h = h^{k+1} - h^k$，则可推出平面二维地下水运动控制方程的隐式差分格式方程为

$$h_{i,j}^k = \left(\frac{\Delta t}{S_{i,j}} \cdot T_{xxi,j+\frac{1}{2}} + \frac{\Delta t}{S_{i,j} \cdot \Delta x^2} \cdot T_{xxi,j-\frac{1}{2}} + \frac{\Delta t}{S_{i,j} \cdot \Delta y^2} \cdot T_{yyi+\frac{1}{2},j}\right.$$

$$\left. + \frac{\Delta t}{S_{i,j} \cdot \Delta y^2} \cdot T_{yyi-\frac{1}{2},j} + 1\right) \cdot h_{i,j}^{k+1}$$

$$- \frac{\Delta t}{S_{i,j} \cdot \Delta x^2} \cdot T_{xxi,j+\frac{1}{2}} \cdot h_{i,j+1}^{k+1} - \frac{\Delta t}{S_{i,j} \cdot \Delta x^2} \cdot T_{xxi,j-\frac{1}{2}} \cdot h_{i,j-1}^{k+1}$$

$$- \frac{\Delta t}{S_{i,j} \cdot \Delta y^2} \cdot T_{yyi+\frac{1}{2},j} \cdot h_{i+1,j}^{k+1}$$

$$- \frac{\Delta t}{S_{i,j} \cdot \Delta y^2} \cdot T_{yyi-\frac{1}{2},j} \cdot h_{i-1,j}^{k+1} - \frac{w_{i,j} \cdot \Delta t}{S_{i,j}} \tag{3-103}$$

若单元网格为正方形网格本次模型构建拟采用 1km×1km 正方形网格，即 $\Delta x = \Delta y$，则方程的隐式差分格式可简化为

$$h_{i,j}^k = \frac{\Delta t}{S_{i,j} \cdot \Delta x^2}\left(T_{xxi,j+\frac{1}{2}} + T_{xxi,j-\frac{1}{2}} + T_{yyi+\frac{1}{2},j} + T_{yyi-\frac{1}{2},j} + \frac{S_{i,j} \cdot \Delta x^2}{\Delta t}\right) \cdot h_{i,j}^{k+1}$$

$$- \frac{\Delta t}{S_{i,j} \cdot \Delta x^2}\left(T_{xxi,j+\frac{1}{2}} \cdot h_{i,j+1}^{k+1} + T_{xxi,j-\frac{1}{2}} \cdot h_{i,j-1}^{k+1} + T_{yyi+\frac{1}{2},j} \cdot h_{i+1,j}^{k+1}\right.$$

$$+ T_{yyi-\frac{1}{2},j} \cdot h_{i-1,j}^{k+1}) \quad - \frac{w_{i,j} \cdot \Delta t}{S_{i,j}} \tag{3-104}$$

同样地，在各项同性、均质、含水层厚度不变等条件下，各计算单元内的导水系数与渗透系数也不会改变，即 $T_{xx} = T_{yy} = T$，$\alpha = \dfrac{T \cdot \Delta t}{S_{i,j} \cdot \Delta x^2}$，则方程可进一步简化为

$$h_{i,j}^k = (1+4\alpha) \cdot h_{i,j}^{k+1} - \alpha h_{i,j+1}^{k+1} - \alpha h_{i,j-1}^{k+1} - \alpha h_{i+1,j}^{k+1} - \alpha h_{i-1,j}^{k+1} - \frac{\Delta t}{S_{i,j}} w_{i.j}$$

$$\tag{3-105}$$

（5）控制方程的数值求解。控制方程求解的总体思路是，逐一写出每个水循环计算单元的隐式差分方程，联立起来组成一个方程组，通过求解此方程组来获得最终解。但由于导水系数还会因为潜水含水层的水头或承压含水层的厚度在空间上变化而产生影响，所以上文推导得到的差分方程组并非是线性的。本次模型构建选择使用高斯-塞德尔迭代法求解此地下水二维隐式差分方程组。

建立在简单迭代法的基础上，高斯-塞德尔迭代法利用最新算出的相邻节点水头值作为新改进值，而新改进值通常比原有改进值更接近方程的解，如此就能大幅度提高方程组迭代效率，降低迭代次数，节约计算时间。

下面先基于迭代的思路和要求，对平面二维潜水层的地下水运动控制方程进行处理，对于矩形单元格，可以令

$$\lambda_x = \frac{\Delta t}{S_{i,j} \cdot \Delta x^2}$$

$$\lambda_y = \frac{\Delta t}{S_{i,j} \cdot \Delta y^2}$$

$$TE_{i,j} = \lambda_x T_{xxi,j+\frac{1}{2}}$$

$$TW_{i,j} = \lambda_x T_{xxi,j-\frac{1}{2}}$$

$$TN_{i,j} = \lambda_y T_{yyi+\frac{1}{2},j}$$

$$TS_{i,j} = \lambda_y T_{yyi-\frac{1}{2},j}$$

$$TC_{i,j} = TE_{i,j} + TW_{i,j} + TN_{i,j} + TS_{i,j} + 1$$

$$F_{i,j} = \frac{w_{i.j}}{S_{i,j}} \Delta t \tag{3-106}$$

则有，

$$h_{i,j}^k = TC_{i,j} \cdot h_{i,j}^{k+1} - TE_{i,j} \cdot h_{i,j+1}^{k+1} - TW_{i,j} \cdot h_{i,j-1}^{k+1} - TN_{i,j} \cdot h_{i+1,j}^{k+1}$$

$$- TS_{i,j} \cdot h_{i-1,j}^{k+1} - F_{i,j} \tag{3-107}$$

接下来按下述步骤迭代计算：

1）首先，任取一组水头值 $h^{(0)}$ 作为计算方程中系数的 k 时阶初始迭代初

值,求出系数后,则非线性的地下水运动控制方程就转化为线性方程了。进而可以按照线性方程组的方法求出它的解,记为 $h^{(1)}$,作为 $k+1$ 时阶水头值的第一次近似。

2)其次,将 $h^{(1)}$ 作为控制方程组的系数水头值,分别求出各项系数值,然后再依照线性方程组的解法求出各项水头值,记为 $h^{(2)}$,结果作为 $k+1$ 时阶水头值的第二次近似值。如此反复进行迭代计算,直到迭代到第 m 次时,相邻两次迭代解 $h^{(m+1)}$、$h^{(m)}$ 小于预定的允许误差 e_1 和 e_2 时,如下式所示:

$$\max\{|h_{i,j}^{(m+1)} - h_{i,j}^{(m)}| < e_1$$

$$\max\left\{\frac{|h_{i,j}^{(m+1)} - h_{i,j}^{(m)}|}{h_{i,j}^{(m+1)}}\right\} < e_2 \qquad (3-108)$$

则可把 $h_{i,j}^{(m)}$ 作为 $k+1$ 时阶单元格点 (i, j) 的水头值。由此即完成了由 k 时阶到 $k+1$ 时阶的迭代计算过程。

3.4 WACM 模型程序实现

3.4.1 WACM 模型程序构架

WACM 4.0 选择 Fortran 语言作为计算内核的编程语言,该语言在计算速度上对数值模拟计算具有先天优势,目前在工程数值计算编程方面占据统治地位(Steven C,2010),很多优秀的工程计算软件都是运用 Fortran 语言编写,例如 ANSYS、Marc 等,同时 Fortran 语言也是水科学模型软件最为流行和被广泛使用的编程语言(彭国伦,2002),在水科学编程方法上积累了大量的源代码程序,本模型采用 Fortran 编写计算内核后,将会在水循环模拟项目功能拓展上具有更大的空间。

但 Fortran 程序语言在数据库操作、绘图等可视化功能上存在显著短板。为弥补这一不足,考虑到 Visual Basic. net 语言(简称 VB. net 或 VB)在数据库操作、绘图以及与 ArcGIS 等实用软件的互通方面的便利性,以及 Visio Studio 2013(简称 VS 2013)平台在新 VB 编译器的改进、数据查询与操作等方面的优势,本次模型构建在程序语言上采用 VB. net 和 Fortran 语言进行混合编程。模型最新版本全部代码利用 VB. net 和 Intel Visual Fortran 2013 编译器在 Visio Studio 2013 平台下完成编译,并利用在 Visio Studio. net 框架下使用 Fortran 语言编程的方法与 ArcGIS 软件以共享文本文件的方式实现耦合。

从整个模型编程结构上来讲,为发挥混合编程的优势,VB 主对"外",Fortran 主对"内",即 VB 主要负责模型数据的输出输入以及其可视化,发挥其在 Windows 平台兼容性好，界面制作功能强大以及访问数据库简单快捷的优点；而 Fortran 主要负责处理模型的数值计算和内部处理，发挥其在数值计算方面的强大速度和结构优势。

基于上述思路，WACM 模型代码包括三大部分：

（1）由 VB 编写的 WACM _ outside 工具箱。此部分主要负责模型可视化组件的编写，如软件界面，与 Access 数据库的数据输入、输出、查询等操作，对 ArcGIS 进行二次开发等。

（2）由 Fortran 编写的 WACM _ Conerns 工具箱。此部分主要负责处理和整理由 WAMC _ cotside 与 ArcGIS 软件传入的基础数据，并形成模型主控文件命令配置表。同时完成一些模型常用或基本的参数计算模块编写。

（3）由 Fortran 编写的 WACM _ core 模块。此部分依照前文所述的物理数字方法对水循环过程进行模块化编程，同时还包括对命令配置表的主控程序以及各命令程序的代码编写。

3.4.2　WACM _ Outside 工具箱

WACM _ Outside 工具箱主要完成模型的可视化与数据接纳，编程可分为四个组成模块：outside 与数据库模块、outside 与 ArcGIS 模块、outside 与模型窗体结构、outside 与 origin 软件衔接模块。目前已完成前两部分的开发工作，后两个部分还在开发中。

3.4.2.1　outside 与数据库

对于 VB 与数据库链接，模型对比了各类与数据库链接的方式与方法（Thearon Wills，2008），最后提出了两套备选方案，在模型实际运行中可根据模拟需求选择不同的方案：

方案一：使用 ADO. NET 类，如图 3 - 27 所示，具体是使用 SqlConnection、SqlDataAdapter、SqlCommand、和 DataSet、Dataview 类，使用使用前三者的各种对象来连接数据库、修改数据，使用后两者来在程序中显示数据、操作数据，此方法优点是功能强大，可使模型后期界面制作上选择和发挥的余地更多，而且由于 DataSet 类采用的是存储在内存中的数据缓存（即存储从数据存储中检索到的数据），同时数据与数据源是断开链接的，它可被当作一个轻量级的数据库引擎，从而保证了较快的数据库访问速度。

方案二：使用 Adodb 类，具体是 Connection、RecordSet 进行数据库的访问，利用 ADODB. Connection 设置数据库连接属性，利用 ADODB. RecordSet 进行程序数据读取操作，此方法的优点是，简单易行，访问速度快，利用 RecordSet 的 Fields 以及 movenext 属性可很容易地将数据库中的数据传输到程序中的数组中来。（利用 EOF 来判断是否到表的最后一行与利用 movenext

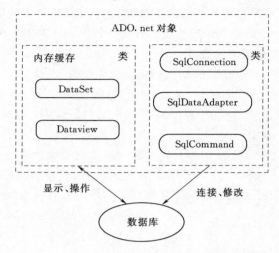

图 3 - 27　ADO. NET 类的数据库操作示意图

来将读取行转到下一行的操作。）

　　故而在模型应用实际中，如若仅从 ACCESS 数据库中读入数据继而传递给 VB 过程中，选择采用 Adodb 类的方式实现，而面对丰富的模型输入输出界面的时候，采用 ADO. NET 类的方法。

3.4.2.2　outside 与 ArcGIS

　　利用 ArcGIS 自有水文分析功能（Arc Hydro Tools）做完流域初步处理后，还采用 VB 编程的方法，继续处理以达到模型的设计要求。

3.4.3　WACM _ Conerns 工具箱

　　模型的运行需要水文、气象、土地利用、土壤、水文地质等一系列基本输入资料，并按照模型要求的格式进行输入。为提高前处理文件的整理效率，WACM _ Concerns 工具箱利用 Fortran 编写了 7 个处理小工具：①配置文件处理工具；②气象信息处理工具；③地下水信息处理工具；④单元属性信息处理工具；⑤土地利用信息处理工具；⑥土壤参数处理工具；⑦流域单元信息处理工具。此外，还开发了 3 个内置辅助函数：①站点经纬度处理函数；②净辐射计算函数；③单元扩充函数。通过这些小工具和内置函数，可快速完成基础资料的整理和命令配置文件的书写。

3.4.3.1　配置文件处理工具

　　该工具旨在解决输出 WACM 模型水循环配置文件的问题。其输入包括：①基于 arcGIS 水文处理之后划分的子流域信息（天然系统）；②流域内的水库闸坝等水利工程信息（人工系统）；③流域内的灌区及其引排水渠系信息（人工系统）。输出为：WACM 流域配置信息文件 config. info。具体步骤：

第一步，利用排序子程序通过 ArcGIS 所提供上下游信息的数据，计算并记录每个子流域上的上级子流域个数，从流域出口开始逆序回溯得到整个单元水系的拓扑关系序列，继而将排好的顺序，逆排序，得到从上而下的流域水循环计算序号。

第二步，按照水循环模型运行过程构造书写命令配置中的灌区命令，将灌区编号写在属性第 1 列数组的位置上，完成上一日排水，以及基于上一日农业墒情的当日各类灌溉用水量计算。完成后再书写灌溉命令，完成灌区当日灌水统计与整理。接着附加调用"流域内垮子流域调水和水库过程的预处理模块"（setRandD），读入水库，与调水位置。然后从上游到下游书写 sub 命令，进而逐河段循环书写 recession、river、reservoir，diversion、add 等过程，最后完成地下水及水均衡计算的命令书写。

3.4.3.2 气象信息处理工具

该工具旨在生成模型输入所需的气象数据文件。目前较为常用的气象信息数据是来自于中国气象科学数据共享服务网全国气象站数据日集 V3.0，需要将研究区涉及的气象站序列信息提取出来，并对缺漏的序列进行插补，计算净辐射量，输出模型所需的标准格式文件。

程序输入信息包括待处理的数据集文件、研究区对应气象站点编号、需要读取的数据类型文件、需要读取的时间段。程序输出信息包括站点的经纬度、利用修正的 P - M FAO 公式的净辐射计算结果、气象输入文件的格式化数据 wth. info。具体步骤如下：

第一步，读入需要处理的数据文件类别。由于采用的气象数据源数据是按照不同要素类型（如降水、气温、相对湿度等）来保存的，这里选取文件名中关键的三个字母，来标识他们文件名中的五位数字代码，以便获得需要读入的气象基础数据文件的文件名，稍后程序将自动循环读取这些文件。

第二步，读入需要处理的时间段与气象站点编号。

第三步，通过 1 和 2 的信息，循环读取所需的气象数据文件，对读入的信息进行整理，并处理奇异数据。按照一定的格式储存在临时数组中，并对由于缺测、记录错误及其他原因造成的奇异数据按照一定办法和规则进行处理。同时，对数据的单位按照要求进行转换。

第四步，计算净辐射。按照联合国粮农组织 FAO 修正的 P - M 净辐射计算公式，基于已读入的数据计算该站点每日的净辐射，其中需再次调用经纬度计算辅助函数来得到站点的纬度以方便计算太阳高度和角度。

第五步，按照 WACM 输入文件 wth. info 的格式要求输出所需站点的气象信息。

3.4.3.3　地下水信息处理工具

该工具主要是解决地下水基本数据与参数的时空分布、初始状态、边界条件等问题。总体思路是先按照地质剖面的经纬度，将平原区位于剖面附近单元的潜水含水层厚度、包气带厚度得出，然后利用单元的实际地面高程（由单元中心点从 dem 图中读取），得出单元的地下水位和潜水隔水底板高程。进而结合地下水等值线图和其他未赋值单元的高程，按照一定的方法将参数设置扩散开去，并结合地质剖面文字报告，对单元地下水参数赋值。而对于山区以及缺乏资料地区，结合地质报告，对地下水埋深等参数进行合理推算。

需要的输入信息包括：地质剖面的多点图，需要明确各点的经度、地面高程、地下水位，潜水含水层底板高程；计算单元中心点经纬度。输出信息包括各单元的地下水埋深（潜水位－地面高程）、含水层厚度（潜水底板高程－地面高程）等。具体过程如下：

第一步，读入水循环单元的基本信息、地质剖面的点位等基础信息，并对中心点在剖面附近的单元进行赋值；

第二步，先按照高程相近的原则进行第一层次单元赋值扩散，然后按照单元地理位置相近的原则进行第二层次的单元赋值扩散，通过不断调整扩散幅度和循环次数，检验是否所有单元均扩散完毕。

第三步，根据地质剖面材料及数字化信息，将水文地质分区参数、初始埋深/水头等信息分配至计算单元层面。

第四步，调用辅助函数 enlarge 进行实际单元向模拟单元扩充，并按照 WACM 输入文件的格式，输出地下水文件 gw.info。

3.4.3.4　单元属性信息处理工具

此工具的功能是梳理单元属性信息并按照标准格式进行输出，包括单元所在的子流域、行政区、灌区、平原区等等。具体步骤如下：

第一步，读入基本信息，包括单元的子流域、灌区、平原区、地市、三级区、边界等属性。

第二步，处理单元基本信息中边界单元对应山区单元的问题，判断边界单元属于哪些流域，这些流域有几个单元，拟将平原区对应单元按照对应子流域的山区单元面积大小进行分配。计算边界单元都属于哪些流域，去掉重复的，把结果放在 tempS1 中，并统计个数 countS。记录每个有边界单元的子流域的单元号，计算每个有边界子流域的山区子流域对山区单元号，统计每个有边界单元流域的，山区单元总数与平原单元总数。计算比较流域山区单元的面积大小，拟按照面积进行分配平原单元。开始分配实际单元所对应的山区单元编号，在边界上的赋值 1，不在的赋值 0。

第三步，处理单元对应的三级区及行政区。

第四步，按照规则处理单元对应的气象站点，获取单元对应的气象站编号。

第五步，确定灌区单元范围、灌区编号及灌溉单元的优先序。

第六步，输出单元属性信息文件 unit.info、子流域文件 subnum.info。

3.4.3.5 土地利用信息处理工具

该工具的功能是依据 6 种基本土地利用分类，结合研究区种植结构对土地利用类型进行细化，得到每个计算单元的土地利用信息。该功能需要输入 ArcGis 提取的土地利用信息表和单元拓扑关系表，最后按照模型格式要求输出单元土地利用文件 lu.info。

3.4.3.6 土壤参数处理工具

该工具的功能是获取单元的土壤属性分布与参数信息。主要步骤如下：

第一步，读取单元信息表与土壤分布信息表，通过叠加选择单元的土壤属性信息，这里提供两种解决方法：一种是按照优势土壤原则，即选择单元内面积占比最大的土壤作为该单元的唯一土壤类型，其优点是计算简便，适用于某一种土壤占据明显优势的情况；第二种是将单元内不同类型土壤按照面积占比进行排序，选择全部类型或者挑选主要的几种土壤作为单元土壤，该方法优点是能够最大程度还原客观实际，不足是增加了模拟计算的复杂度与工作效率。

第二步，匹配土壤分布信息与土壤属性信息，确定并输出土壤计算信息表 soil.info。

3.4.3.7 流域单元数量统计工具

该工具的功能是统计记录流域内每个子流域所包含的单元编号与单元个数，最后输出流域单元数量信息表 subnum.info。

3.4.4 WACM_Core 模块

WACM_Core 是整个 WACM 模型的核心部分，该部分程序代码采用用 Fortran 语言编写。下面利用模型主程序 Mian 与主控子程序 Simulate 及陆面过程 Sub 命令的结构框图为例对 WACM_Core 的程序结构进行解说。

3.4.4.1 WACM_Core 主程序 Main

图 3-28 是模型主程序的结构流程，主要包括四大部分：

（1）将指针变量参数及常规参数归零，读入基本输入数据文件信息（单元个数、子流域个数、起止时间等等），通过指针变量进行存储。

（2）根据模型起止时间及单元数量信息，调用一个时间计算模块（gettime 模块），通过该模块计算模拟的总天数、年数、每年的天数等，确定

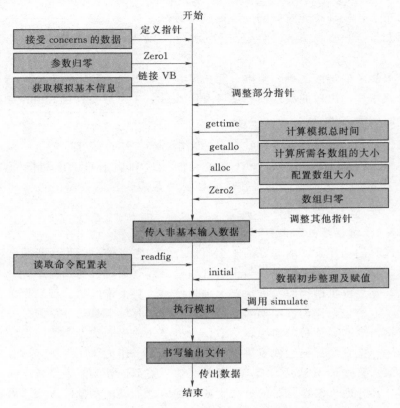

图 3-28 主程序 Main 的结构流程图

基本信息数组大小并传入全局数组指针；调用一个动态数组大小计算模块（getallo 模块），利用基本信息来计算其他动态数组的大小；调用数组大小分配模块（模型中命名为 allocate），将内存实际分配给动态数组，然后调整指针，传入数据赋值到相应的全局数组指针。另外，在整个模型模拟过程中要使用到的其他动态数组，由于它们的大小也是由这些基本信息决定的，一并在 getallo 与 allocate 过程对其分配内存。

（3）读取和调用模拟主控文件的配置文件（config 文件）。所以，在由 ACCESS 从 VB 传入气象数据，单元信息，种植信息，灌区信息，取用水信息之后，需要读取配置文件中的信息，故主控程序在读取了指令文件（模型中命名为 readfig），将模型模拟计算需要的所有数据读入以后，调用初始化模块（模型中命名为 initial），来对模型参数以及输入信息进行初始化，并完成一些基本的准备计算，以及根据输入信息判断输出数据的种类、大小等。

（4）准备工作完成后，调用流域水循环过程模拟的执行模块（simulate 模块），该模块具体构成与功能下一节会详细介绍。完成循环模拟后，对全流域的水均衡进行核算和验证，然后将模型模拟的输出数据按照要求输出或 传递给 VB 主程序后输出或显示。

3.4.4.2　循环模拟子程序 simulate

子程序 simulate 是流域水循环的过程计算全部集合，是模型进行水循环模拟的实际执行模块，其按照命令配置表给定的模拟顺序完成流域水循环计算，其结构流程图如图 3－29 所示。

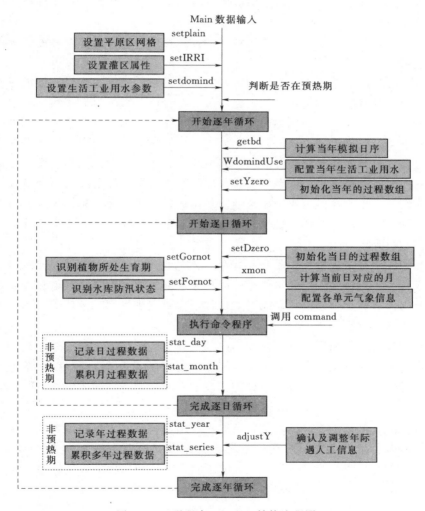

图 3－29　子程序 simulate 结构流程图

模型在构架上，为完成整个流域上水循环的模拟计算，以及伴随着水循环过程的水质过程、植被生长过程、土壤风蚀过程等的模拟计算，并针对平原区，灌溉用水、植被生长的特点，结合流域水循环模拟通常为长系列的特点，确定模型在年际采取逐年模拟，年内采取从当年第一天到当年最后一天逐日模拟的时序方式，另根据模拟计算需求，日内采取逐时模拟的方式。这样模拟的时间步长通常为天，特殊要求下为小时。这样设计具有如下优点：

（1）对于一些类似水管理，种植操作，取用水操作等有明显的年际特点的数据信息，模型处理起来方便简洁；

（2）在对输出数据进行统计的时候优势明显，能逻辑鲜明的处理各类过程变量；

（3）对于一年生植物以及农田耕作的描述在这种设计条件下能更清晰直观的识别以及输入输出。

这样处理的一个关键技术问题是时间转换关系，具体为：如何将天序与模拟具体年月日直接互相转化，如何将当天的总天序与其当年天序相互转换以及如何知道当前天序从而得到当前月份。模型程序中，利用三个子程序实现这些功能（gettime、getbd、xmon），主体思想是利用输入的开始结束天的年月日，首先计算哪些年是闰年，然后计算模拟的总天数，再计算每年元旦的总天序，并由上述的信息，依次编写出总天序与当年天序的转换小程序，年月日与总天序的转换小程序，当年天序与当前月份的转换小程序。具体程序模块下文会仔细介绍。然后在其他函数中灵活使用这三个小程序，可完成年月日与天序的各类转换要求。

从程序结构上来看首先是逐年循环，然后调用 getbd 来计算模拟开始天、结束天在当年的日序，以及每年元旦的日序。继而通过判断是否是开始或结束年以及闰年等影响当年模拟总天数的过程，来确定当年逐日循环的天数。然后对年初数据进行初始化。

然后开始逐日循环，在日循环的内部，开始每天模拟之时，首先是将日过程数据清零和初始化，调用月份转换模块（模型中称之为 xmon）计算此日在当年的月份，再调用日气象信息处理模块（模型中称之为 setwth），将模拟当天的气象信息，依照单元所在的气象站点赋值。

由于每日模拟中本模型涉及复杂的农业用水模拟，故而模型需要在每天开始对全流域上所有植物是否在生育期进行判断（模型中称之为 SetGorNot），以便之后进行相应的植物生长、当日灌水量计算以及其他的农业管理操作。

然后调用命令模块（模型中称之为 command）执行当日的各种计算命令，完成模型在空间上的计算。此命令模块与前文所述的命令配置文件紧密结合在一起，是实现流域与河网拓扑关系的直接载体。

当日模拟完成后，需要对日、月数据数据进行统计（模型中称之为 stat_day/stat_month），在当年循环结束后，要对年数据进行统计（模型中称之为 stat_ year)，在年循环结束后，要对多年数据进行统计（模型中称之为 stat_series）。

另外，模型在完成当年逐日循环后，根据一些多年生植物生长以及水利工程使用情况的变化，对一些过程参数进行处理（模型中称之为 plantgrow/net-check）。

然后跳出逐日循环，调用 stat_year 与 stat_series 进行年与年际统计，最后调用一些管理操作命令，对逐年变化的参数与数据进行修正。

3.4.4.3 命令子程序 Sub 与水循环陆面过程

流域水循环模拟的陆面过程前面已经详细介绍了其关键环节和基本原理，在 WACM 模型程序上，主要通过子程序 Sub 实现。Sub 命令通过 Command 调用而执行，其流程结构图如图 3-30 所示。

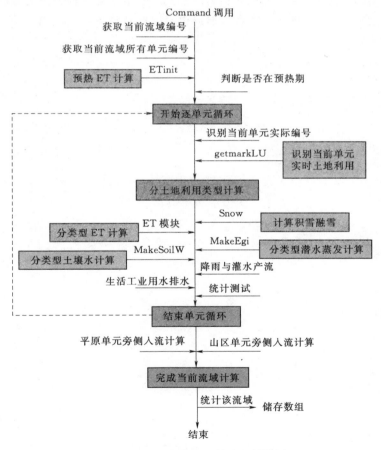

图 3-30 子程序 Sub 的流程结构图

第一步，读入当日模拟子流域的基本信息，如子流域编号和子流域内所有单元编号，包括山区单元和平原单元，然后判断此次模拟是否在预热期以选择数据完成命令。

第二步，程序开始子流域内逐单元的陆面过程循环，调用 getmarkLU 模块识别当前单元的实时土地利用，其中 getmarkLU 模块的主要功能是给出当前模拟时段作物是否存在轮作以及轮作的作物是何种。

第三步，按照土地利用类型循环计算，先后调用 Snow 模块计算土壤表层及植物冠层的积雪融雪，各土地利用类型的实时蒸发计算模块 ET，分类型潜水蒸发计算模块 MakeEgi，分类型土壤水计算模块 MakeSoilW，然后计算在降水与灌溉条件下该水循环计算单元当前土地利用类型上产流、工业生活污水排放，并将其统计记录。结束单元循环。

第四步，分别计算山区单元与平原单元对于运动波方程方法的旁侧入流量以及此流量所对应的排水渠或者天然河道，统计及输出，完成当前子流域的陆面过程模拟。

应用实践篇

第4章 大黑河平原区水文气象特征

4.1 研究区概况

4.1.1 自然地理位置

大黑河平原区位于内蒙古自治区中部，地理坐标为东经110°77′~112°08′，北纬40°14′~40°96′，总面积约5040km²，由黄河一级支流大黑河水系形成，是内蒙古自治区首府呼和浩特城区主要所在地。

大黑河平原区北有大青山天然屏障，东部被蛮汉山环抱，南部为和林格尔台地，三面环山，成簸箕状向西南敞开，地势总体上东北高、西南低，盆地内地形开阔平坦，海拔高程965~1223m，坡度介于3‰~5‰。呈北东向展布，东西长约81km，南北长约50km。北部为大青山冲洪积扇，东部为丘陵，南部有台地，中西部为宽广平坦的冲积平原。平原区均为堆积成因，又可分为山前倾斜平原、大黑河冲湖积平原、黄河冲积平原、湖沼洼地和沙地五个亚区。

4.1.2 气象条件

大黑河平原区地处内陆高原，属于典型的北温带干旱半干旱大陆性季风气候。由于受蒙古高压和西太平洋副高压东南季风影响，气候四季变化明显，春季干燥多风，夏季炎热少雨，秋季凉爽且日光充裕，冬季漫长而寒冷，昼夜温差大。

大黑河平原区日最高温度37.3℃（7月份），日最低温度−30.5℃（1月份）；每年9月至次年5月为霜冻期，无霜期110~140天；每年11月份至次年2月份为冻土期，最大冻结深度1.56m；冬春两季风大，全年主要风向为西北向，平均风速1.7m/s，最大风速17.2m/s。降水量季节分配不均，年际变化大，降水主要集中在6—9月，占全年降水量的78%，年均降水量多在290~500mm之间，多年平均降水量397mm。年水面蒸发量多在790~1100mm范围内，年平均日照时数在2876~3035h之间。

4.1.3 河流水系

大黑河是黄河的一级支流，发源于乌兰察布市卓资县十八台，从赛罕区榆林乡入境，在托克托县河口站入黄河，流域面积 15911km²，干流全长 225.5km，境内长 138.5km，多年平均径流量 3.6 亿 m³。大黑河产流区包括干流美岱站以上山丘区、大青山山丘区和蛮汉山山丘区。其中，干流美岱站以上流域面积 4287km²，呼和浩特市境内入大黑河的有吉庆营子沟、三道沟、石人湾沟等三条；大青山区产流面积 4633km²，较大支沟有水磨沟、万家沟、哈拉沁沟、白石头沟、黑牛沟、乌素图沟、古路板沟等，分别汇集于小黑河和哈素海于土默特左旗和托克托县流入大黑河；蛮汉山区产流面积 1402km²，较大支沟有石闸沟、茶房沟、宝贝河、缸房河、沙河等汇集于什拉乌素河由托克托县入大黑河。大黑河干支流的河流特点是水量集中于汛期，清水流量较少，洪水暴涨暴落、峰大量小、含沙量多、时令性强。

4.1.4　社会经济

大黑河平原区包括了呼和浩特市市区、土默特左旗、托克托县、和林格尔县的大部分区域。其中，呼和浩特市为内蒙古自治区首府，也是北方开放型城市，交通发达，资源丰富，区位优势明显，经济发展基础条件优越。据统计，平原区总人口 282.2 万人，其中城镇人口 191.6 万人，农村 90.5 万人，城镇化率 67.9%，人口密度 259 人/km²。2013 年，大黑河平原区 GDP 为 2620 亿元，人均 GDP 为 9.3 万元，其中一产 11.3 亿元，二产 793 亿元（工业 622 亿元），三产 1714 亿元。

除呼和浩特市区外，土默特左旗、托克托县、和林格尔县等 3 旗（县）GDP 总量分别为 237 亿元、207 亿元、141 亿元，占全市总量的 9%、8% 和 5%。随着呼和浩特市政府对产业布局的不断调整，高耗水工业主要布局在城市规划区的周边地区，如托克托县、土默特左旗、和林格尔县等县区工业园区，将对未来水资源耗用格局带来新的变化。

4.2　气象要素变化特征分析

4.2.1　气象要素变化趋势

选取大黑河平原区范围内与邻近范围内分布较为均匀的 7 个气象监测站的基础数据资料，所用数据来源为中国气象科学数据共享服务网（http://www.escience.gov.cn/ metdata/page/index.html）中的中国地面气候资料日值数据集。时间序列定为 1960—2013 年，共计 54 年，采用统计分析与 GIS 空间分析相结合，来探讨大黑河平原区气候变化的时空特征与基本规律。气象站点分布情况如图 4-1 所示。

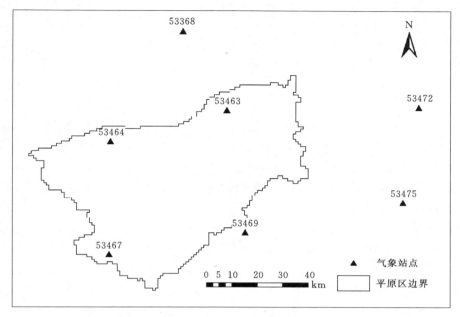

图 4-1　大黑河平原区及邻近范围气象站点分布情况

4.2.1.1　气温变化趋势

近 54 年来，大黑河平原区的气温年际间变化趋势如图 4-2 所示，多年平均气温为 5.63℃，1998 年平均气温最高为 7.41℃，较多年平均值高 1.78℃；最低气温出现在 1967 年，仅为 3.99℃，较多年平均值低 1.64℃。从年际间气温的阶段性波动变化情况来看（表 4-1），研究时段内，大黑河平原区年均气温出现趋势转折的年份大致为 1967 年、1975 年、1984 年、1998 年、2003 年、2007 年。波动降温累计历时 28 年，波动升温累计历时为 26 年，可见升温历时要低于降温历时，但从 1960 年到 2013 年却整体呈现出增温的变化趋势，且增温达到 1.62℃。可见增温幅度相比降温的幅度更大，且在 1984 年后出现了 14 年较长时间的增温期。

从线性拟合曲线可以看出，大黑河平原区的线性增温趋势较为显著，R^2 高达 0.52，线性拟合良好，通过 0.05 显著性水平检验。变化倾向率为 0.40℃/10a，1987 年以前年际间气温多呈现负距平现象，1987 年后多为正距平。结合年均气温累计距平变化曲线可以明显看出，1960—1987 年增温趋势不是很明显，1987 年后这种年际间的增温趋势尤为明显。整体而言，近 54 年，大黑河平原区的气温变化仍以增温趋势为主，与全球的气温变化情况较为一致。但由于 2007—2013 年出现了 6 年较长时间的降温现象，故未来该地区的增温趋势应有所缓解。

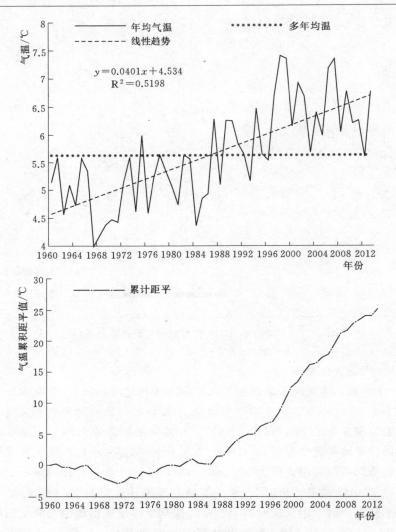

图 4-2　气温时间序列变化特征

表 4-1　　　　　　　　　　大黑河平原区年均气温阶段性变化趋势统计

时段	拐点年份	趋势	历时/a	均温/℃
1960—1967 年	1967	↓	8	5.01
1967—1975 年	1975	↑	8	4.76
1975—1984 年	1984	↓	9	5.21
1984—1998 年	1998	↑	14	5.76
1998—2003 年	2003	↓	5	6.69
2003—2007 年	2007	↑	4	6.52
2007—2013 年	—	↓	6	6.43

4.2.1.2 降水变化趋势

相对于年平均气温的变化情况，年平均降水量的变化波动性更强（图 4 -
3）。多年平均降水量为 390.9mm，年最大降水量为 641.1mm，出现在 1961
年，多出多年平均降水量 64.0%，年最小降水量为 190.4mm，出现在 1965
年，仅为多年平均值的 48.7%。整体而言，大黑河平原区的降水量年际变化
呈现相互不显著的下降趋势，变化倾向率为 −1.62mm/10a，线性拟合优度 R^2
值仅为 0.0007，充分表明大黑河平原区的降水量年际变化较为剧烈，不存在

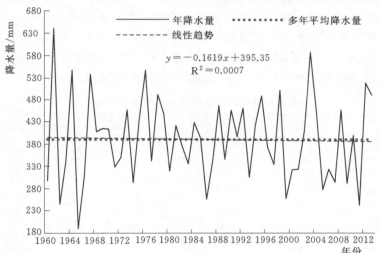

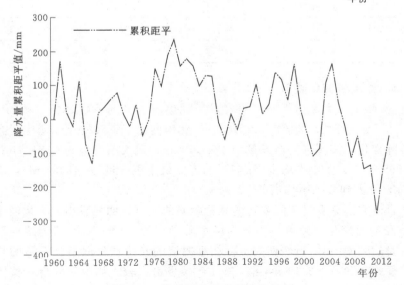

图 4 - 3　降水量时间序列变化特征

线性趋势变化的基本特征。并且在 20 世纪 60 年代起至 70 年代初和 21 世纪初
的两个时段内，年际降水距平值较大，也是研究时段内大黑河平原区降水量波
动最为明显的两个时期。

　　结合大黑河平原区年际降水量的累积距平曲线可以明显看出：研究区降水
量在 1960—1966 年大体呈现波动下降趋势，1966—1979 年趋势回升，1979—
1987 年趋势再次回落，1987—1998 年降水量又呈现出明显的增多趋势，
1998—2001 年降水量继续减少，2001—2004 年降水量持续增多，2004—2011
年是研究区降水量快速减少期，此后 2011—2013 年大黑河平原区的降水量又
有着明显的回升趋势。研究区年降水量阶段性变幅统计分析见表 4 - 2。总体
来看：研究区年际降水量呈现减少趋势经历的时间大约为 25 年，呈现增多趋
势的时间为 29 年，可见降水增多历时长于减少历时，但整体呈现不明显的降
低趋势，说明降水量减少量相对于增加量的变化更为剧烈。

表 4 - 2　　　　　　　　大黑河平原区年降水量阶段性变化趋势统计

时段	拐点年份	趋势	历时/a	年均降水量/mm
1960—1966 年	1966	↓	7	367.1
1966—1979 年	1979	↑	13	412.5
1979—1987 年	1987	↓	8	368.5
1987—1998 年	1998	↑	11	407.5
1998—2001 年	2001	↓	3	351.2
2001—2004 年	2004	↑	3	444.0
2004—2011 年	2011	↓	7	342.3
2011—2013 年	—	↑	2	418.0

4.2.1.3　蒸发量变化趋势

　　近 54 年来，大黑河平原区蒸发量呈现出较明显的下降趋势（见图 4 - 4、
表 4 - 3），变化率为 -20.09mm/10a。变化幅度低于气温的年际变化但高于降
水的年际变化。多年平均蒸发量为 1847.0mm，最大蒸发量为 2181.1mm，出
现在 1965 年，为多年平均水平的 118.1%。最小蒸发量为 1454.6mm，出现在
2003 年，仅占到多年平均值的 78.8%。

　　结合研究区蒸发量年际变化的累积距平曲线可以明显看出，大黑河平原区
年际蒸发量的变化大致可以划分为两个阶段：①1960—2000 年为波动下降阶
段，历时达到 40 年，虽然期间也存在小幅度的起伏现象但整体下降的趋势仍
较为明显；②2001—2013 年，除 2004 年蒸发量有较大幅度下降外，整体均呈
现不同程度的增多趋势。

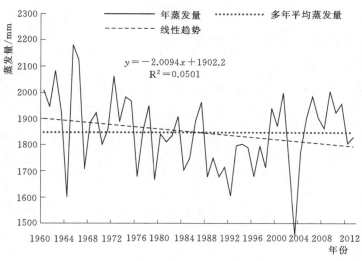

图 4-4 蒸发量时间序列变化特征

表 4-3 大黑河平原区年蒸发量阶段性变化趋势统计

时段	拐点年份	趋势	历时/a	年均蒸发量/mm
1960—1964 年	1964	↓	5	1913.0
1964—1972 年	1972	↑	8	1904.5
1972—1992 年	1992	↓	20	1817.8
1992—2001 年	2001	↑	9	1799.1
2001—2003 年	2003	↓	2	1729.0
2003—2006 年	2006	↑	3	1778.3
2006—2013 年	—	↓	7	1909.1

4.2.2　气象要素突变特征

4.2.2.1　气温突变检验

采用非参数检验法 M－K 检验 54 年来大黑河平原区气温变化的突变现象,如图 4－5 所示。整体来看,UF 曲线与 UB 曲线在 1987 年出现交点,且在 0.05 显著性水平内,说明大黑河平原区年均气温在 1987 年出现显著突变现象。由于 M－K 检验同样可以检验气候因子长时间序列中的阶段性变化趋势问题,故利用该方法对前文分析过程进行对比分析,以确保趋势变化分析的准确性。1960—1976 年气温整体以降低为主,1976—2013 年主要呈现增温趋势。相较于上文分析结果可见,M－K 检验分析得到的趋势性更为宏观。

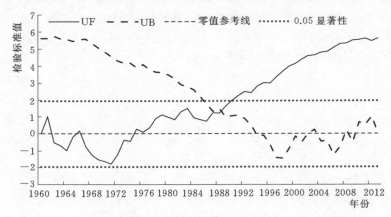

图 4－5　气温突变检验结果

4.2.2.2　降水突变检验

近 54 年来,大黑河平原区降水趋势变化的突变点检验,如图 4－6 所示。从图中可以明显看出:UF 曲线与 UB 曲线存在交点较多,主要为 1962 年、1999 年、2002 年、2004 年和 2012 年,结合降水量年际变化趋势的基本情况来看:1962 年前后,年降水量由降低趋势转为增多趋势;1999 年前后降水的变化趋势由增大转为降低;2002 年左右,降水变化趋势并未发生明显转变,均为增大;2004 年前后仍未发生明显的趋势转变;然而 2012 年前后年降水量的变化趋势经历了先增大后减小的变化特征。所以 1962 年、1999 年和 2012 年为大黑河平原区降水出现显著突变的时间,通过 0.05 置信度水平检验。

4.2.2.3　蒸发突变检验

进一步对研究区蒸发量的年际变化进行突变分析。近 54 年来,大黑河平原区蒸发趋势变化的突变点检验,如图 4－7 所示。从图中可以明显看出:UF

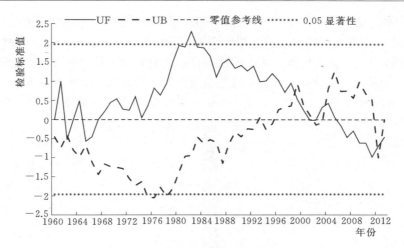

图 4-6 降水突变检验结果

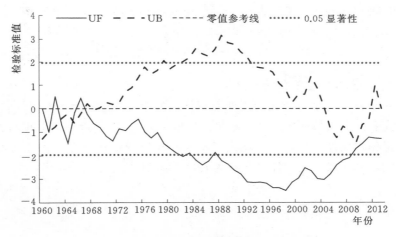

图 4-7 蒸发突变检验结果

曲线与 UB 曲线同样存在多个交点,主要为 1961 年、1963 年、1965 年、1967 年,结合蒸发量年际变化趋势的基本情况来看,仅在 1967 年前后蒸发量年际间的变化趋势出现明显的转折现象,年蒸发量的变化趋势由增大转变为逐渐减少,并且通过 0.05 置信度水平检验,说明大黑河平原区年际间蒸发出现显著突变的年份为 1967 年。

4.2.3 气象要素周期性变化特征

4.2.3.1 气温周期性变化特征分析

采用 Morlet 小波分析法对 54 年来研究区气温变化进行周期性分析,如图

4-8 所示。由小波等值线图可以明显看出，大黑河平原区的气温变化在 30～40 年的长时间尺度上存在明显的周期性变化，并呈现出"大-小-大"的变化特点。此外在 20 年左右的小时间尺度上同样存在不太明显的周期性变化，呈现出"大-小-大"的周期过渡特点。结合小波等值线图可以明显看出，大黑河平原区气温变化在大的时间尺度上存在 35 年左右的主周期和 21 年左右的次周期。

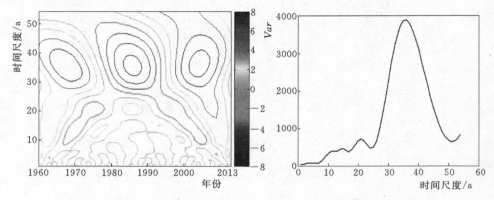

图 4-8 气温 Morlet 小波周期分析结果

4.2.3.2 降水周期性变化特征分析

进一步分析降水量变化的周期性特征，如图 4-9 所示。由小波等值线图可以明显看出，大黑河平原区降水量的年际变化在 20～30 年的长时间尺度上存在明显的周期性变化，并呈现出"小-大-小"的变化特点。此外在 10～20 年左右的小时间尺度上同样存在不太明显的周期性变化，呈现出"大-小-大"的周期过渡特点。结合小波等值线图可以明显看出，大黑河平原区降水量变化在大的时间尺度上存在 24 年左右的主周期和 18 年左右的次周期。

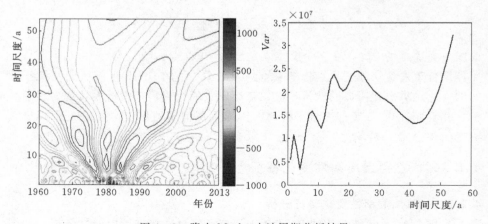

图 4-9 降水 Morlet 小波周期分析结果

4.2.3.3　蒸发周期性变化特征分析

　　对大黑河平原区蒸发量变化的周期性特征进行分析，如图 4-10 所示。由小波等值线图可以明显看出，大黑河平原区的降水量年际变化在 30～50 年的长时间尺度上存在明显的周期性变化，并呈现出"大-小-大"的变化特点。此外在 20 年左右的小时间尺度上同样存在不太明显的周期性变化，同样呈现出"大-小-大"的周期过渡特点。结合小波等值线图可以明显看出，大黑河平原区年蒸发量变化在大的时间尺度上存在 35 年左右的主周期和 21 年左右的次周期。可见近 54 年来，大黑河平原区的年际蒸发量与年均气温的变化周期相一致。

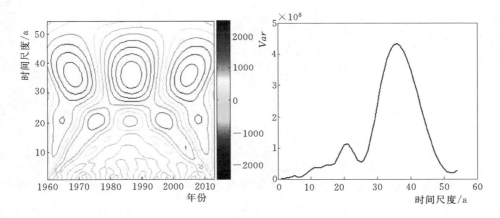

图 4-10　蒸发 Morlet 小波周期分析结果

4.3　气象要素演变的空间格局

4.3.1　气温空间分布及演化趋势

　　近 54 年来，大黑河平原区年平均气温空间过渡的等值线分布情况如图 4-11 所示。整体而言，大黑河平原区范围内多年平均气温呈现出西南部高、东北部低的分布格局，气温高值位于托克托县的双河镇附近，多年平均气温 7.4℃，气温低值位于呼和浩特市郊县的保合少镇附近，多年平均气温 5.7℃，。此外土默特左旗的善岱镇至察素齐镇一带的多年均气温相比于其他地区也相对较高，呼和浩特市城区的多年平均气温显然比周边市郊的多年平均气温高，城市热岛效应突出。

　　从等值线的空间分布情况来看，大黑河平原区范围内出现了三个气温暖中心，分别位于托克托县西南部地区的双河镇与五申镇一带，土默特左旗中西部的善待镇以北-敕勒川镇以东-察素齐镇以南-北什轴乡、塔布寨乡西的局部地区，以及呼和浩特市的主城区。从大黑河平原区西南部到东北部，由高温向低温过渡的过程中，多年平均气温等值线呈现出先紧密后稀疏再紧密的分布特征，表明气温由高到低过渡过程呈现先快后慢再快的空间过渡特征。

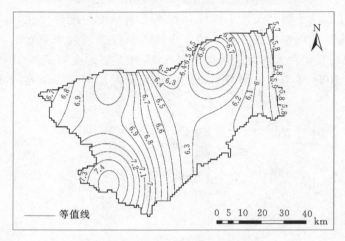

图 4 - 11　年平均气温空间分布等值线

进一步分析大黑河平原区气温空间演化的趋势性（见图 4 - 12）。从整个大黑河平原区来看，研究时段内，年平均气温均呈现不同程度的增温趋势，与上文趋势分析的结果一致。呼和浩特市主城区呈现出的增温趋势的变化幅度最大，为 0.50℃/10a，和林格尔县盛乐镇以及舍必崖乡附近区域最小，仅为 0.35℃/10a。此外，大黑河平原区西南部的双河镇附近增温幅度也较大。故此相关部分应做好以上区域的气候预测预报等工作。此外节能减排、提高主城区

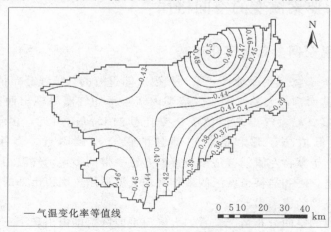

图 4 - 12　年平均气温的空间变化率

的绿化度、减少二氧化碳等温室气体排放将作为缓解该地区持续升温的必要手段。

4.3.2 降水空间分布及演化趋势

近54年来，大黑河平原区多年平均降水量的空间分布及等值线分布情况如图4-13所示。整体而言，大黑河平原区范围内多年平均降水量呈现出与多年平均气温相反的西南部多年平均降水量低于东北部多年平均降水量的空间分布格局，多年平均最大降水量为404.9mm，位于呼和浩特市主城区。由此可见在大黑河平原区的呼和浩特主城区不但有着明显的热岛效应，也存在非常鲜明的雨岛效应。多年平均最少降水量为373.3mm，位于平原区西南部托克托县的双河镇附近。此外土默特左旗的敕勒川镇一带的多年平均降水量相比于其他地区也相对较少。大黑河平原区的中东部地区降水量均相对于西南部地区较多。

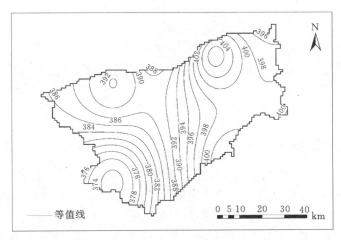

图4-13 年平均降水量空间分布等值线

从等值线的空间分布情况来看，大黑河平原区范围内出现了两个少雨中心，分别位于托克托县西南部地区的双河镇与五申镇一带，和土默特左旗中西部的善待镇以北-敕勒川镇以东-察素齐镇以南-北什轴乡、塔布寨乡西的局部地区，与多年平均气温的高低气温中心位置保持一致；多雨中心位于呼和浩特市主城区，多年平均降水量超过400mm。从大黑河平原区西南部到东北部，由少雨中心向多雨中心过渡，多年平均降水量等值线呈现与气温空间分布等值线相反的先稀疏后紧密再稀疏的分布特征，表明降水量空间分布由高到低过渡过程呈现先慢后快再慢的变化特征。

大黑河平原区降水量空间演化的趋势性如图4-14所示，以选用的典型气象站点每 10 年降水量线性变化的倾向率进行空间插值得到。从整个大黑河平原区来看，研究时段内，年平均降水量主要呈现不同程度的减少趋势，说明研究区的气候变化正朝暖干化过渡。然而在托克托县的双河镇附近出现了与其他区域降水变化趋势相反的增多趋势，但幅度不大，仅为 2.48mm/10a。和林格尔县降水量的降低幅度最大为−2.60mm/10a。此外呼和浩特市主城区以及土默特左旗的中西部地区降水量的变化不大，趋势性不很明显。

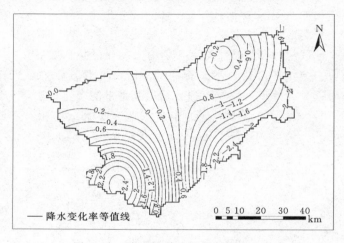

图 4－14　年平均降水量的空间变化率

4.3.3　蒸发空间分布及演化趋势

近 54 年来，大黑河平原区年平均蒸散发的空间分布及等值线分布情况如图 4－15 所示。整体而言，大黑河平原区范围内多年平均蒸散发量整体空间分布较为均匀，仅有呼和浩特市的主城区蒸散发量最少，仅为 1816.5mm，然而最高蒸发量也只有 1864.3mm，极差仅为 47.8mm，相差不大。最大蒸发量集中在和林格尔县的舍必崖乡和盛乐镇附近。总体来看，大黑河平原区范围内多年蒸散发量呈现出东北-西南部低、中部高的空间分布格局。呼和浩特市主城区为全平原区范围内蒸散发量最少的区域的原因主要为：首先，该地区城市建筑用地面积最大，河湖水面非常少。其次，地表水资源异常困乏，再有城市用水大多取自地下水，地下水资源量也在逐步减少，尤其在台阁牧镇附近的高新园区过度开采地下水资源，已然形成地下漏斗。在这样自然水资源（地表水与地下水）非常贫乏，加之河湖水面面积非常少的前提下，虽然城市热岛效应突出，但蒸散发量相对于其他区域仍存在先天条件的不足。

从等值线的空间分布情况来看，大黑河平原区范围内，出现了三个蒸散发极值中心，两个高值中心分别位于托克托县西南部地区的双河镇与五申镇一

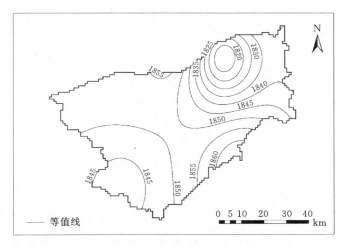

图 4 - 15 年平均蒸发量空间分布等值线

带, 与和林格尔县的舍必崖乡和盛乐镇附近, 低值中心位于呼和浩特市主城区。从大黑河平原区西南部到东北部, 由高值中心向低值中心过渡, 多年平均蒸散发量等值线呈现先稀疏后紧密的分布特征, 表明大黑河平原区蒸散发空间分布由高到低过渡过程呈现先慢后快的变化特征。

大黑河平原区蒸散发量空间演化的趋势性如图 4 - 16 所示。从整个大黑河平原区来讲, 蒸散发量呈现出正增长的区域约占到研究区范围的 70%, 呼和浩特市主城区增大的变化趋势最为显著, 约为 29.25mm/10a, 托克托县西南部地区的蒸散发主要呈现负增长的现象, 变化率为 -38.84mm/10a。整个平原区的蒸散发量大体呈现出西南部以减少趋势为主, 而东北部以增大的趋势为

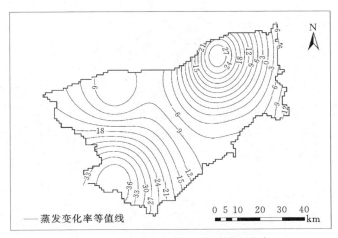

图 4 - 16 年平均蒸发量的空间变化率

131

主。呼和浩特市主城区之所以呈现较为显著的增大趋势，主要考虑该地区的城市雨岛效应与热岛效应非常明显，有研究表明，在全球气温明显升高的大背景下，城市温度将持续保持较高水平，加之城市雨岛效应影响下的降水量逐年增多，导致蒸散发量也相继增大。

4.4　水资源状况及变化特征

4.4.1　水资源现状及变化分析

4.4.1.1　水资源总量

根据《内蒙古自治区水资源及其开发利用情况调查评价》（简称"第二次评价"）的成果，大黑河平原区所在地旗县水资源总量情况如表 4-4 所示。可以看出，平原区水资源总量为 72680.31 万 m^3，其中土默特左旗水资源总量最多，为 25172.11 万 m^3，占四旗县总和的 35%，市区占总和的 26%。从单位面积水资源量看，平原区年均约为 8.03 万 m^3/km^2，土默特左旗较多，和林格尔县最小，仅为 6.72 万 m^3/km^2。

表 4-4　　　　　　　　　　　大黑河平原区水资源总量情况

行政分区	计算面积 /km^2	水资源总量 /万 m^3	单位面积水资源量 /（万 m^3/km^2）
市区	2090.41	18942.68	9.06
土默特左旗	2745.45	25172.11	9.17
托克托县	1410.59	9710.97	6.88
和林格尔县	2803.89	18854.55	6.72
合计	9050.34	72680.31	8.03

4.4.1.2　地表水资源量

根据第二次评价成果，大黑河平原区所在旗县 1956—2000 年序列地表水资源量情况如表 4-5 所示。可以看出，地表水资源总量为 22820 万 m^3，其中和林格尔县地表水资源量最多，占总量的 55%，而市区、土默特左旗、托克托县地表水资源量分别占 18%、21% 和 6%。

4.4.1.3　地下水资源量

根据第二次评价成果（1980—2000 年），大黑河平原区地下水资源情况如表 4-6 所示。从表中可以看出，平原区所在的四旗县地下水资源量为 44329.44 万 m^3，平原区矿化度不高于 2g/L 的地下水水资源量为 63586.17 万 m^3，

表 4-5   大黑河平原区地表水资源量情况

行政分区	计算面积 /km²	地表水资源总量 /万 m³	单位面积地表水资源量 /（万 m³/km²）
市区	2090.41	4196	2.01
土默特左旗	2745.45	4735	1.72
托克托县	1410.59	1306	0.93
和林格尔县	2803.89	12583	4.49
合计	9050.34	22820	2.52

矿化度高于 $2g/L$ 的地下水资源量为 7573.58 万 m^3。其中市区地下水资源量占总量的 42%，而市区平原区地下水资源量占市区总量的 92%，且地下水矿化度都不高于 $2g/L$。

表 4-6   大黑河平原区地下水资源量情况

行政分区	地形分区	矿化度	计算面积 /km²	地下水资源总量 /万 m³	单位面积地下水资源量 /（万 m³/km²）
市区	平原区	≤2g/L	1178.41	17365.42	14.74
		>2g/L			
	山丘区		912	9581.57	10.51
	总量		2090.41	18786.86	8.99
土默特左旗	平原区	≤2g/L	1484.45	33663.54	22.68
		>2g/L	258	1909.03	7.40
	山丘区		1003	10904.44	10.87
	总量		2745.45	2765	1.01
托克托县	平原区	≤2g/L	619.45	7191.55	11.61
		>2g/L	744.14	5453.21	7.33
	山丘区		47	246.51	5.24
	总量		1410.59	11722.63	8.31
和林格尔县	平原区	≤2g/L	743.82	5365.66	7.21
		>2g/L	28	211.34	7.55
	山丘区		2654	6278.41	2.37
	总量		2803.89	11054.95	3.94
合计	平原区	≤2g/L	4026.13	63586.17	15.79
		>2g/L	1030.14	7573.58	7.35
	山丘区		4616	27010.93	5.85
	总量		9050.34	44329.44	4.90

4.4.2 水资源开发利用及其变化

4.4.2.1 供水工程

供水工程分为地表水水源工程和地下水水源工程。地表水水源工程是指从河流、湖泊等地表水体取水的工程设施，包括蓄水工程、引水工程、提水工程和调水工程。表 4-7 为大黑河平原区所在县级行政区域 2014 年地表水水源工程数量统计情况。从表中可以看出，四县地表水水源工程共 2829 座。其中蓄水工程 1891 座，引水工程 812 座，提水工程 126 座。

表 4-7　　　　　大黑河平原区地表水水源供水工程数量统计情况　　　　单位：座

行政分区	蓄水工程				引水工程	提水工程	总计
	水库	塘坝	窖池	合计	水闸	泵站	
市区	2	0	0	2	199	4	205
土默特左旗	8	8	0	16	310	22	348
托克托县	3	0	0	3	132	99	234
和林格尔县	15	42	1813	1870	171	1	2042
合计	28	50	1813	1891	812	126	2829

地下水水源工程是指通过凿井方式从地下含水层取水的工程设施。表 4-8 为大黑河平原区所在县级行政区域 2014 年机电井统计情况。从表上可以看出，四县共有机电井 30497 眼，供水量 51316 万 m^3。

表 4-8　　　　　　　大黑河平原区机电井统计情况

行政分区	机电井数量/眼	供水量/万 m^3
市区	5258	24813
土默特左旗	7022	17007
托克托县	12064	3549
和林格尔县	6153	5947
合　计	30497	51316

平原区的地下水开采井主要分布于东北部和中部地区（大黑河流域上中游），西南部地区开采井密度较小。大黑河平原区不同行业地下水开采井信息、城镇生活开采井分布情况如图 4-17 所示，乡村生活开采井分布情况如图 4-18 所示。图 4-19、图 4-20 分别对应大黑河平原区工业与农业灌溉开采井的空间分布情况。

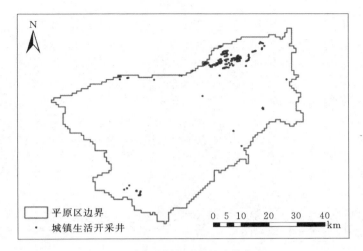

图 4-17 城镇生活开采井分布

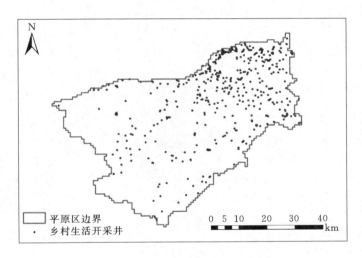

图 4-18 乡村生活开采井分布

整体来看，城镇生活开采井分布较为集中，均集中在市县的城区部位，但开采井的数量相对较少。从空间分布的密度上看，市区的小黑河镇、攸攸版镇和巧报镇一带的城镇生活开采井的密度较大，此外大青山的山前地区开采井的数量较多。

乡村生活开采井的数量明显多于城镇，且分布较为零散。大黑河平原区市区的乡村生活开采井的数量要多于其他几个旗县，且分布更为集中，集中区域大致分布在大青山山前的察素齐镇、毕克齐镇、小黑河镇、攸攸版镇、巴彦镇一带。

工业开采井的数量也相对较少，主要分布于大黑河平原区各旗县的工业园

135

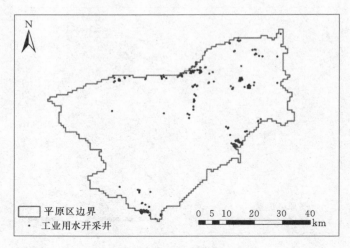

图 4-19　工业开采井分布

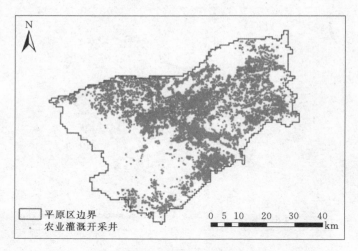

图 4-20　农业灌溉开采井分布

区。分布较为密集的地区为大青山山前的察素齐镇、毕克齐镇、小黑河镇一带、和林格尔县的盛乐镇与托克托县的新营子镇西南。

　　农业灌溉井的数量明显多于生活与工业开采井的数量,大黑河平原区农业开采井的数量占绝大多数,可见地下水开采主要用于农业灌溉。空间分布上主要呈现出土默特左旗、托克托县、和林格尔县的山前地带农业灌溉开采井的分布较为密集。此外在大黑河流域的中上游地区开采井数量相对较多。平原区西南部地区的农业灌溉井数量相对较少。

4.4.2.2 供水结构

大黑河平原区供水水源包括当地地表水、黄河水、地下水以及再生水。表4-9为大黑河平原区2013年不同水源供水量统计表。据表可以看出，大黑河平原区总供水量92606万 m^3，其中地下水是第一大供水水源，地下水供水量54063万 m^3，占平原区总供水量的58.4%，而当地地表水供水量17936万 m^3，仅占总供水量的19.4%。从行政分区上来看，市区供水量最大，为31071万 m^3，占四县总和的36.3%。

表4-9　　　　　大黑河平原区2013年不同水源供水量统计情况

分　区		供水量/万 m^3				
		当地地表水	引黄水	地下水	再生水	合计
流域分区	大黑河	17936	19772	54063	835	92606
行政分区	市区	1099	6556	24166	835	32656
	土默特左旗	6641	6869	17561	0	31071
	托克托县	7919	6348	3556	0	17823
	和林格尔县	3828	0	4647	0	8475
合　计		19487	19773	49930	835	90025

4.4.2.3 用水量

表4-10为大黑河平原区2013年总用水量调查统计表。据表可以看出，大黑河平原区2013年总用水量91475万 m^3。其中农业是平原区第一用水大户，2013年用水量60095万 m^3，为全市用水量的65.7%；工业和生活用水其次，用水量分别为16809万 m^3 和9791万 m^3；城镇公共和生态环境用水量相对较少，分别为3185万 m^3 和1596万 m^3。从行政区域上来看，市区用水量最大，为32656万 m^3，其次为土默特左旗，用水量为31071万 m^3。

表4-10　　　　　大黑河平原区2013年分行业用水量统计情况

分　区		用水量/万 m^3					
		农业	工业	城镇公共	居民生活	生态环境	合计
流域分区	大黑河	60095	16809	3185	9791	1596	91475
行政分区	市区	13859	6655	2875	8004	1263	32656
	土默特左旗	26920	3100	123	793	135	31071
	托克托县	11743	5250	157	523	150	17823
	和林格尔县	6638	1240	87	448	62	8475
合　计		59160	16245	3242	9768	1610	90025

4.4.3 地下水位动态变化分析

地下水循环系统是水循环的重要一环，与外部环境进行着频繁的物质和能量交换。在人类活动与自然环境的双重影响下，地下水循环系统通过补给、径流和排泄影响地下水均衡，并最终通过地下水位的形式表现出来。

图 4-21 为大黑河平原区浅层地下水位监测井的分布位置，共有 75 眼监测井，主要在呼和浩特平原区，其中市区监测井分布最为密集。基于监测井实际水位变化资料分析大黑河平原区地下水时空变化。

图 4-21 地下水位监测井的位置分布

4.4.3.1 地下水时间变化趋势

1. 近十年地下水水位变化

根据《大黑河流域（平原区）地下水资源保护与开发利用调查评价项目成果报告》地下水资料，绘制 2005 年 10 月—2014 年 6 月将近十年的地下水水位变化图，如图 4-22 所示。地下水水位随时间呈现波动性变化，总体而言地下水水位随时间呈逐渐下降的趋势，但年际间下降速率不大，大多在 0.06~0.2m/a 范围内，各年变动趋势大致一样，每年大致在 3 月到 7 月期间下降，在 8 月到次年 2 月期间缓慢上升，呈一定周期性变化，只是变化幅度有所不同，每年变幅大多在 2m 以内，基本在每年 7 月份为最低水位期。个别点地下

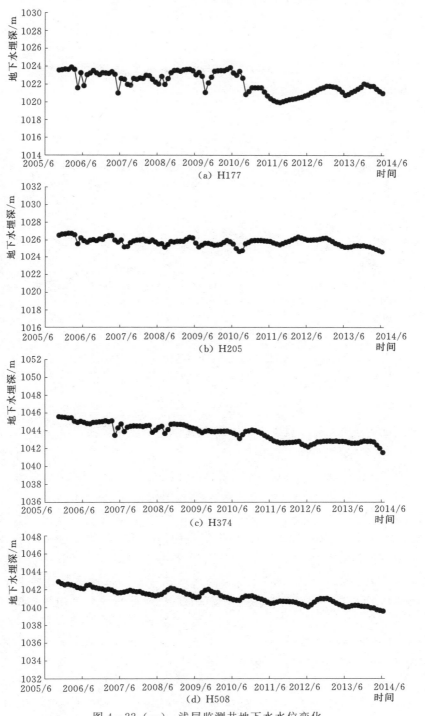

图 4 - 22（一） 浅层监测井地下水水位变化

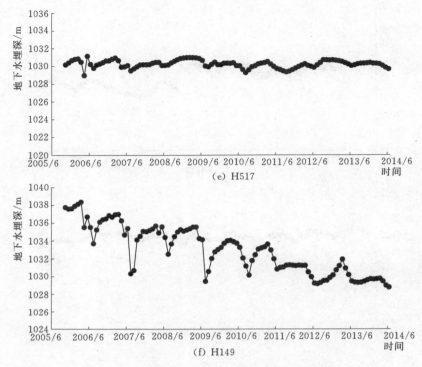

图 4-22（二）　浅层监测井地下水水位变化

水水位变化下降显著，如 H149，下降速率在 0.9m/a 左右，2005—2010 年每年年内变幅超过 3m，2011—2014 年年内波动更为平缓。

2. 近五年地下水埋深变化

根据大黑河平原区 2010—2014 年地下水资料，考虑监测井的空间分布和代表性，选择 8 眼监测井，绘制其地下水埋深年际和年内变化情况。图 4-23 为大黑河平原区典型井地下水埋深年际变化情况，从图中可以看出，大黑河平原区地下水埋深在 2010—2014 年五年间呈增加趋势。具体来看，地下水埋深在 6m 以下的监测井埋深年际间波动不大，受降水与地下水开采影响小，主要因为地下水埋深浅，且埋深 6m 以下的地区位于平原区西南部，地下水开采少；地下水埋深在 6m 以上的监测井埋深在这五年间总体呈增加的趋势，年际间受降水影响有上下波动，其中 2011—2012 年间地下水埋深下降最为显著，其中 H42 监测井埋深增加幅度最大，达到 3.6m，这主要由于 2011 年为枯水年，降水量小，但地下水开采量大。

图 4-24 为大黑河平原区典型井地下水埋深年内变化情况，从图上可以看出，各地区由于补排特征不同，地下水年内变化有所不同。埋深在 6m 以下的

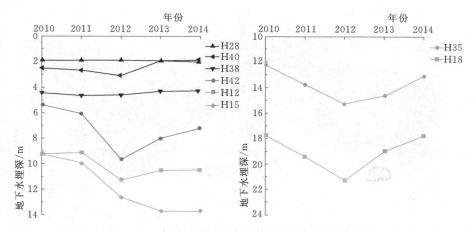

图 4-23 大黑河平原区典型井地下水埋深年际变化

监测井埋深年内趋于平稳，几乎无波动；埋深在 6m 以上的监测井埋深年内总体呈增加的趋势，而监测井 H12 和 H18 在 5—7 月下降显著，之后又快速回升，这是因为 H12 和 H18 位于农业灌区，在 5—7 月为灌溉高峰期，地下水开采量大，地下水埋深增加迅速，在 8—10 月灌溉接近尾声且降水量大，埋深减小。

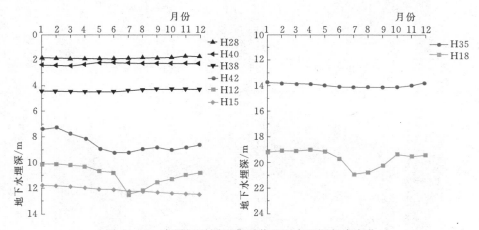

图 4-24 大黑河平原区典型井地下水埋深年内变化

4.4.3.2 地下水埋深空间变化

选取每年 2 月、5 月、8 月和 11 月四个时段对其 2010—2014 年地下水埋深的动态变化进行分析。大黑河平原区 2010—2014 年地下水埋深空间变化如图 4-25 所示。

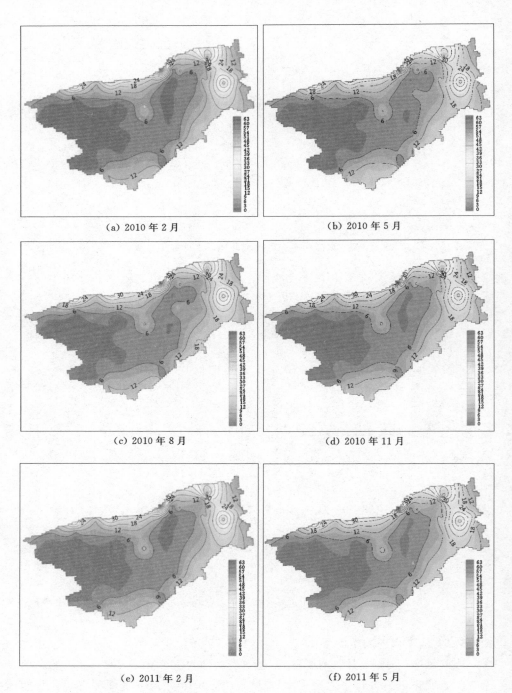

(a) 2010 年 2 月　　　　　　　　　　(b) 2010 年 5 月

(c) 2010 年 8 月　　　　　　　　　　(d) 2010 年 11 月

(e) 2011 年 2 月　　　　　　　　　　(f) 2011 年 5 月

图 4-25（一）　大黑河平原区 2010—2014 年地下水埋深空间变化

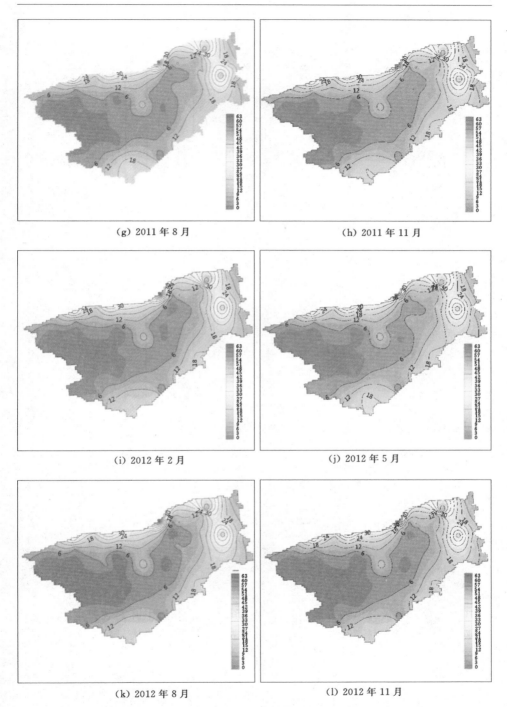

图 4-25 (二)　大黑河平原区 2010—2014 年地下水埋深空间变化

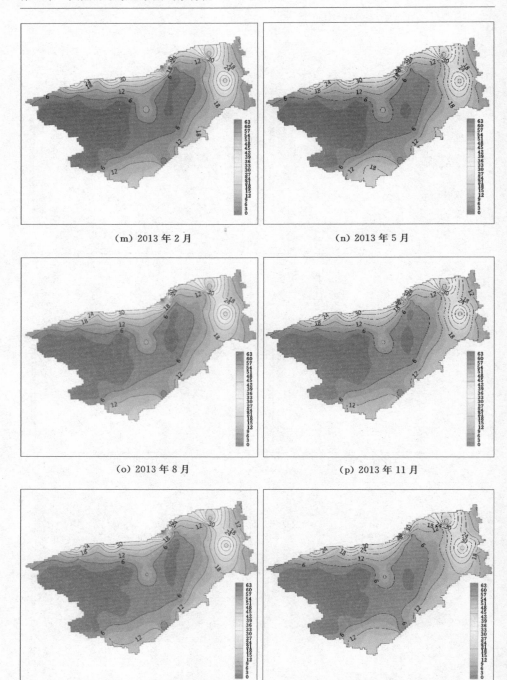

（m）2013 年 2 月　　　　　　　　　　　（n）2013 年 5 月

（o）2013 年 8 月　　　　　　　　　　　（p）2013 年 11 月

（q）2014 年 2 月　　　　　　　　　　　（r）2014 年 5 月

图 4 - 25（三）　大黑河平原区 2010—2014 年地下水埋深空间变化

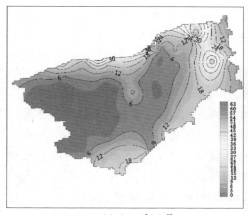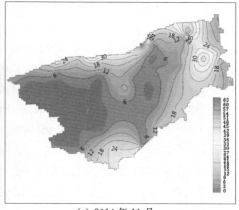

(s) 2014 年 8 月   (t) 2014 年 11 月

图 4-25 (四) 大黑河平原区 2010—2014 年地下水埋深空间变化

整体来看，大黑河平原区部分在市区的黄河少镇-巴彦镇-新城区-攸攸坂镇-回民区-台阁牧镇-毕克齐镇-察素齐镇一带地下水埋深相对于其他地区较深，平均埋深超过 12m，整个大黑河流域中下游地区地下水埋深不大，平均低于 6m。从空间分布上看，大黑河平原区市区的地下水埋深要高于其他旗县。

2010 年地下水埋深在 2 月份平均为 10.31m，5 月份平均为 10.58m，8 月份平均为 10.96m，11 月份平均为 10.64m。

2011 年 2 月份地下水平均埋深 10.55m，相较于 2010 年 2 月份增加了 0.24m，2011 年 5 月份地下水平均埋深 10.88m，同比 2010 年 5 月份增加了 0.30m，2011 年 8 份地下水平均埋深 11.69m，同比增加了 0.73m，2011 年 11 月地下水平均埋深 11.60m，同比增加了 0.96m。这主要是由于 2011 年为枯水年，降水补给量相对较少。

2012 年 2 月地下水平均埋深 11.32m，同比 2011 年 2 月份增加了 0.77m，2012 年 5 月地下水平均埋深 11.59m，同比 2011 年 5 月份增加了 0.71m，2012 年 8 月份地下水平均埋深 11.50m，同比 2011 年 8 月地下水平均埋深回升了 0.19m，2012 年 11 月地下埋深为 11.24m，同比 2011 年 11 月份地下水埋深回升了 0.36m。这主要是由于 2012 年是特丰水年，降水补给地下水较多，但是由于地下水补给的滞后性，使得在 2010 年 8 月份和 11 月份才体现出来。

2013 年 2 月地下水平均埋深 11.13m，5 月份为 11.25m，8 月份为 11.20m，11 月份为 10.93m。2013 年这几个月地下水埋深同比 2012 年同一时期均有回升，分别回升了 0.19m、0.39m、0.30m、0.31m。这主要由于 2012 年和 2013 年均为丰水年，降水补给地下水较多。

2014 年 2 月份地下水平均埋深 10.87m，埋深有所回升，5 月份为 11.11m，同比 2013 年 5 月份地下水埋深回升 0.09m，2014 年 8 月份地下水埋深为 11.88m，相比 2013 年同期有所下降，2014 年 11 月份的地下水埋深为 11.18m，同比 2013 年 11 月份增加了 0.25m。2014 年为枯水年是导致 2014 年 8 月份和 11 月份地下水埋深增大的原因之一。

大黑河平原区 2010—2014 年地下水埋深变幅空间分布如图 4-26 所示。2010—2014 年，2 月份平原区地下水埋深平均增加了 0.56m，变化较为显著的地区为土默特左旗山前的毕克齐镇-台阁牧镇一带，地下水埋深增幅平均超过 3m，其中台阁牧镇变化最大，埋深增幅达到 6.25m；此外，在市区城区的小黑河与巧报镇一带地下水埋深增加也较为显著，平均增幅超过了 2m。5 月

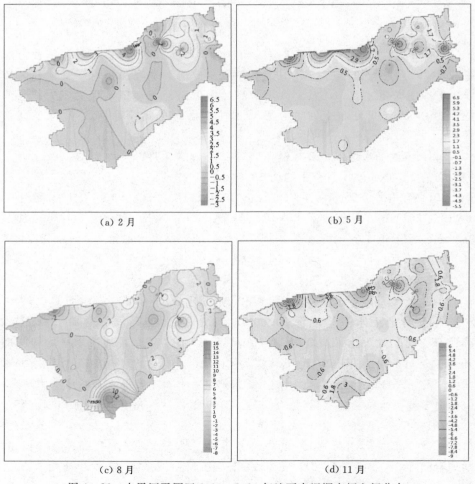

(a) 2 月　　　　　　　　　　　　　　　(b) 5 月

(c) 8 月　　　　　　　　　　　　　　　(d) 11 月

图 4-26　大黑河平原区 2010—2014 年地下水埋深变幅空间分布

份地下水埋深整体变化幅度不大，局部较为显著，如土默特左旗山前的毕克齐镇-台阁牧镇一带和黄合少镇一带，地下水埋深增加幅度都超过 3m。8 月份地下水埋深增加的区域集中在托克托县的新营子镇与黄河湿地管委会一带，察素齐镇附近地下水埋深有所减小，5 年来地下水埋深平均下降 0.93m。11 月份地下水埋深平均增加 0.54m，地下水埋深增加最显著的地区为土默特左旗山前的毕克齐镇-台阁牧镇一带，增加幅度最大超过 5.5m。

总体而言，大黑河平原区在南北两侧山前一带和东部地区地下水埋深在 12m 以上，其他地区在 12m 以下，西部大部分区域地下水埋深在 3m 以下；地下水位随着时间呈现波动性变化，年际间地下水水位整体变化不大；年内变动趋势基本一致，即在 3 月至 7 月水位下降，在 8 月到次年的 2 月期间水位缓慢上升，呈一定周期性变化，只是各年变化幅度有所不同，地下水水位整体变化不大，但局部变化十分显著，如土默特左旗山前的毕克齐镇-台阁牧镇一带，以及城区小黑河与巧报镇一带。

第 5 章　大黑河平原区水循环演变特征

5.1　大黑河平原区水循环模型构建

5.1.1　模型输入数据及前期处理

本次研究区域为大黑河平原区，考虑到研究区域用水统计及径流集水区域，在模型构建时考虑的区域范围扩展到大黑河平原区所在的呼和浩特市，其中地下水数值模拟重点范围为呼和浩特市市区所在大黑河流域平原区部分，呼和浩特市平原区以外地区的地下水计算采用均衡方法，并辅助为平原区数值模拟提供动态变化的边界条件。

WACM 模型构建所需要的基础数据包括研究区的数字高程信息（DEM）、土地利用类型及其分布信息（LUCC）、土壤空间分布及土壤属性数据库信息、气象站点的空间分布及实测日气象资料、流域控制站点的流量资料、地下水监测资料、灌区引排水监测资料、社会经济用水统计资料等，详见表 5-1。

表 5-1　　　　　　　　　　WACM 模型主要输入数据信息

数　据　项	数　据　内　容	备　　　注
空间数据	DEM	2009 年
	土地利用图	2014 年
	植被覆盖图	
	河网水系图	—
	土壤分布图	2000 年
水文地质数据	地下水井站分布、水文地质参数	2010—2014 年，逐月
气象观测数据	降水、气温、风速、相对湿度	2010—2014 年，逐日
水文观测数据	主要水文控制站点的流量过程	2010—2014 年，逐月
灌区引排水数据	引排水渠系分布、引排水过程	2010—2014 年，逐月
社会经济数据	农业、工业、生活和生态用水量	逐年

5.1.1.1　DEM 信息

研究区 DEM 信息采用的是美国国家航空航天局（National Aeronautics and Space Administration，NASA）最新发布的 2009 年的全球 DEM 数据，数

据采样的精度为 30m，海拔精度为 7～14m。

5.1.1.2　土地利用信息

对研究区 2014 年土地利用信息进行解译分析，并对耕地、林地、草地、居工地、水域、未利用地等各种土地利用类型的面积及空间分布情况进行分析，作为模型输入的基础信息之一，详见表 5 - 2、表 5 - 3。根据统计，研究区总耕地面积 0.646 万 km²，林地面积 0.248 万 km²，草地面积 0.654 万 km²，水域面积 0.034 万 km²，城乡居民用地面积 0.103 万 km²，未利用地面积 0.034 万 km²。耕地与草地面积大致相当，面积占比均为 38%，水域和未利用地面积最小，仅占到总面积的 2%。其中，清水河县草地面积要多于耕地面积，该县草地占比高达 61%，水域和未利用地仅占到全县土地面积的 1%。托克托县土地利用类型以耕地为主，占到了全县的 51%，草地占到了 27%，水域面积占比最少。和林格尔县、土默特左旗、呼市市区范围内均以耕地为主，而武川县草地面积要大于耕地。呼市市区与武川县城乡居民用地面积占比均超过了 20%，城镇化水平相对于其他几个旗县高。此外，土默特左旗的未利用地面积占比最高为 5%，其次为托克托县和呼市市区。

表 5 - 2　　　　　研究区分区县土地利用类型面积统计　　　　单位：万 km²

区县名称	耕地	林地	草地	水域	城乡居民用地	未利用地	总计
清水河县	0.069	0.027	0.173	0.003	0.009	0.002	0.282
托克托县	0.074	0.010	0.039	0.004	0.013	0.005	0.146
和林格尔县	0.157	0.048	0.105	0.006	0.019	0.004	0.340
土默特左旗	0.122	0.058	0.062	0.006	0.015	0.015	0.277
呼市市区	0.068	0.034	0.068	0.005	0.025	0.005	0.206
武川县	0.156	0.071	0.207	0.009	0.022	0.004	0.469
合计	0.646	0.248	0.654	0.034	0.103	0.034	1.719

表 5 - 3　　　　　研究区分区县不同土地利用类型占比情况

区县名称	耕地	林地	草地	水域	城乡居民用地	未利用地
清水河县	0.24	0.09	0.61	0.01	0.03	0.01
托克托县	0.51	0.07	0.27	0.03	0.09	0.04
和林格尔县	0.46	0.14	0.31	0.02	0.06	0.01
土默特左旗	0.44	0.21	0.22	0.02	0.05	0.05
呼市市区	0.33	0.16	0.33	0.03	0.12	0.03
武川县	0.33	0.15	0.44	0.02	0.05	0.01
全区	0.38	0.14	0.38	0.02	0.06	0.02

5.1.1.3 土壤数据信息

土壤数据信息采用南京土壤所公布的全国土壤分布图，研究区的土壤分布及面积信息，见表5-4～表5-5。研究区一共有37种主要土壤类型，其中面积占比在10％以上的为淡栗褐土、灰褐土、潮土，分别占所有土壤类型总面积的24.69％、13.47％和11.31％。淡栗褐土、灰褐土、潮土、栗钙土、暗栗钙土、淋溶灰褐土、石灰性褐土、新积土、栗钙土性土、暗灰褐土、粗骨土、草原风沙土，这12种总面积占比超过了80％，可以代表研究区的主要土壤类型，从研究区各旗县的土壤类型分布情况来看，淡栗褐土的分布较广，清水河县、托克托县、和林格尔县、土默特左旗、呼市市区均有所分布。草甸盐土分布较为集中，仅在土默特左旗有所分布，栗钙土与暗栗钙土集中分布于武川县，栗钙土性土仅仅分布于呼市市区，黄绵土集中分布于清水河县。

表5-4 研究区不同土壤类型面积及占比情况 单位：hm²

序号	土类	面积	占比	序号	土类	面积	占比
1	淡栗褐土	595184.69	0.247	20	石质土	24879.58	0.010
2	灰褐土	324652.13	0.135	21	栗褐土	22318.74	0.009
3	潮土	272757.31	0.113	22	红黏土	14571.14	0.006
4	栗钙土	193998.33	0.081	23	盐土	12846.65	0.005
5	暗栗钙土	102085.69	0.042	24	盐化潮土	11650.06	0.005
6	淋溶灰褐土	99771.42	0.041	25	草甸栗钙土	10075.81	0.004
7	石灰性灰褐土	77750.32	0.032	26	石灰性草甸土	7960.77	0.003
8	新积土	76911.66	0.032	27	江河	7371.84	0.0031
9	栗钙土性土	70927.45	0.029	28	钙质粗骨土	7176.08	0.0030
10	暗灰褐土	70252.47	0.029	29	草甸风沙土	6493.79	0.0027
11	粗骨土	60349.59	0.025	30	湖泊、水库	3488.20	0.0014
12	草原风沙土	54192.84	0.022	31	山地草原草甸土	3132.79	0.0013
13	脱潮土	51893.66	0.022	32	盐化栗钙土	2720.44	0.0011
14	冲积土	43459.83	0.018	33	城区	2352.52	0.0010
15	黄绵土	39623.12	0.016	34	石灰性黑钙土	1703.66	0.0007
16	潮栗褐土	38023.73	0.016	35	草甸土	745.42	0.0003
17	钙质石质土	35185.48	0.015	36	草甸盐土	678.29	0.0003
18	灰褐土性土	31685.86	0.013	37	盐化草甸土	573.12	0.0002
19	灌淤潮土	30304.69	0.013				

表 5 - 5　　　　　　　　研究区分旗县对应土壤类型及面积　　　　　单位：hm²

土壤类型	清水河	托克托	和林格尔	土默特左旗	市区	武川县
淡栗褐土	199130	14516	230868	2876	4613	0
灰褐土	0	0	41356	17787	19755	89697
潮土	0	60233	20489	116508	50503	0
栗钙土	0	0	0	0	0	103060
暗栗钙土	0	0	0	0	0	102645
淋溶灰褐土	1369	0	0	21392	16186	36221
石灰性灰褐土	0	0	0	15468	12420	48733
新积土	7094	0	0	53148	11244	4499
栗钙土性土	0	0	0	0	28867	0
暗灰褐土	0	0	0	3527	6263	30642
粗骨土	24527	0	0	15377	2336	0
草原风沙土	19257	10327	15780	0	0	0
脱潮土	0	20910	810	6914	23528	0
冲积土	7636	329	0	0	11466	0
黄绵土	10914	0	0	0	0	0
潮栗褐土	0	710	18356	2248	943	0
钙质石质土	6028	0	0	74	0	320
灰褐土性土	0	0	0	12115	0	19755
灌淤潮土	0	23903	0	0	6573	0
石质土	4454	0	4444	0	0	9220
栗褐土	1231	0	0	0	0	0
盐土	0	5	1742	6694	4474	0
盐化潮土	0	5230	6483	0	0	0
草甸栗钙土	0	0	0	0	0	10140
石灰性草甸土	0	0	0	0	0	8005
江河	648	3156	0	133	3474	0
钙质粗骨土	0	0	1438	329	1650	388
草甸风沙土	0	6531	0	0	0	0
湖泊、水库	0	640	0	2825	0	0
山地草原草甸土	0	0	0	0	0	3153
盐化栗钙土	0	0	0	0	0	2736
城区	0	0	0	0	2364	0

续表

土壤类型	清水河	托克托	和林格尔	土默特左旗	市区	武川县
石灰性黑钙土	0	0	0	0	0	1716
草甸土	0	0	0	0	0	0
草甸盐土	0	0	0	683	0	0
盐化草甸土	0	0	0	1	0	576

5.1.1.4 河湖水系分布

研究区河流分属黄河及内陆河水系两大部分，详见表 5-6。流入黄河的一级支流有大黑河、浑河、杨家川，内陆河水系有艾不盖河支流巴拉干河、塔布河、塔布河支流中后河及耗赖河，均居于流域上游。平原区河流主要为大黑河、宝贝河、沙河、什拉乌素河、小黑河以及坝口子沟、大朱尔沟、白石头沟、水磨沟等，其中大黑河河长 236.5km，最宽约 300m，最窄约 70m。位于山丘区的主要河流为哈拉沁河、巴拉干河、清水河、杨家川河、塔布河等。

表 5-6 研究区主要河湖水系情况

主要河流	支流	长度/km	积水面积/万 km²
黄河	黄河干流	102.5	38.60
大黑河	大黑河	236.5	4287
	石人湾沟	11.3	717
	什拉乌素河	108.5	1563
	宝贝河	68.5	527
	沙河	48.2	443
	小黑河	101.9	2181
	哈拉沁沟	57.5	706
	红山口沟	24.5	177
	坝口子沟	21.7	79.2
	白石头沟	21.5	129
	水磨沟	80.9	1457
	万家沟	23.2	877
	哈素海		30
浑河		194	3096
杨家川河		49.1	960
内陆河	巴拉干河	19	
	塔布河	53	
河湖湿地			31.26

研究区南部的黄河干流由托克托县西南部入境，河面宽度 $200\sim300\mathrm{m}$，境内全长 102.5km，黄河口镇以上集水面积 38.60km^2。此外，研究区南部还分布着灌溉退水形成的湖泊湿地，2013 年统计的呼和浩特市河湖湿地面积约 31.26km^2，主要湖泊为哈素海。

5.1.1.5　灌区及渠系分布

研究区目前有大型灌区 3 座，包括大黑河灌区、麻地壕扬水灌区以及磴口扬水灌区，设计灌溉面积为 236.86 万亩，有效灌溉面积为 173.17 万亩，2013 年实际灌溉面积 100.33 万亩。大黑河灌区位于内蒙古自治区的中部，东起桌资县的十八台乡，西至土默特左旗的三两乡，南接蛮汗山灌区、麻地壕扬水灌区，北连沿山灌区。麻地壕扬水灌区位于呼和浩特市以南，大黑河下游，黄河左岸的托克托县境内。磴口扬水站位于京包铁路东兴车站西南 850m 处的黄河北岸，磴口扬水灌区的民生渠和跃进渠灌区在呼和浩特市土默特左旗境内。哈素海灌区位于呼和浩特市土默特左旗境内，灌区东起大黑河灌区的永顺渠、西至哈素海泄洪渠、南至大黑河故道。

中型灌区 10 座，设计灌溉面积为 42.47 万亩，有效灌溉面积 22.05 万亩，井渠结合面积 8.0 万亩，现状实际灌溉面积 14.54 万亩。中型灌区主要有市辖区的哈拉沁水库灌区，土默特左旗境内的万家沟水库灌区、"五一"水库灌区、二道凹水库灌区，和林格尔县境内的陈力夭水库灌区前夭子水库灌区、石咀子水库灌区、庆丰灌区，清水河县境内的石峡口水库灌区和挡阳桥水库灌区。

目前灌区内主要渠系有 25 条，分别为民生渠、跃进渠、民族团结渠、民利渠、乾通渠、永济渠、东风渠、和合渠、湧丰渠、民主和顺渠、同意民生渠、六合渠、永顺渠、麻地壕总干渠、麻地壕西干渠、麻地壕东干渠、毛不拉杨水干渠、解放渠、郭家滩渠、黑土渠、朝阳渠、西滩渠、庆丰干渠、兴道渠和风雷灌区引水渠。

5.1.1.6　气象数据信息

气象数据资料来自国家气象局网站共享数据资料，共有气象站点 12 个（包括四子王旗、希拉穆仁、武川、土默特右旗、土默特左旗、呼和浩特市郊区、卓资、凉城、和林格尔、托克托、清水河等）。可以获取的气象要素包括降水、最高与最低气温、平均气温、平均风速、相对湿度、日照时数等 2010—2014 年的日或月尺度系列信息。

5.1.1.7　水文地质数据信息

本次模拟研究的初始年为 2010 年，浅层和承压层地下水均采用平面二维数值方法进行模拟计算。地下水模拟的浅层和承压层初始水位埋深采用 2010

年 1 月的实际水位埋深观测值,其地下水水位或埋深等值线分布见图 5-1、图 5-2,整个平原区地下水从呼和浩特平原区东北部流向西南部。

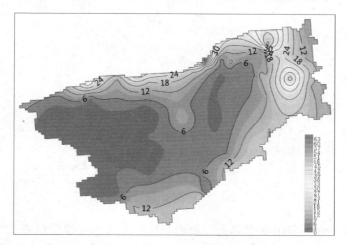

图 5-1 2010 年 1 月浅层地下水埋深等值线

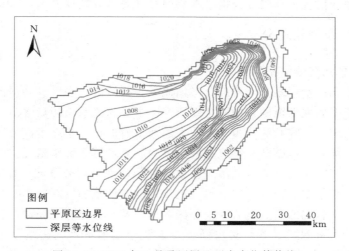

图 5-2 2010 年 1 月承压层地下水水位等值线

此外,还需要对研究区含水层厚度进行提取,结果如图 5-3 所示。平原区含水层厚度总体在 9.8~140.5m 之间,空间差异显著,山前平原区含水层厚度大于平原区中部含水层厚度。

5.1.1.8 社会经济用水数据信息

社会经济用水反映了人类活动对水资源系统的干扰强度,用水量越大、开发利用程度越高、超采越严重说明人类活动对水循环系统的影响越大。为了更

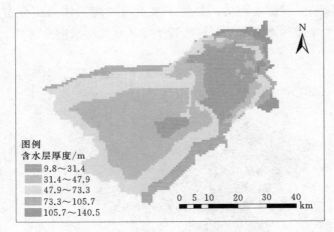

图 5 - 3　平原区含水层厚度分布

好反映水资源开发利用在空间上的影响，同时考虑水资源管理特点，按照县级行政区口径统计研究区不同水源供水量和不同行业用水量逐年系列数据，数据主要根据呼和浩特市水资源公报、水资源综合规划等整理得到，详见表 5 - 7。

5.1.2　计算单元划分

5.1.2.1　单元划分依据

计算单元的空间划分需要综合考虑流域、行政区、灌区等特征信息。本次研究首先依据研究区范围，同时考虑研究区主要河流水系的集水范围，确定划分单元的范围包括呼和浩特市全市及大黑河上游的乌兰察布市部分区域。这样考虑的一个优点是能够从完整流域的角度为后续计算入境水量提供依据，解决了由于缺乏资料而带来的信息不完整或缺失。这也是划分单元、提取 DEM 数据、土地利用数据、土壤数据、水文地质数据等信息的空间边界。

其次，本研究的重点是研究平原区水循环及水资源变化规律，评估水资源开发利用（水资源配置等）对水循环要素及当地地下水的影响。因此，根据 DEM 提取确定平原区范围后，平原区按照 1km×1km 划分单元格，同时将单元格与行政区、灌区进行叠加嵌套，确定每个单元格的相关信息。山区部分则依据 DEM 提取和划分子流域单元，山区单元水文、水资源等信息为平原区提供计算边界与数据信息。

5.1.2.2　山区单元划分

山区计算单元划分主要依据高程信息、流域与行政区划等综合确定。根据 DEM 信息提取山区与平原区边界，其中山区计算单元即为最终确定的单元，

表 5-7 2010—2014 年研究区分区县供用水量

单位：亿 m³

序号	行政区	供水				用水												
		地表水	浅层地下	深层地下	供水合计	农业	农业地表	农业地下	工业	工业地表	工业地下	城镇生活	城生地表	城生地下	农村生活	农生地表	农生地下	用水合计
20101	清水河县	440	1378	1039	2857	1870	204	1666	520	236	284	127	0	127	340	0	340	2857
20102	托克托县	19803	2566	1616	23985	17072	14103	2969	6060	5700	360	302	0	302	551	0	551	23985
20103	和林县	2417	2310	949	5676	4227	1917	2310	965	500	465	113	0	113	371	0	371	5676
20104	土默特左旗	13556	14825	1935	30316	26805	12180	14625	2106	1376	730	283	0	283	1122	0	1122	30316
20105	市辖区	6152	4579	14965	25696	11836.6	2119.6	9717	6910	2190	4720	6151.4	2392.4	3759	1348	0	1348	26246
20106	武川县	168	4061	1344	5573	4129	68	4061	835	100	735	235	0	235	374	0	374	5573
20109	全市	42536	29719	21848	94103	65940	30592	35348	17396	10102	7294	7211	2392	4819	4106	0	4106	94653
20111	清水河县	643	2719	487	3849	2759	643	2116	610	0	610	140	3	137	340	0	340	3849
20112	托克托县	17966	2047	2175	22188	15179	13191	1988	5975	4775	1200	384	6	378	650	0	650	22188
20113	和林县	1370	2301	4929	8600	6474.9	1370	5104.9	1550	0	1550	190	6	184	385.1	0	385.1	8600
20114	土默特左旗	14119	6466	11215	31800	27883	14119	13764	2300	0	2300	381	8	373	1236	0	1236	31800
20115	市辖区	7185	7595	12681	27461	12554.2	3303.2	9251	6930	1925	5005	6587	4425	2162	1389.8	21.8	1368	27461
20116	武川县	0	54	6748	6802	5066.9	0	5066.9	835	0	835	408	5	403	492.1	0	492.1	6802
20119	全市	41283	21182	38235	100700	69917	32626	37291	18200	6700	11500	8090	4453	3637	4493	22	4471	100700
20121	清水河县	1228	1700	945	3873	2635	1228	1407	810	0	810	308	0	308	120	0	120	3873
20122	托克托县	17387	2044	1750	21181	14735	11584	3151	5717	4265	1452	311	0	311	418	0	418	21181
20123	和林县	1901	5371	1343	8615	6947	1379	5568	965	0	965	219	65	154	484	0	484	8615
20124	土默特左旗	16863	12678	1935	31476	26353	13779	12574	3124	0	3124	499	0	499	1500	0	1500	31476

续表

序号	行政区	供水				用水												
		地表水	浅层地下	深层地下	供水合计	农业	农业地表	农业地下	工业	工业地表	工业地下	城镇生活	城生地表	城生地下	农村生活	农生地表	农生地下	用水合计
20125	市辖区	7168	7614	12422	27204	11841	3400	8441	8470	3521	4949	7002	3127	3875	1422	0	1422	28735
20126	武川县	62	0	6832	6894	4098	0	4098	1850	0	1850	421	0	421	525	0	525	6894
20129	全市	44609	29407	25227	99243	66609	31370	35239	20936	7786	13150	8760	3192	5568	4469	0	4469	100774
20131	清水河县	1070	1695	950	3715	2432	964	1468	810	106	704	254	0	254	219	0	219	3715
20132	托克托县	14267	2015	1200	17482	11143	9487	1656	5650	4780	870	545	0	545	485	0	485	17823
20133	和林县	3827	2647	2000	8474	6857	3827	3030	1010	0	1010	250	0	250	357	0	357	8474
20134	土默特左旗	13510	9030	8531	31071	26760	13413	13347	3200	0	3200	502	0	502	609	97	512	31071
20135	市辖区	7655	7546	16620	31821	15159	2564	12595	7655	3097	4558	7947	2829	5118	1895	0	1895	32656
20136	武川县	13	3887	2994	6894	4225	13	4212	1835	0	1835	375	0	375	459	0	459	6894
20139	全市	40342	26820	32295	99457	66576	30268	36308	20160	7983	12177	9873	2829	7044	4024	97	3927	100633
20141	清水河县	909	2163	0	3072	2242	869	1373	430	0	430	95	0	95	305	0	305	3072
20142	托克托县	14293	1358	2191	17842	12587	10411	2176	4151	3619	532	690	0	690	414	0	414	17842
20143	和林县	1281	5345	1536	8162	6720	1322	5398	723	0	723	384	0	384	376	0	376	8203
20144	土默特左旗	11322	9507	7500	28329	26821	11942	14879	1209	160	1049	236	0	236	843	0	843	29109
20145	市辖区	9400	8970	14532	32902	14870	3418	11452	7519	2743	4776	11393	4221	7172	580	0	580	34362
20146	武川县	13	6040	0	6053	4308	13	4295	1029	0	1029	382	0	382	334	0	334	6052.7
20149	全市	37218	33383	25759	96360	67548	27975	39573	15061	6522	8539	13180	4221	8959	2852	0	2852	98641

共计 45 个计算单元。通过山区水循环过程模拟结果，能够为平原区单元提供地表汇流和山前测渗补给的边界信息。

5.1.2.3 平原区单元划分

平原区计算单元划分包括三个层次：①反映水资源消耗分布特点的耗散单元；②反映区域水分自然汇流特征的汇合单元；③反映耗散、汇合单元映射关系的网格计算单元。同时，采用网格计算单元还能便于进行地下水数值模拟计算。据此将平原区按照 1km×1km 正方形栅格进行划分，得到 4924 个计算单元。将划分的栅格单元与得到的行政区、灌区、子流域等不同属性边界进行空间叠加，建立网格单元与集水、行政区和灌区的拓扑关系，即明确了每个网格单元所在的集水子流域、行政区和灌区，从结构上建立耗散-汇合的拓扑关系，既满足地下水计算需要，同时还能够反映出自然产汇流、水资源开发利用等在空间的分布等特征。

5.1.2.4 最终确定的计算单元

将山区和平原区划分的单元进行合并，同时考虑到研究区境外大黑河上游集水区的影响，在此基础上补充相应的单元，最终得到模拟计算单元共计 5003 个。根据确定的计算单元，对土地利用、土壤信息、水文地质参数等按照单元范围进行提取，得到每个单元各种土地利用类型、土壤类型的分布面积与水文地质参数分区值。其中，对耕地还要根据灌区种植结构及复种情况进行细分，本研究考虑了小麦、玉米、莜麦、豆类、马铃薯、油料、蔬菜、瓜果、青饲料共 9 种主要作物，依据种植结构逐年变化得到每种作物的播种面积。

5.1.3 水文地质概念模型

水文地质概念模型就是把含水层实际的边界性质、内部结构、渗透性能、水力特征和补给排泄等条件概化为便于进行数学与物理模拟的基本模式，从而为分析地下水系统变化，构建地下水数值模拟模型提供依据。

5.1.3.1 含水层结构

大黑河平原区地下水以第四纪松散岩类孔隙水为主，主要分布在大黑河平原的中、西、南部地区，赋存于以河湖相为主的砂砾沉积物孔隙中。根据含水层的埋深及厚度分布情况看，大黑河平原区地下水以浅层地下水为主，这也是研究区工业、生活和农业灌溉的主要水源。

根据研究区水文地质勘探资料，大黑河平原区水文地质典型剖面如图 5-4 所示。受区域水文地质结构影响，研究区浅层地下水具有一个非常显著的地带性分布特点，即在平原区与山区交接地带形成一个明显的单一潜水含水层区域，主要分布在北部大青山前和东部蛮汉山前冲击洪扇。该含水层受山前断裂、各扇体大小、岩性颗粒等因素影响，各沟口的冲洪积扇含水层厚度、地下水位埋深、富水性各不相同，差异明显。在平原区中心地带形成潜水层与微承压水共存的双层含水结构，并与山前单一含水层存在直接的水力联系，是双层含水层地下水的主要补给来源。

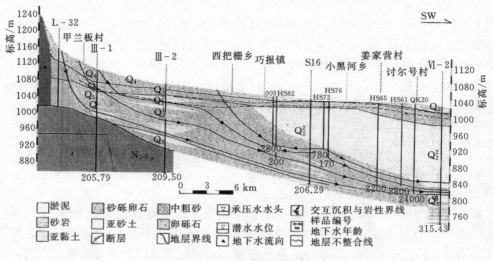

图 5-4　平原区水文地质剖面示意图

因此，本次研究将大黑河平原区地下水含水层划分为两大板块、三个层次，即单一潜水含水层板块和双层潜水—微承压水含水层板块，山前单一潜水含水层、双层结构潜水含水层和双层结构微承压含水层。其中，山前单一潜水含水层为双层的潜水和微承压水提供侧向水源补给。这样就能够更加客观地描述该地区地下水的循环转化过程。模型根据研究区地下水这一结构特征，对各层地下水变化进行数值模拟分析。

5.1.3.2　边界条件

大黑河平原区范围的地下水补排边界主要包括侧向补排边界、垂向分层补排边界和底层边界三大方面，根据各自的结构和水流特征对其进行合理的概化，具体如下：

（1）侧向补排边界：根据平原区地下含水层的结构及流场分布特征，平原区与北部、东部和南部山区交接边界为补给流入边界，平原区浅层与深层地下水经过此边界接受山区的侧向补给；平原区西部和西南部边界为排泄流出边界，模型的浅层与深层地下水经此边界流出研究区。

（2）垂向补排边界：潜水含水层的自由水面为系统的上边界，通过该边界，潜水和系统外发生垂向水量交换，如土壤入渗补给、河道渗漏补给、潜水蒸发等；浅层含水层与微承压含水层之间通过越流进行水量交换，其越流量由上下层的水位差以及越流系数决定。

（3）底层边界：根据当前开采层位及单一结构含水层区基岩底板来确定，因第四系中更新统下段含水层在本区较厚，钻孔基本未揭穿，根据当前的开采层位，基本埋深在300m以下。结合单一结构区基岩底板，确定了深层含水层底板，按照隔水底板处理。

5.1.3.3 水文地质参数

在传统地下水数值模型中采用的水文地质参数主要有两类：一类是地下水含水层的水文地质参数，主要包括潜水含水层的给水度、渗透系数、导水系数，微承压含水层的渗透系数、导水系数、弹性释水系数和越流系数；另一类是用于计算地下水补排量的参数和经验系数，如降雨入渗系数、灌溉入渗系数和潜水蒸发系数等。本次模拟基于流域水循环全过程，因而第二类补排量可以通过地表水模型计算后实时传递给地下水模型，实现了地表水与地下水模拟的无缝耦合，因此本次模拟研究中不需要第二类参数，只需要获取研究区的第一类参数即可。

（1）渗透系数。渗透系数是表征岩石与土的透水能力，是计算地下水资源的重要参数。（水平渗透系数/导水率，垂向渗透系数）研究区浅层含水层渗透系数空间分布情况如图5-5所示。东北部地区渗透系数较大，西南部地区渗透系数较小。

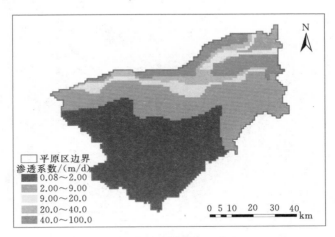

图5-5 潜水含水层渗透系数分区图

（2）给水度。给水度是指重力作用下含水层水位下降一个单位时，单位体积含水层所能释放的重力水体积。研究区内给水度由西北向东南逐渐变小，大青山与蛮汗山前冲洪积平原区给水度较高。研究区浅层含水层给水度分区情况如图5-6所示。

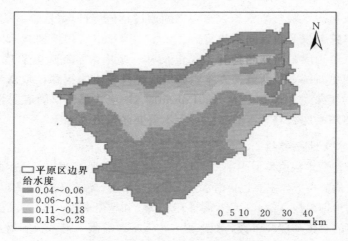

图 5-6　潜水含水层给水度分区图

（3）弹性释水系数。弹性释水系数是指承压水层水头下降一个单位时，从单位面积含水层全部厚度的柱体中释放出的水量。它是表征含水层全部厚度释水能力的参数。承压水含水层弹性释水系数分区如图 5-7 所示。研究区中北部的大部分地区弹性释水系数均维持在 0.013 左右，而研究区东部、西部和南部地区的弹性释水系数均低于 0.013。

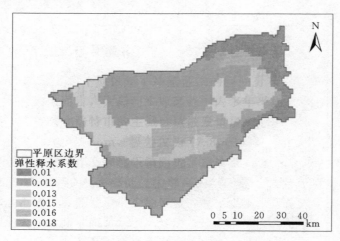

图 5-7　微承压水含水层弹性释水系数分区图

（4）越流系数。越流系数，即垂向水力传导率，主要是指潜水含水层与承压含水层之间存在的以淤泥质为主体的弱透水层，模型中对该弱透水层并没有概化为单独的一层进行模拟，而是通过垂向水力传导率来反映，其计算公式如下：

$$VC_{i,j,k+1/2} = \cfrac{1}{\cfrac{M_1/2}{K_1} + \cfrac{M'}{K'} + \cfrac{M_2/2}{K_2}} \qquad (5-1)$$

式中：$VC_{i,j,k+1/2}$ 为弱透水层的越流系数，也称垂向水力传导度，1/d；M_1 为弱透水层上部的浅层含水层厚度，m；M' 为弱透水层的厚度，m；M_2 为弱透水层下部的承压含水层厚度，m；K_1 为弱透水层上部的浅层含水层的垂向渗透系数，m/d；K' 为弱透水层的垂向渗透系数，m/d；K_2 为弱透水层下部的垂向渗透系数，m/d。

以上参数都可能会随着空间位置的变化而存在显著差异。根据实践经验，K' 一般要比 K_1、K_2 小得多。从计算公式上看，含有 K_1、K_2 的部分可以忽略不计，此时水力传导率可以简化计算为

$$VC_{i,j,k+1/2} = \frac{K'}{M'} \qquad (5-2)$$

采用垂向水力传导率乘以计算单元的面积，即可得到垂向水利传导系数。由于弱透水层的垂向渗透系数缺乏实测值，参考有关报告及经验值，根据弱透水层（淤泥质黏土层）的厚度，给出垂向水力传导率的范围在 $1 \times 10^{-4} \sim 1 \times 10^{-6}$(1/d)，在模型中通过上下含水层的均衡和水位拟合进行调整。

5.1.3.4 地下水补排项

垂向补排项的数据信息通过地表水模型计算后实时传输给地下水模块。其中，补给项包括降水入渗、灌溉入渗，排泄项包括农田灌溉与工业生活地下水开采量、潜水蒸发、越流补给深层地下水。

在侧向边界上，研究区北部、东部和南部山区与平原区交接的部分主要是平原区的补给边界，补给量也是通过模型计算后提供实时动态变化的水头边界条件计算得到，西部与陆地其他部分衔接的边界以及南部与黄河相接的边界主要是排泄边界，其侧向排泄量根据含水层厚度及地下水水力梯度进行计算。

5.1.4 模型率定与验证

5.1.4.1 判别标准

当模型的结构和输入参数初步确定后，需要对模型进行参数校准和验证。一般选用相对误差 Re、相关系数 R^2 和确定性效率系数 Ens（Nash - Suttcliffe）来评价模型的适用性。相对误差 Re 计算公式为

$$Re = \frac{Q_{sim,i} - Q_{obs,i}}{Q_{obs,i}} \times 100\% \qquad (5-3)$$

式中：Re 为模型模拟的相对误差；$Q_{sim,i}$ 为模拟值；$Q_{obs,i}$ 为实测值。若 $Re > 0$，说明模拟值偏大；若 $Re < 0$，则说明模拟值偏小；若 $Re = 0$，则说明模型

模拟结果与实测值正好吻合。

相关系数 R^2 反映了模拟径流流量和实测径流流量的相关程度，其值越接近 1 说明二者的相关性越好，其值越小则反映了二者相关性越差。R^2 通过 EXCEL 提供的计算工具直接得到，其计算公式为

$$R^2 = \frac{\left[\sum_{i=1}^{n}(Q_{sim,i} - \overline{Q_{sim}})(Q_{obs,i} - \overline{Q_{obs}})\right]^2}{\sum_{i=1}^{n}(Q_{sim,i} - \overline{Q_{sim}})^2 \sum_{i=1}^{n}(Q_{obs,i} - \overline{Q_{obs}})^2} \tag{5-4}$$

式中：$\overline{Q_{sim}}$ 为平均模拟径流流量；$\overline{Q_{obs}}$ 为平均实测径流流量；n 为观测的次数。

确定性效率系数 Ens（Nash - Suttcliffe）的允许取值范围在 0～1 之间，值越大表明效率越高；当该值小于 0 时，说明模拟结果没有采用平均值准确，其计算公式为

$$Ens = 1 - \frac{\sum_{i=1}^{n}(Q_{obs,i} - Q_{sim,i})^2}{\sum_{i=1}^{n}(Q_{obs,i} - \overline{Q_{obs}})^2} \tag{5-5}$$

通过实测数据资料对模型进行率定和验证是利用模型研究水循环过程的关键必备环节。本次结合实测资料情况，对水循环过程中的地表径流和地下水过程进行率定和验证，率定期为 2010—2012 年，验证期为 2013—2014 年。其中，河川径流过程验证采用大黑河干流 2 个控制断面、2 个主要支流控制断面和浑河干流 1 个控制断面 2010—2014 年的月流量过程监测资料；地下水验证采用平原区典型观测井和地下水位等值线分布图相结合的方法。

5.1.4.2　地表水文过程验证

地表水文过程的验证依据呼和浩特市 5 个控制断面 2010—2014 年系列月流量过程信息对模型进行率定与验证工作。结果见表 5-8 及图 5-8。可以看出，相对误差均在 20% 以内，相关系数在 0.85 以上，纳什效率系数在 0.7 以上，满足精度要求。

表 5-8　　　　　　　　　　地表径流过程率定与验证效果评价

水文站	相对误差		相关系数		纳什系数	
	率定期	验证期	率定期	验证期	率定期	验证期
美岱站	9.2%	3.1%	0.96	0.95	0.7818	0.8247
三两站	9.4%	8.4%	0.93	0.94	0.8522	0.8727
哈拉沁站	18.8%	6.4%	0.85	0.88	0.7303	0.7693
店上村站	12.3%	-4.6%	0.88	0.90	0.7788	0.8962
挡阳桥站	14.4%	-6.7%	0.87	0.91	0.8229	0.8512

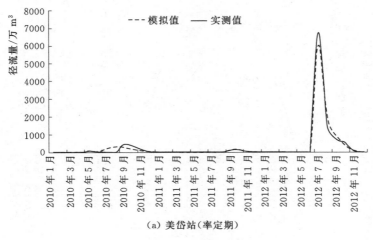

（a）美岱站（率定期）

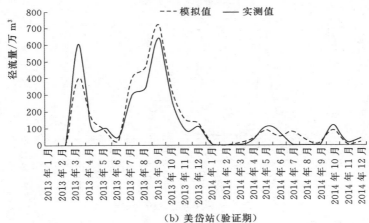

（b）美岱站（验证期）

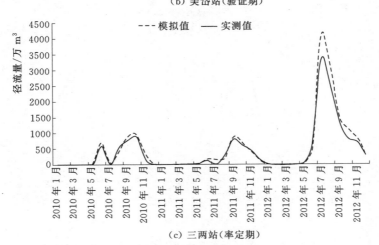

（c）三两站（率定期）

图 5-8（一）　主要地表水文站河川径流月过程率定与验证

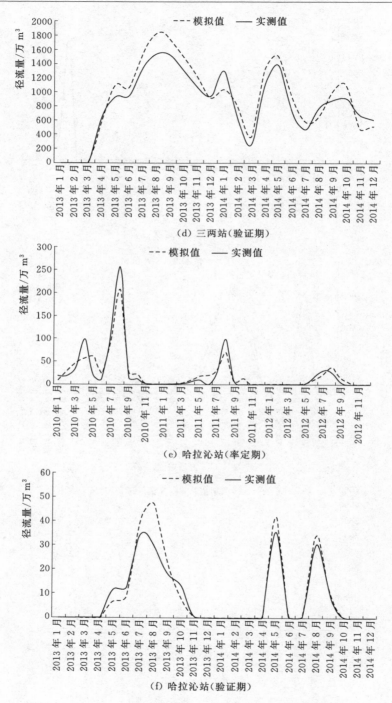

(d) 三两站(验证期)

(e) 哈拉沁站(率定期)

(f) 哈拉沁站(验证期)

图 5-8 (二)　主要地表水文站河川径流月过程率定与验证

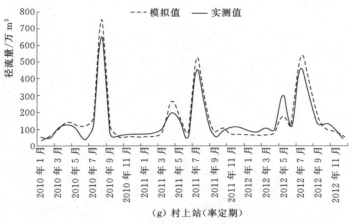

（g）村上站（率定期）

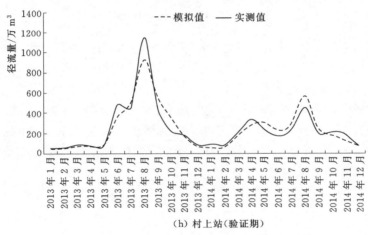

（h）村上站（验证期）

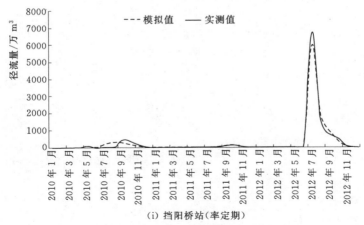

（i）挡阳桥站（率定期）

图 5-8（三） 主要地表水文站河川径流月过程率定与验证

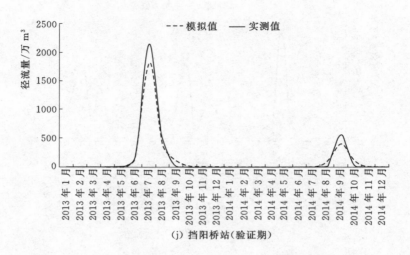

(j) 挡阳桥站（验证期）

图 5-8（四）　主要地表水文站河川径流月过程率定与验证

5.1.4.3　地下水验证

根据研究区典型浅层地下水观测井逐月水位/埋深观测资料，与地下水模拟结果进行对比验证。同时，根据平原区浅层地下水埋深等值线图进行对比验证，如图 5-9 及图 5-10 所示。可以看出，模拟的地下水分布特征与观测结果一致性很好满足精度要求。

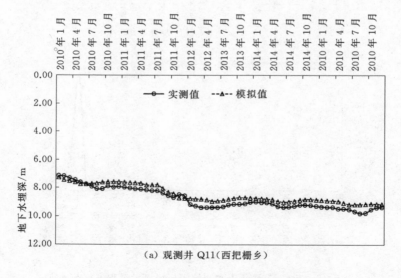

(a) 观测井 Q11（西把栅乡）

图 5-9（一）　典型观测井埋深模拟效果

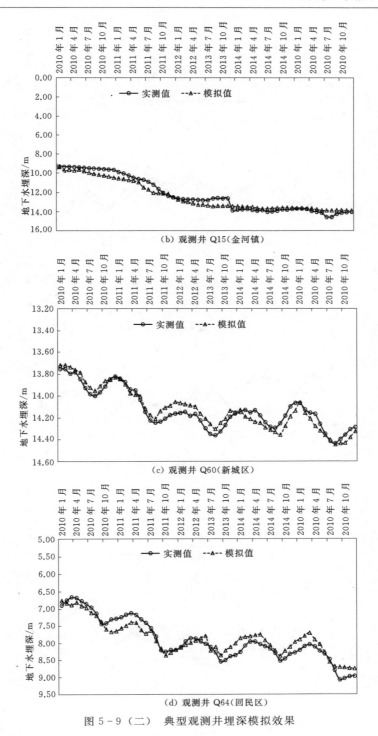

图 5-9（二） 典型观测井埋深模拟效果

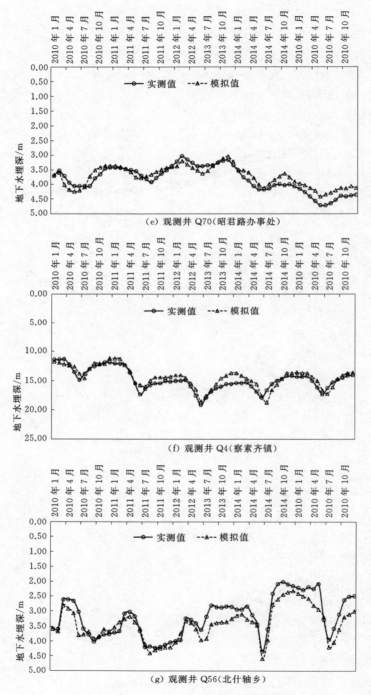

（e）观测井 Q70（昭君路办事处）

（f）观测井 Q4（察素齐镇）

（g）观测井 Q56（北什轴乡）

图 5-9（三）　典型观测井埋深模拟效果

170

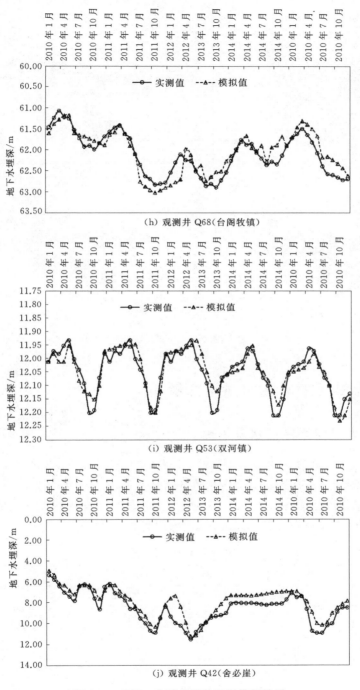

(h) 观测井 Q68（台阁牧镇）

(i) 观测井 Q53（双河镇）

(j) 观测井 Q42（舍必崖）

图 5-9（四）　典型观测井埋深模拟效果

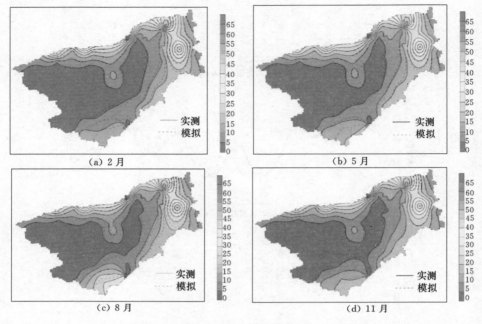

图 5-10　浅层地下水空间模拟效果（2014 年）

5.2　大黑河平原区水量平衡解析

5.2.1　大黑河平原区水量平衡

　　根据模拟计算结果，2010—2014 年平原区年均降水量 19.22 亿 m³，山区河川径流入境水量约 0.65 亿 m³，山前测渗补给量 2.85 亿 m³，引黄水量 2.20 亿 m³；平原区蒸散发消耗量 22.83 亿 m³，工业生活耗水量 2.16 亿 m³，地表与地下排泄出境水量 0.33 亿 m³。平原区不同下垫面的水均衡关系详见表 5-9。

表 5-9　　　　　　　　　　　大黑河平原区水量平衡表

平衡项目	输入项	数量	输出项	数量	均衡
引水渠系	降水量	0.457	蒸发量	0.650	
	引黄灌溉水量	1.225	渠系渗漏量	0.126	
	当地地表引水	1.560	进入田间水量	2.273	
	潜水蒸发量	0.009	排泄补给河湖	0.169	
			渠系蓄变量	0.032	
	合计	3.250	合计	3.250	0.000

续表

平衡项目	输 入 项	数量	输 出 项	数量	均衡
居工地	降水量	1.983	蒸发量	1.724	
	潜水蒸发量	0.010	入渗量	0.120	
	工业生活地表取水量	0.020	地表产流量	0.279	
	工业生活地下取水量	1.603	工业生活耗水量	2.161	
	工业生活引黄水量	0.973	工业生活排水量	0.313	
			土壤层蓄变量	−0.009	
	合计	4.589	合计	4.589	0.000
未利用地	降水量	0.938	蒸发量	0.668	
	潜水蒸发量	0.140	入渗量	0.249	
			地表产流量	0.138	
			土壤层蓄变量	0.023	
	合计	1.078	合计	1.078	0.000
河湖水域	降水量	0.489	蒸发量	1.150	
	灌区排水补给量	0.169	工业生活地表取水量	0.020	
	地下水补给河湖	0.226	地表灌溉取水量	1.560	
	地表产流入河	1.097	河湖补给地下水量	0.063	
	工业生活排水量	0.313	流出区域水量	0.152	
	山区河川径流进入	0.650	河湖蓄变量	0.000	
	合计	2.945	合计	2.945	0.000
林地	降水量	0.906	蒸发量	0.967	
	潜水蒸发量	0.191	入渗量	0.057	
			地表产流量	0.033	
			土壤层蓄变量	0.040	
	合计	1.097	合计	1.097	0.000
草地	降水量	3.481	蒸发量	3.452	
	潜水蒸发量	0.633	入渗量	0.429	
			地表产流量	0.225	
			土壤层蓄变量	0.008	
	合计	4.114	合计	4.114	0.000

平衡项目	输入项	数量	输出项	数量	均衡
农田	降水量	10.961	蒸发量	14.215	
	潜水蒸发量	2.206	入渗量	3.226	
	引黄灌溉量	0.713	地表产流排水	0.422	
	当地地表灌溉量	1.560	土壤层蓄变量	0.300	
	地下水灌溉量	2.722			
	合计	18.162	合计	18.162	0.000
地下水平衡分析	河渠渗漏补给量	0.190	潜水蒸发量	3.188	
	地表入渗补给量	4.082	地下水灌溉开采量	2.722	
	山前侧渗补给量	2.849	工业生活地下水开采量	1.603	
			补给河湖水量	0.226	
			侧向排泄水量	0.180	
			地下水蓄变量	−0.799	
	合计	7.120	合计	7.120	0.000
区域水量平衡分析	降水总量	19.216	蒸散发总量	22.825	
	山前侧渗补给量	2.849	工业生活耗水总量	2.161	
	山区河川径流入境	0.650	区域径流出境	0.152	
	引黄水量	2.198	地下水排泄量	0.180	
			河湖蓄变量	0.032	
			土壤层蓄变量	0.362	
			地下水蓄变量	−0.799	
	合计	24.912	合计	24.912	0.000

5.2.2　农田水分通量特征

对农田区域的水量平衡进行分析，结果见图 5-11。整体上看，大黑河平原区农田上的多年平均降水量为 10.96 亿 m^3，占输入水量的 60.4%；灌溉水量共占输入水量的 27.5%。灌溉水中，地表水与地下水分别为 2.27 亿 m^3、2.72 亿 m^3，以地下水灌溉为主。输出水量中，占比重最大的为蒸发量，达到 14.22 亿 m^3，占总输出量的 79.6%；田间入渗量为 3.22 亿 m^3，农田排水量为 0.42 亿 m^3，分别占 18.1% 和 2.4%。

蒸散发消耗是干旱半干旱地区水分输出的主要途径，其中农田往往占比最高，植被蒸腾、棵间土壤蒸发及截流蒸发是主要蒸散形式。表 5-10 为平原区 2010—2014 年不同年份农田耗水量的模拟结果。可以看出，农田耗水中，植

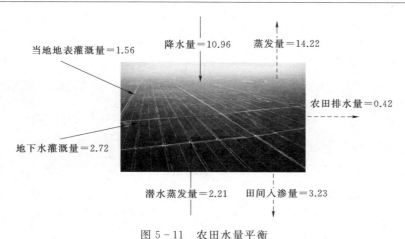

图 5-11 农田水量平衡

被蒸腾量最大，占蒸散发耗水量的 53.7%，其次是棵间土壤蒸发量。农田截留蒸腾 0.41 亿 m³，农田土壤蒸发 6.16 亿 m³，农田植被蒸腾 7.65 亿 m³，农田总耗水量 14.22 亿 m³。从年际变化来看，农田蒸散发耗水各项受降水年际变化的影响较为显著。

表 5-10   平原区农田耗水量变化   单位：亿 m³

年份	截流	蒸发	蒸腾	总计
2010	0.34	6.48	8.14	14.96
2011	0.27	4.94	9.05	14.26
2012	0.52	6.77	6.73	14.02
2013	0.54	6.36	6.17	13.07
2014	0.39	6.23	8.14	14.76
平均	0.41	6.16	7.65	14.22

分作物看，玉米、马铃薯、油料及小麦是呼和浩特市平原区的主要作物。表 5-11 给出了大黑河平原区 9 种主要作物 2010—2014 年的蒸发、蒸腾和植被截留的总耗水量。可以看出，玉米、马铃薯、油料、小麦耗水量最大，分别为 5.23 亿 m³、2.79 亿 m³、1.66 亿 m³、1.48 亿 m³，四种作物总耗水量 11.17 亿 m³，约占总耗水的 78.6%。

从空间分布上看（见图 5-12），平原区下游的土默特左旗、托县及大黑河干流周边区域蒸散发量相对较大，而东部和林县山前平原地带蒸散发量明显低于其他区域。降水丰枯变化也会对蒸散发的空间分布带来明显的效应，枯水年份蒸散发量显著降低（2011 年），而平水年份蒸散发量更大（2010 年）。

表 5 - 11　大黑河平原区 9 种主要作物蒸发、蒸腾与植被截流消耗水量

单位：亿 m³

年份	小麦			玉米			莜麦			豆类			马铃薯			油料			蔬菜			瓜果			青饲料		
	蒸发	蒸腾	截流	蒸发	蒸腾	截流	蒸发	蒸腾	截流	蒸发	蒸腾	截流	蒸发	蒸腾	截流	蒸发	蒸腾	截流	蒸发	蒸腾	截流	蒸发	蒸腾	截流	蒸发	蒸腾	截流
2010	0.51	0.56	0.03	2.01	3.19	0.13	0.33	0.35	0.02	0.30	0.24	0.02	1.42	1.88	0.06	0.74	0.85	0.04	0.18	0.14	0.01	0.15	0.19	0.01	0.83	0.73	0.04
2011	0.51	0.63	0.02	1.52	3.66	0.10	0.22	0.36	0.01	0.22	0.24	0.01	1.08	2.04	0.05	0.56	0.99	0.03	0.14	0.16	0.01	0.09	0.18	0.00	0.60	0.80	0.03
2012	0.93	0.75	0.06	2.17	2.72	0.19	0.40	0.35	0.04	0.29	0.19	0.03	1.14	1.18	0.08	0.86	0.79	0.06	0.19	0.12	0.01	0.14	0.15	0.01	0.66	0.48	0.04
2013	0.91	0.69	0.07	2.12	2.57	0.20	0.28	0.25	0.03	0.19	0.13	0.02	1.13	1.13	0.08	0.79	0.72	0.07	0.16	0.10	0.01	0.12	0.13	0.01	0.64	0.46	0.05
2014	0.81	0.88	0.05	2.04	3.37	0.15	0.28	0.32	0.02	0.20	0.16	0.01	1.13	1.50	0.06	0.79	0.97	0.05	0.18	0.15	0.01	0.12	0.17	0.01	0.68	0.62	0.03
平均	0.74	0.70	0.05	1.97	3.10	0.16	0.30	0.32	0.02	0.24	0.19	0.02	1.18	1.55	0.07	0.75	0.86	0.05	0.17	0.13	0.01	0.12	0.16	0.01	0.68	0.62	0.04

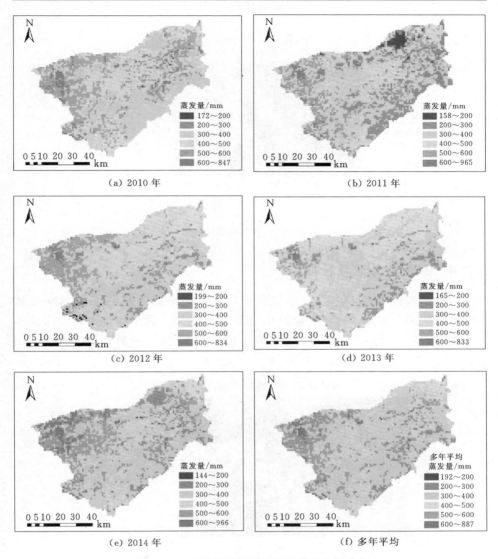

图 5-12 大黑河平原区年蒸散发量空间分布

5.2.3 居工地水分通量特征

居工地是人口及生产生活最为密集的区域，其水量平衡如图 5-13 所示。多年平均降水量为 1.98 亿 m³，工业生活取水量 2.32 亿 m³，占输入水量的 46% 和 54%。输出水量中占比最多为工业生活耗水量，其次为蒸散发量，分别为 2.03 亿 m³、1.59 亿 m³，地表产流量为 0.28 亿 m³，入渗量为 0.12 亿 m³。

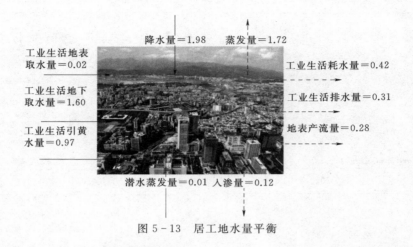

图 5 - 13　居工地水量平衡

5.2.4　草地水分通量特征

草地的水量平衡见图 5 - 14。多年平均降水量为 3.48 亿 m^3，潜水蒸发量为 0.63 亿 m^3，分别占输入水量的 84.6% 和 15.4%。输出水量中最占比最多为蒸发量，3.45 亿 m^3，地表产流量为 0.23 亿 m^3，入渗量为 0.43 亿 m^3。

图 5 - 14　草地水量平衡

5.2.5　林地水分通量特征

林地的水量平衡见图 5 - 15。多年平均降水量为 0.91 亿 m^3，潜水蒸发量为 0.19 亿 m^3，分别占输入水量的 82.6% 和 17.4%。输出水量中占比最多为蒸发量，0.97 亿 m^3，地表产流量为 0.03 亿 m^3，入渗量为 0.06 亿 m^3。

降水量＝0.91 蒸发量＝0.97

地表产流量＝0.03

潜水蒸发量＝0.19 入渗量＝0.06

图 5－15 林地水量平衡

5.3 大黑河平原区地表水-地下水补排特征

5.3.1 地表水-地下水补给路径与通量

大黑河平原区地下水补给主要来自地表入渗、河渠渗漏和山前侧渗。表 5－12 为大黑河平原区 2010—2014 年浅层地下水各补给项及其动态变化模拟结果，可以看出，大黑河平原区地下水补给量年均 7.12 亿 m^3，其中地表垂向入渗补给量（包括降水入渗和灌溉回补量）4.08 亿 m^3，占总补给量的 57.3%；山前侧渗补给量 2.85 亿 m^3，占 40.0%；河渠渗漏补给量 0.19 亿 m^3，占 2.7%。降水入渗和灌溉回补入渗补给量仍为地下水最主要的补给来源，地表水补给占比达到 60%，但年际变化较大，丰水年补给量达到枯水年补给量的两倍以上。其次，山前地下水侧渗补给量占比 40%，低于地表水年均补给量，但该补给源较为稳定，受降水丰枯变化较小，且水质良好，是维系地下水系统平衡及区域生态平衡的关键补给源。

表 5－12　　　　大黑河平原区地表水对浅层地下水补给特征　　　单位：亿 m^3

年份	补 给 项			总计
	地表入渗量	山前侧渗量	河渠渗漏量	
2010	4.06	2.84	0.23	7.13
2011	2.85	2.82	0.19	5.87
2012	5.25	2.84	0.17	8.26

年份	补 给 项			总计
	地表入渗量	山前侧渗量	河渠渗漏量	
2013	5.49	2.86	0.17	8.52
2014	2.75	2.88	0.18	5.82
平均	4.08	2.85	0.19	7.12

5.3.2　地下水排泄路径与通量

地下水排泄途径主要包括潜水蒸发、侧向排泄补给河湖、侧向排泄至区外、农业灌溉开采和工业生活开采。其中，侧向排泄补给河湖反映了地下水对当地地表水的补给特征，其大小表征了地下水与地表水直接水力联系的强弱，是判别区域水资源系统状态的重要指标。大黑河平原区浅层地下水排泄过程模拟结果显示（见表 5-13），2010—2014 年大黑河平原区浅层年均地下水排泄通量约为 7.92 亿 m^3，其中潜水蒸发量 3.19 亿 m^3，占总排泄量的 40.3%；农业灌溉地下水开采量 2.72 亿 m^3，占 34.4%；工业生活地下水开采量 1.60 亿 m^3，占 20.2%；补给河湖及侧向排泄量分别为 0.23 亿 m^3、0.18 亿 m^3。可以看出：①侧向排泄补给河湖量仍然存在，但通量值较小，说明大黑河平原区地表水与地下水之间仍存在直接的水力联系，但强度较弱；②农业灌溉及工业生活总开采量达到 4.32 亿 m^3，占总排泄量的 54.6%，成为该区域地下水排泄的主要路径；③潜水蒸发量是平原区地下水自然排泄的主要途径，也是反映地下水埋深及其与地表生态系统联系的指标之一，占比达到排泄通量的 40%，说明该区域植被能够通过吸收利用地下水分来维系生长需求。

表 5-13　　　　　平原区浅层地下水排泄构成及其通量　　　　单位：亿 m^3

年份	排 泄 项					总计
	潜水蒸发	农业灌溉开采	工业生活开采	补给河湖	侧向排泄	
2010	2.30	2.67	1.33	0.21	0.18	6.69
2011	2.94	2.78	1.51	0.22	0.18	7.63
2012	3.00	2.59	1.70	0.23	0.18	7.70
2013	3.88	2.68	1.80	0.24	0.18	8.78
2014	3.82	2.89	1.67	0.24	0.18	8.80
平均	3.19	2.72	1.60	0.23	0.18	7.92

5.3.3 地下水补排平衡及其动态

地下水位的升降变化反映了地下水系统的补排平衡状态。表 5-14 为大黑河平原区的浅层地下水动态平衡分析结果。可以看出，浅层地下水多年平均呈亏缺状态，年均亏缺值约为 0.8 亿 m³，主要是由于枯水年份补给量减少而开采量反而增加导致。从年际变化来看，大黑河平原区在平水及丰水年地下水表现为正均衡，即地下水处于回补状态；而枯水年则表现出非常显著的负均衡，即地下水处于超采状态。由此可以看出，地下水超采与否主要取决于某一时段降水补给与地下水开采程度，这也是地下水压采保护与修复两个主要途径。

表 5-14　　　　　　大黑河平原区浅层地下水动态补排平衡　　　　　　单位：亿 m³

年份	总补给量	总排泄量	均衡结果
2010	7.13	6.69	0.45
2011	5.87	7.63	−1.76
2012	8.26	7.70	0.55
2013	8.52	8.78	−0.26
2014	5.82	8.80	−2.98
平均	7.12	7.92	−0.80

5.4 大黑河平原区地下水开采现状评价

5.4.1 地下水超采区评价标准

地下水超采指地下水开采量超过可开采量，造成地下水水位持续下降或因开发利用地下水引发了环境地质灾害或生态环境恶化现象。大黑河平原区由于不合理地大量开发利用地下水资源，已经造成了大范围的地下水降落漏斗，并出现含水层疏干、地下水水位持续下降等地质环境问题。因此，对呼和浩特市的地下水超采区进行评价对合理开发利用和保护管理地下水资源具有重要意义。

5.4.2 地下水超采区评价方法

《地下水超采区评价导则》中给出了不同情况下评价地下水超采程度的评判指标，一般采用多个指标进行综合评判，比较常见的指标如地下水位下降速率、超采系数等，下面具体介绍这些指标及其计算方法。

5.4.2.1　地下水水位下降速率评价法

地下水水位下降速率，指某一时间段地下水水位下降幅度与该时间段的比值。计算公式如下：

$$v = \frac{H_1 - H_2}{T} \tag{5-6}$$

式中：v 表示年均地下水水位持续下降速率，m/a；H_1 表示地下水开发利用时期之初地下水水位，m；H_2 表示地下水开发利用之末地下水水位，m；T 表示地下水开发利用年数，a。

5.4.2.2　地下水超采系数法

地下水超采系数，在同一范围内某时间段的地下水开采量、地下水补给量（地下水可开采量）两者之差与地下水补给量（地下水可开采量）的比值，称为该范围在该时间段的地下水超采系数。计算公式如下：

$$k = \frac{Q_{开} - Q_{可开}}{Q_{可开}} \tag{5-7}$$

式中：k 为年均地下水超采系数；$Q_{开}$ 为地下水开发利用时期内年均地下水开采量，万 m^3；$Q_{可开}$ 为地下水开发利用时期内年均地下水可开采量，万 m^3。

地下水可开采量计算一般可采用多年调节计算法。所谓地下水调节计算，是将历史资料系列作为一个循环重复出现的周期看待，并在多年总补给量与多年总排泄量相平衡的原则基础上进行的。所谓调节计算，是根据一定的开采水平、用水要求和地下水的补给量，分析地下水的补给与消耗的平衡关系。通过调节计算，既可以探求在连续枯水年份地下水可能降到的最低水位，又可以探求在连续丰水年份地下水最高水位的持续时间，还可以探求在丰、枯交替年份以丰补欠的模式下开发利用地下水的保证程度，从而确定调节计算期适宜的开采模式、允许地下水水位降深以及多年平均开采量。

多年调节计算法有长系列和代表周期两种，前者代表选取长系列作为调节期，以年为调节时段，并以调节计算期间的多年平均总补给量与多年平均总排泄水量之差作为多年平均地下水可开采量；后者选取一个代表性降水周期为调节期，以补给时段和排泄时段为调节时段，并以调节计算期的多年平均总补给量与难以夺取的多年平均总潜水蒸发量之差作为多年平均可开采量。

$$Q_{可开} = \Delta Q_{补} - \Delta Q_{潜蒸} \tag{5-8}$$

式中：$Q_{可开}$ 为均衡期地下水年均允许开采量，万 m^3；$\Delta Q_{补}$ 为均衡期地下水年均总补给量，万 m^3；$\Delta Q_{潜蒸}$ 为均衡期地下水年均潜在蒸发量，万 m^3。

大黑河平原区地下水补给量主要为河渠渗漏补给、地表入渗补给和山前侧渗补给。根据呼和浩特市平原区地下水的补排项确定工作区浅层地下水的可开

采量计算公式为

$$Q_{可开}＝Q_{河渗}＋Q_{地渗}＋Q_{侧补}－Q_{蒸发} \tag{5-9}$$

山丘区地下水可开采量等于河川径流基流量，计算公式为

$$Q_{可开}＝Q_{基流} \tag{5-10}$$

计算超采系数时，针对一定的开采布局和开采量，还要合理地确定其计算单元的范围，不同的计算范围补、径、排量不同，也可能会评价出不同的超采程度。

5.4.3 地下水超采区划分依据

根据《地下水超采区评价导则》地下水超采区分为三类，即一般基岩裂隙水超采区、碳酸岩岩溶水超采区、松散岩土孔隙水超采区；其中裂隙水和岩溶水超采区又分为裸露型和隐伏型两种；孔隙水超采区又分为浅层地下水超采区和承压地下水超采区。本研究在对大黑河平原区进行超采区类型分类及等级划分时，严格遵循该标准。根据《地下水超采区评价导则》，在划分超采区范围时，用"地下水水位持续下降区域的外包线"或"因开发利用地下水引发的环境地质灾害或生态环境恶化现象地域的外包线"。超采区范围和超采程度等级的确定依据可归纳为三种：①水位下降速率；②超采系数；③开发利用地下水引发的环境地质灾害或生态环境问题的严重程度。另外，超采区评价需要调查的地质灾害或生态环境恶化现象指"因地下水开发利用这一人类活动造成"。地下水超采区分级如表 5-15 所示。

5.4.4 地下水评价单元划分

在地下水超采评价中，需要针对一定的开采布局和开采量，合理地确定其计算单元的范围，不同的计算范围补、径、排量不同，也可能会评价出不同的超采程度。本研究根据呼市地下水的不同水文地质条件进行水文地质分区，在流域分区的基础上，地下水类型区按 3 级划分，同一类型区的水文及水文地质条件比较相近，不同类型区之间的水文及水文地质条件差异明显。为具体分析地区超采范围，在上述划分单元的基础上，根据乡镇边界对其细化得到 93 个评价单元，可以较为详细的描述不同乡镇范围内不同水文地质单元的地下水超采情况，如表 5-16 所示。

5.4.5 大黑河平原区地下水超采现状评价

5.4.5.1 平原区地下水开采量空间分布

从前面的分析可知，大黑河平原区地下水开采主要集中在土默特左旗和市辖区，其中土默特左旗地下水开采主要用于农田灌溉，市辖区地下水开采主要

表 5 – 15　　　　　　　　　　　　地下水超采区分级表

按超采区面积	特大	≥5000km²
	大型	≥1000km²，＜5000km²
	中型	≥100km² 且＜1000km²
	小型	＜100km²

按超采程度	严重超采区	浅层地下水	①孔隙水年均水位下降速率大于 1.0m；裂隙水或岩溶水大于 1.5m；②超采系数大于 0.3；③名泉流量年衰减率大于 0.1；④发生了地面塌陷，且 100km² 面积上年均地面塌陷点多于 2 个，或坍塌岩土体积大于 2m³ 的地面塌陷点年均多于 1 个；⑤发生了地裂缝，且 100km² 面积上年均地裂缝多于 2 条，或同时达到长度大于 10m、地表撕裂宽度大于 5cm、深度大于 0.5m 的地裂缝年均多于 1 条；⑥土地发生了沙化现象
		承压地下水	①年均水位下降大于 2.0m；②年均地面沉降速率大于 10mm；③发生了地下水水质污染，且污染后的地下水水质劣于污染前 1 个类级以上，或已不能满足生活饮用水水质要求
	一般超采区		未能达到严重的超采区
	禁采区		①浅层地下水水位低于相应地下水开发利用目标含水层组厚度的 4/5；②名泉流量累计衰减率大于 0.6；③100km² 面积上年均地面沉陷点多于 10 个，或坍塌岩土体积大于 2m³ 的地面塌陷点年均多于 5 个；④100km² 面积上年均地裂缝多于 10 条，或同时达到长度大于 10m、地表撕裂宽度大于 5cm、深度大于 0.5m 的地裂缝年均多于 5 条；⑤污染后的地下水水质已达 V 类水；⑥最大累计地面沉降大于 2000mm

用于城镇生活及工业生产，其地下水开采模数的空间分布如图 5 – 16、表 5 – 17 所示。整体来看，开采模数超过 20 万 m³/(km² · a) 集中分布在呼和浩特市城区的西北部地区，其中玉泉区城区、罕赛区城区以及回民区城区部分开采模数均超过了 30 万 m³/(km² · a)，其次为罕赛区的金河镇和罕赛区的西八栅乡，地下水开采模数分别为 22.04 万 m³/(km² · a) 和 21.354 万 m³/(km² · a)。土默特左旗的北什轴乡、白庙子镇以及呼和浩特市城区攸板版镇、金河镇、巧报镇、新城区、昭君路办事处和小黑河镇一带的部分区域地下水开采模数为 15 万～20 万 m³/(km² · a) 之间，察素齐镇、毕克齐镇、塔布寨乡、白庙子镇以南沙尔沁镇以北以及巴彦镇东南部地区的部分区域开采模数为 10 万～15 万 m³/(km² · a) 之间。此外，大黑河平原区的其他地区开采模数均在 10 万 m³/(km² · a) 以下，开采程度相对较低，主要位于呼和浩特市的西南部地区。通过对比大黑河平原区地下水的超采程度空间分布与开采模数空间部分

表 5 - 16　　　　计算单元水文地质分区

流域分区	水文地质分区				水文地质编码	市县区	乡镇	编码
	I 级类型区	II 级类型区	III 级类型区					
	平原区	内陆盆地平原区						
	山丘区	一般山丘区						
大青山北部高平原内陆河流域	平原区	内陆盆地平原区	巴拉干河盆地平原孔隙水亚区		K01020101 - I - 1	武川县	耗赖乡	6 - 47 - 3
			塔布河盆地平原孔隙裂隙水亚区		K01020102 - I - 2	武川县	上秃亥乡	6 - 49 - 3
						武川县	二份子乡	6 - 52 - 4
			中后河盆地平原孔隙裂隙水亚区		K01020102 - I - 3	武川县	西乌兰不浪镇	6 - 51 - 4
						武川县	西乌兰不浪镇	6 - 51 - 5
	山丘区	一般山丘区	耗赖山孔隙裂隙水亚区		K01020102 - II - 1	武川县	上秃亥乡	6 - 49 - 6
						武川县	可可以力更镇	6 - 48 - 6
						武川县	哈乐镇	6 - 45 - 6
			塔布河低山丘陵孔隙裂隙水亚区		K01020102 - II - 2	武川县	二份子乡	6 - 52 - 7
						武川县	西乌兰不浪镇	6 - 51 - 7
			中后河低山丘陵孔隙裂隙水亚区		K01020102 - II - 3	武川县	西乌兰不浪镇	6 - 51 - 8
大黑河流域	平原区	山间平原区	万家沟冲洪积扇群孔隙水亚区		D03040301 - I - 1	土默特左旗	塔布赛乡	4 - 28 - 9
						土默特左旗	敕勒川镇	4 - 29 - 9
						土默特左旗	善岱镇	4 - 30 - 9
						土默特左旗	察素齐镇	4 - 22 - 9
			湖相沉积平原孔隙水亚区		D03040301 - I - 2	托克托县	五申镇	2 - 12 - 10
						托克托县	黄河湿地管委会	2 - 13 - 10

续表

流域分区	水文地质分区			水文地质编码	市县区	乡镇	编码
	I级类型区	II级类型区	III级类型区				
	山丘区	一般山丘区	万家沟低山丘陵孔隙裂隙潜水亚区	D03040302-II-1	武川县	哈拉合少乡	6-53-11
			克力沟低山丘陵孔隙裂隙潜水亚区	D03040302-II-2	武川县	二份子乡	6-52-12
					武川县	哈拉合少乡	6-53-12
			阴山南麓低山丘陵区	D03040302-II-3	土默特左旗	察素齐镇	4-22-13
					土默特左旗	敕勒川镇	4-29-13
					土默特左旗	毕克齐镇	4-26-13
大黑河流域	平原区	山间平原区	小黑河流域冲洪积平原孔隙水亚区	D03040303-I-1	回民区	城区	5-32-14
					玉泉区	城区	5-43-14
					赛罕区	城区	5-34-14
					赛罕区	巧报镇	5-35-14
					回民区	西把栅乡	5-36-14
					新城区	巴彦镇	5-37-14
					新城区	牧牧板镇	5-31-14
					玉泉区	城区	5-41-14
					玉泉区	保合少镇	5-40-14
					玉泉区	小黑河镇	5-44-14
			大黑河干流冲积平原孔隙水亚区	D03040303-I-2	玉泉区	昭君路办事处	5-42-15
					土默特左旗	北什轴乡	4-27-15
					玉泉区	小黑河镇	5-44-15
					赛罕区	黄合少镇	5-39-15
					赛罕区	金河镇	5-33-15
					土默特左旗	白庙子镇	4-24-15

续表

流域分区	水文地质分区			水文地质编码	市县区	乡镇	编码
	I级类型区	II级类型区	III级类型区				
大黑河流域	平原区	山间平原区	水槽沟-白石头沟冲洪积扇孔隙水亚区	D03040303-I-3	土默特左旗	台阁牧镇	4-25-16
					土默特左旗	毕克齐镇	4-26-16
					土默特左旗	北什轴乡	4-27-16
			什拉乌素河冲洪积平原孔隙水亚区	D03040303-I-4	托克托县	古城镇	2-9-17
					赛罕区	金河镇	5-33-17
					托克托县	伍什家镇	2-10-17
					土默特左旗	沙尔沁镇	4-23-17
					土默特左旗	白庙子镇	4-24-27
					和林格尔县	盛乐镇	3-20-17
					赛罕区	黄合少镇	5-39-17
					玉泉区	昭君路办事处	5-42-17
					托克托县	双河镇	2-11-17
			湖积台地山前冲洪积扇群孔隙水亚区	D03040303-I-5	和林格尔县	舍必崖乡	3-15-18
					托克托县	双河镇	2-11-18
					托克托县	新营子镇	2-14-18
					托克托县	黄河湿地管委会	2-13-18
	山丘区	一般山丘区	枪盘河低山丘陵孔隙裂隙水亚区	D03040303-II-1	武川县	大青山乡	6-46-19
					武川县	可可以力更镇	6-48-19
					武川县	上秃亥乡	6-49-19
					武川县	德胜沟乡	6-50-19

续表

流域分区	水文地质分区			水文地质编码	市县区	乡镇	编码
	I级类型区	II级类型区	III级类型区				
大黑河流域	山丘区	一般山丘区	卯独沁河低山丘陵孔隙裂隙水亚区	D03040303-II-2	武川县	哈乐镇	6-45-20
					武川县	可可以力更镇	6-48-20
					武川县	耗赖乡	6-47-20
					武川县	大青山乡	6-46-20
					回民区	攸攸板镇	5-31-21
					新城区	保合少镇	5-40-21
			大青山南部低山丘陵孔隙裂隙水亚区	D03040303-II-3	土默特左旗	毕克齐镇	4-26-22
					新城区	城区	5-41-21
					土默特左旗	台阁牧镇	4-25-21
			蛮汉山低山孔隙裂隙水亚区	D03040303-II-4	赛罕区	榆林镇	5-38-22
					赛罕区	黄合少镇	5-39-17
			湖积台地孔隙裂隙水亚区	D03040303-II-5	和林格尔县	黑老夭乡	3-19-23
					和林格尔县	城关镇	3-21-23
					托克托县	新营子镇	2-14-23
					清水河县	喇嘛湾镇	1-2-23
					和林格尔县	舍必崖乡	3-15-23
					和林格尔县	盛乐镇	3-20-23

续表

流域分区	水文地质分区			水文地质编码	市县区	乡镇	编码
	Ⅰ级类型区	Ⅱ级类型区	Ⅲ级类型区				
浑河流域	山丘区	一般山丘区	浑河流域低山丘陵孔隙裂隙水亚区	D04010101-Ⅱ-1	清水河县	喇嘛湾镇	1-2-24
					清水河县	宏河镇	1-3-24
					清水河县	五良太乡	1-4-24
					和林格尔县	大红城乡	3-16-24
					和林格尔县	新店子镇	3-17-24
					和林格尔县	羊群沟乡	3-18-24
					和林格尔县	城关镇	3-21-24
					和林格尔县	黑老夭乡	3-19-24
			清水河流域低山丘陵孔隙裂隙水亚区	D04010101-Ⅱ-2	清水河县	城关镇	1-1-25
					清水河县	韭菜庄乡	1-5-25
杨家川流域	山丘区	一般山丘区	杨家川流域低山丘陵孔隙裂隙水亚区	D04010102-Ⅱ-1	清水河县	韭菜庄乡	1-5-26
					清水河县	北堡乡	1-6-26
					清水河县	单台子乡	1-7-26
					清水河县	窑沟乡	1-8-26
					清水河县	城关镇	1-1-26

情况，可以明显看出盛乐镇的超采程度较高，但开采模数并不特别大，这主要是由于盛乐镇的地下水可采量较小。而察素齐镇、毕克齐镇、攸攸板镇与新城区的地下水超采程度不高，但是开采模数相对较高，主要是因为上述地区虽然开采程度较大，由于开采条件良好，可开采量相对较大。

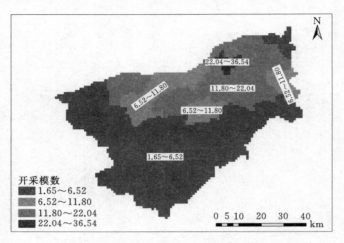

图 5-16　平原区地下水开采模数分布

表 5-17　　　　　　　　　　地下水不同地质分区超采评价

名　称	县域	水文地质编码	可开采量/万 m³	实际开采量/万 m³	开采模数/[万 m³/(km²·a)]	超采系数/[万 m³/(km²·a)]
古城镇	托克托县	2-9-17	1084.7	1383.9	4.48	0.276
伍什家镇	托克托县	2-10-17	680.1	388.6	1.65	-0.429
双河镇	托克托县	2-11-17	285.7	161.6	2.99	-0.434
双河镇	托克托县	2-11-18	172.7	306.2	3.40	0.773
五申镇	托克托县	2-12-10	1750.5	463.1	1.94	-0.735
黄河湿地管委会	托克托县	2-13-10	620.3	285.4	2.77	-0.540
新营子镇	托克托县	2-14-18	945.7	798.2	2.81	-0.156
舍必崖乡	和林格尔县	3-15-18	2977.5	1291.9	3.88	-0.566
盛乐镇	和林格尔县	3-20-17	2373.9	2417.4	5.61	0.018
察素齐镇	土默特左旗	4-22-9	3535.2	2757.4	14.51	-0.220
沙尔沁镇	土默特左旗	4-23-17	595.9	1272.3	6.52	1.135

续表

名　　称	县域	水文地质编码	可开采量/万 m³	实际开采量/万 m³	开采模数/[万 m³/(km²·a)]	超采系数/[万 m³/(km²·a)]
白庙子镇	土默特左旗	4－24－15	1003.5	1262.3	15.78	0.258
白庙子镇	土默特左旗	4－24－27	1699.1	1805.5	11.80	0.063
台阁牧镇	土默特左旗	4－25－16	677.1	654.5	9.35	－0.033
毕克齐镇	土默特左旗	4－26－16	2827.1	1332.9	11.80	－0.529
北什轴乡	土默特左旗	4－27－15	1359.6	2171.4	15.18	0.597
北什轴乡	土默特左旗	4－27－16	543.2	652.8	8.82	0.202
塔布赛乡	土默特左旗	4－28－9	1364.8	1573.0	10.28	0.153
敕勒川镇	土默特左旗	4－29－9	8910.3	1765.3	5.55	－0.802
善岱镇	土默特左旗	4－30－9	2309.3	877.0	3.80	－0.620
攸攸板镇	回民区	5－31－14	1307.1	561.6	17.55	－0.570
城区	回民区	5－32－14	117.4	1059.8	36.54	8.025
金河镇	赛罕区	5－33－15	415.8	1190.4	22.04	1.863
金河镇	赛罕区	5－33－17	1211.9	2678.6	15.76	1.210
城区	赛罕区	5－34－14	39.9	696.2	34.81	16.438
巧报镇	赛罕区	5－35－14	147.7	395.9	15.23	1.681
西把栅乡	赛罕区	5－36－14	708.6	2028.6	21.35	1.863
巴彦镇	赛罕区	5－37－14	1064.8	1984.4	14.59	0.864
黄合少镇	赛罕区	5－39－15	671.7	458.9	7.65	－0.317
黄合少镇	赛罕区	5－39－17	604.1	643.4	8.47	0.065
保合少镇	新城区	5－40－14	1723.3	372.4	3.84	－0.784
城区	新城区	5－41－14	5021.3	2475.5	20.80	－0.507
昭君路办事处	玉泉区	5－42－15	666.8	1084.6	19.72	0.626
昭君路办事处	玉泉区	5－42－17	683.1	911.4	16.57	0.334
城区	玉泉区	5－43－14	100.1	585.2	30.80	4.845
小黑河镇	玉泉区	5－44－14	240.4	556.4	17.95	1.315
小黑河镇	玉泉区	5－44－15	515.4	733.0	14.10	0.422

5.4.5.2　平原区地下水超采现状评价

受上一年降水补给及山前侧渗补给滞后影响，大黑河平原区地下水位一般在冬季开始回升，到次年 2 月底或 3 月初达到年内峰值；与之相应，受农业灌溉集中开采及潜水蒸发消耗等影响，大黑河平原区地下水位一般在 7 月底或 8 月初达到年内低值。因此，选择 2 月（峰值）、8 月（低值）作为两个典型时间节点，对比分析研究区域不同水资源开发利用格局下，地下水的响应及变化。

其中，2 月份地下水位是开采影响后回补稳定后的状态，其变化情况反映了该区域自身应对开采的自动修复能力，若能够在一个丰枯变化周期前后，水位无明显趋势性变化，说明当前的开采能力在允许范围之内，反之，则说明当前的开采量已经超出了区域自身的修复能力，持续开采将造成地下水的趋势性下降，形成地下水漏斗，造成生态环境或地质等问题。8 月份地下水位是区域集中开采后的状态，其埋深、下降幅度等与区域生态环境、植被生长等密切相关，同时通过长系列比较也能够反映出该区域地下水开采强度及补给条件的变化。

1. 2 月份地下水变化及超采分布

以模拟系列 2 月份地下水位年均下降速率为依据，评价大黑河平原区地下水超采分布情况，如图 5-5 所示。整体来看，大黑河平原区大范围内都存在不同程度的超采情况，中上游以一般超采区为主，局部严重超采，下游为非超采区。

（1）严重超采区分布：集中在呼和浩特市辖区的巧报镇与金河镇、土默特左旗的台阁牧镇、土默特左旗的毕克齐镇与察素齐镇的山前平原区间，年均地下水下降速率超过 1m/a。其中呼和浩特市辖区超采主要是城市集中水源地开采导致，台阁牧镇超采区与金川开发区工业集中开采有关。

（2）一般超采区分布：集中于平原区中东部地区，土默特左旗、呼和浩特市区以及和林格尔县平原区的大部分地区，以及托克托县的东西部地区，年均地下水下降速率在 1m/a 以内。

（3）非超采区分布：主要分布在：①平原西部的敕勒川镇、善岱镇、塔布赛乡，北什轴乡，古城镇至伍什家镇，新营子镇，黄河湿地委员会以东的地区；②呼和浩特市区的新城区、赛罕区、小黑河镇、保合少镇、黄合少镇一带；③土默特左旗的察素齐镇以西，沙尔沁镇以东以及和林格尔县东北部的少部分区域。上述区域多年平均 2 月份地下水水位未出现下降或略有回升。

2. 8 月份地下水变化及超采分布

同样，以模拟系列 8 月份地下水位年均下降速率为依据，评价大黑河平原区地下水超采分布情况，整体来看，大黑河平原区大范围内仍存在不同程度的超采情况，严重超采区有所扩大，非超采区空间分布与2月份相比也出现显著变化。

（1）严重超采区分布：市区巧报镇及土左台阁牧镇的严重超采区保持稳定，新增和林格尔、土默特左旗、呼市城区交界地带超采分布区和新营子镇至伍什家镇一带严重超采区。

（2）一般超采区分布：集中在平原区东部、南部和中部地区，东部地区主要集中在呼和浩特市城区范围内，南部主要集中于和林格尔县平原区，中部主要集中在土默特左旗的毕克齐镇、北什轴乡以及托克托县的古城镇、伍什家镇与双河镇一带。

（3）非超采区分布：主要分布在平原西部的敕勒川镇、善岱镇、五申镇，中东部地区新城区、小黑河镇、白庙子镇以及东部山前地带的保合少镇、榆林镇一带。与2月份相比，平原下游的非超采带整体向西北偏移，敕勒川镇西北到山前一带由一般超采区转变为非超采区；而东南部的新营子镇到伍什家镇一带则由非超采区转变成严重超采区。

5.4.5.3 平原区地下水超采面积变化

1. 2月份地下水超采面积变化

从年际变化来看，超采区面积受降水丰枯变化十分显著，前一年降水丰枯情况直接影响下一年度地下水位及超采分布变化。气象观测信息显示，该地区2010年为平水年，2011年和2014年为枯水年，2012年与2013年为丰水年。从表5-18可以看出，在经历2011年的干旱后，地下水补给量显著减少，次年雨季来临前的2月份严重超采面积占比超过了整个平原区的一半，达到54.7%，超采面积占比达到88.9%。相反，在经历2012年和2013年连续两个丰水年后，地下水补给充分，到2014年2月，平原区严重超采区几乎消失，一般超采区也只分布在城区东部、托克托县西北部和土默特左旗西南部部分地区，平原区绝大部分为非超采区。

从各行政区超采面积变化来看（见表5-18），近5年来，和林格尔县非超采区有所增大，一般超采区逐渐转为非超采区，严重超采区逐渐转为一般超采区与非超采区。和林格尔县多年平均地下水超采面积占比为55.4%，其中严重超采面积占比为15.9%，超采程度较为严重。土默特左旗地下水超采面积有所缩小，多年平均超采面积占到总面积的54.8%，严重超采区面积占到总面积的13.5%。呼和浩特市区平原区部分超采面积占比超过53.7%，其中严重超采面积占比高达15.3%，是为大黑河平原区超采最为严重的地区。

表 5 - 18　　　　　　　　　分区县地下水超采面积评价结果　　　　　　　　单位：km²

时　　段	市　　县	非超采面积	一般超采面积	严重超采面积
2010—2011 年 2 月	托克托县	246	1033	35
	和林格尔县	161	603	0
	土默特左旗	420	1180	120
	市辖区	283	781	62
	合计	1110	3597	217
2011—2012 年 2 月	托克托县	303	663	348
	和林格尔县	27	251	486
	土默特左旗	121	905	694
	市辖区	91	414	621
	合计	542	2233	2149
2012—2013 年 2 月	托克托县	1064	242	8
	和林格尔县	462	302	0
	土默特左旗	1256	348	116
	市辖区	918	207	1
	合计	3700	1099	125
2013—2014 年 2 月	托克托县	761	553	0
	和林格尔县	711	53	0
	土默特左旗	1314	406	0
	市辖区	792	327	7
	合计	3578	1339	7
2010—2014 年 2 月	托克托县	675	639	0
	和林格尔县	98	666	0
	土默特左旗	576	1106	38
	市辖区	248	870	8
	合计	1597	3281	46

2. 8 月份地下水超采面积变化

从年际变化来看，降水丰枯仍然是平原区 8 月份超采区面积分布的主要因素，但灌区、工业园区、城镇水源地分布等与地下水严重超采区分布密切相关。从整体来看，近年来大黑河平原区平均超采面积占比超过 55.7%，超采面积在占整个平原区的一半以上，其中严重超采面积占比达到 20.7%。

从各行政分区地下水超采情况来看（见表 5 - 19），市区平原区部分超采面积超过 63.9%，其中严重超采面积占比高达 23.3%，市区平原区部分仍为平原区超采最为严重的地区。土默特左旗的地下水超采面积有所缩小，多年平均超采面积占到总面积的 50.1%，严重超采区面积占到总面积的 14.8%。和林格尔县多年平均地下水超采面积占比为 61.8%，其中严重超采面积占比为 25.4%，超采程度较为严重。托克托县平原区部分非超采区与严重超采区的范围波动比较明显。2013 年托克托县的严重超采面积最低为 $0km^2$，一般超采区面积也仅为 $277km^2$，而非超采区面积达到 $1037km^2$。近 5 年平均超采区面积占比 52.1%，其中严重超采面积占比为 23.4%，略高于平原区总体水平。

表 5 - 19　　　　　　　分区县地下水超采面积评价结果　　　　　　单位：km^2

时　　段	市　　县	非超采面积	一般超采面积	严重超采面积
2010—2011 年 8 月	托克托县	173	499	642
	和林格尔县	202	427	135
	土默特左旗	409	885	426
	市辖区	148	512	466
	合计	932	2323	1669
2011—2012 年 8 月	托克托县	1021	251	42
	和林格尔县	52	455	257
	土默特左旗	931	624	165
	市辖区	525	485	116
	合计	2529	1815	580
2012—2013 年 8 月	托克托县	1037	277	0
	和林格尔县	663	101	0
	土默特左旗	1527	183	10
	市辖区	794	330	2
	合计	4021	891	12
2013—2014 年 8 月	托克托县	284	486	544
	和林格尔县	250	129	385
	土默特左旗	561	741	418
	市辖区	155	504	467
	合计	1250	1860	1814
2010—2014 年 8 月	托克托县	483	519	312
	和林格尔县	147	520	97
	土默特左旗	863	796	61
	市辖区	271	720	135
	合计	1764	2555	605

5.4.6　重点区域地下水超采现状分析

5.4.6.1　重点区域地下水埋深变化

通过前面的分析可以看出，呼和浩特市辖区是地下水超采最为严重的区域，且该区域人口最密集、工业生活需求最大的区域，因此有必要对城区地下水超采及其分布问题进行更深入的分析和研究。

2010—2014 年呼和浩特市辖区地下水埋深情况如图 5-17 所示。分别选取每年的 2 月、5 月、8 月、11 月四个时间节点进行分析。总体来看，呼和浩特市辖区出现两个明显的陷落漏斗区，分别位于呼市市区东南部的合少镇中西部西讨速号村，以及城区东北部的白塔机场北白塔九水厂附近。东北部漏斗区较东南部更为严重，地下水埋深更深。城区东部山前与中西部地区地下水埋深较小，均低于 10m。年内地下水埋深 8 月份最大，2 月份最小。5 月份和 11 月份相较于 2 月份与 8 月份相差不大。从年际间变化可以看出，2011 年比 2010 年东南部中心漏斗区埋深增加较明显，其他地区变化不大，东北部漏斗区最大埋深在 46m 以上，东南部漏斗区中心最大埋深在 42m 以上，2011 年更是超过了 46m。2012 年埋深在中西部地区有所回升，中心漏斗区埋深有继续下降的

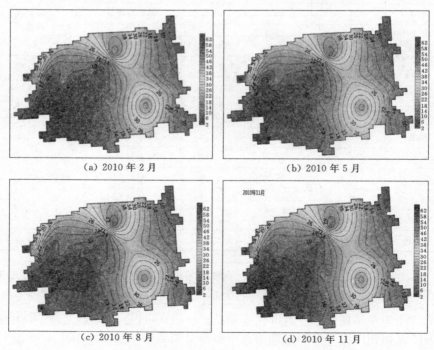

(a) 2010 年 2 月　　　　　　　　　　　(b) 2010 年 5 月

(c) 2010 年 8 月　　　　　　　　　　　(d) 2010 年 11 月

图 5-17（一）　呼和浩特市区地下水埋深时空分布情况

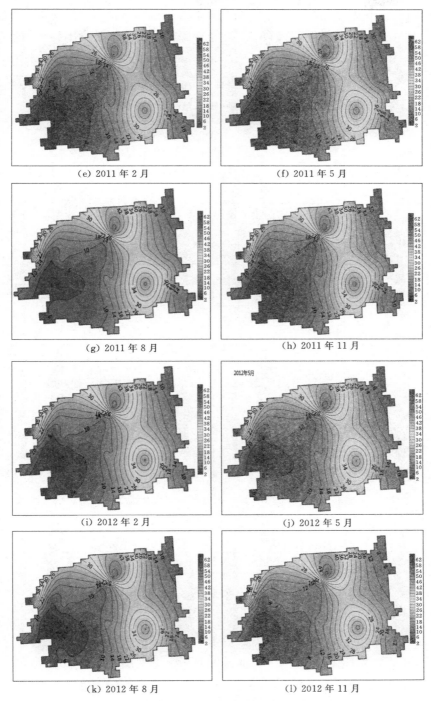

图 5-17（二） 呼和浩特市区地下水埋深时空分布情况

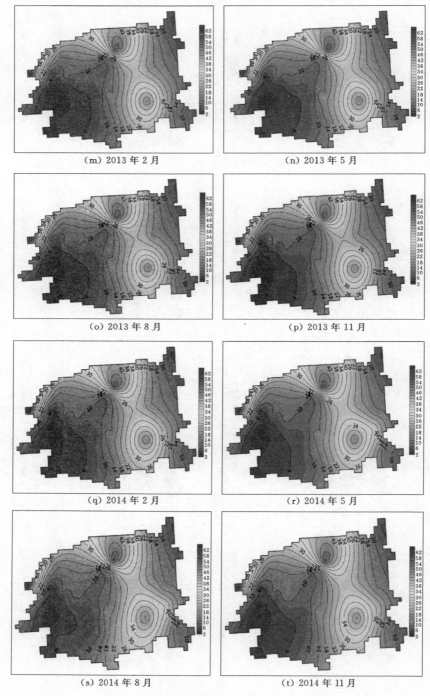

（m）2013 年 2 月　　　　　　　　　　（n）2013 年 5 月

（o）2013 年 8 月　　　　　　　　　　（p）2013 年 11 月

（q）2014 年 2 月　　　　　　　　　　（r）2014 年 5 月

（s）2014 年 8 月　　　　　　　　　　（t）2014 年 11 月

图 5－17（三）　呼和浩特市区地下水埋深时空分布情况

趋势。2013 年相较于 2012 年埋深有所回升，主要是由于 2013 年是丰水年，降水对地下水有一定的补给作用。整体来看 2014 年地下水埋深相比于 2013 年又有所下降，主要是由于 2014 年为枯水年，降水补给量少，此外地下水开采量也相对增加。

5.4.6.2 重点区域地下水超采程度评价

1. 城区 2 月份超采分布

2 月份，呼和浩特市城区部分相较于其他地区超采程度较为严重，多年平均超采面积占比达到 53.7%，其中严重超采面积占比 15.3%，大部分地区都有不同程度的超采现象。除罕赛区、新城区、保和少镇以及黄河少镇的部分区域呈现出非超采现象外，其他地区均呈现出不同程度的超采现象。其中，在金河镇和巧报镇局部出现严重超采现象，见表 5-20。

从年际变化来看（见表 5-21），2010—2014 年间，2012 年地下水超采情况较为严重，超采面积占到主要城区面积的 91.9%，其中严重超采面积占比为 55.2%。2013 年超采程度最低，超采区面积仅占到总面积的 18.5%，严重超采面积也只占到了 0.08%。

呼和浩特市城区在 2010—2014 年年际间地下水超采面积变化较大。2010—2011 年，处于严重超采区的乡镇主要为巧报镇、巴彦镇东南的部分区域；2011—2012 年，处于严重超采区的地区主要集中于主城区的中部地区，包括巴彦镇西北部、西把栅乡、巧报镇、金河镇与黄合少镇西部以及小黑河镇西部的部分地区，但相对于 2010—2011 年严重超采面积有明显的加重现象。2012—2013 年，严重超采现象不明显，仅在呼和浩特市主城区中北部以及东部地区呈现一般超采现象以及金河镇出现小范围严重超采现象，其余地区均为非超采。2013—2014 年超采程度有加重的趋势，但小黑河镇的严重超采区转为一般超采区，巧报镇的部分非超采区转为严重超采区。黄合少镇的一般超采区有向南延伸的趋势。

2. 城区 8 月份超采分布

在 8 月份，呼和浩特市重点城区部分相较于其他地区超采程度较为严重，多年平均超采面积占比达到 64%，其中严重超采面积占比为 23%，大部分地区都有不同程度超采现象。除昭君路办事处、小黑河镇、回民区城区、攸攸板镇、新城区的西部地区、保合少镇、榆林镇以西以及黄合少镇东南部地区的部分区域呈现出非超采现象外，其他地区均呈现出不同程度的超采现象。在金河镇中部和南部地区，黄合少镇城区以及巧报镇城区出现严重超采现象，详见表 5-21。

从年际变化来看，2010—2014 年间，2011 年与 2014 年地下水超采情况较

表 5 - 20　　　　重点城区范围内不同乡镇地下水超采面积评价结果　　　单位：km²

时　　段	乡　镇	非超采	一般超采	严重超采
2010—2011 年 2 月	攸攸板镇	9	22	0
	回民区城区	7	22	0
	金河镇	90	141	0
	赛罕区城区	0	15	6
	巧报镇	0	5	18
	西把栅乡	0	97	0
	巴彦镇	0	102	35
	榆林镇	0	33	2
	黄合少镇	2	130	0
	保合少镇	0	61	0
	新城区城区	28	88	0
	昭君路办事处	79	30	0
	玉泉区城区	15	4	1
	小黑河镇	53	31	0
	合计	283	781	62
2011—2012 年 2 月	攸攸板镇	0	30	1
	回民区城区	0	29	0
	金河镇	0	41	190
	赛罕区城区	0	4	17
	巧报镇	0	0	23
	西把栅乡	0	2	95
	巴彦镇	7	15	115
	榆林镇	5	26	4
	黄合少镇	57	47	28
	保合少镇	19	20	22
	新城区城区	0	82	34
	昭君路办事处	2	61	46
	玉泉区城区	1	11	8
	小黑河镇	0	46	38
	合计	91	414	621

时 段	乡 镇	非超采	一般超采	严重超采
2012—2013 年 2 月	攸攸板镇	31	0	0
	回民区城区	29	0	0
	金河镇	199	31	1
	赛罕区城区	20	1	0
	巧报镇	23	0	0
	西把栅乡	47	50	0
	巴彦镇	117	20	0
	榆林镇	35	0	0
	黄合少镇	122	10	0
	保合少镇	61	0	0
	新城区城区	40	76	0
	昭君路办事处	105	4	0
	玉泉区城区	20	0	0
	小黑河镇	69	15	0
	合计	918	207	1
2013—2014 年 2 月	攸攸板镇	31	0	0
	回民区城区	29	0	0
	金河镇	169	62	0
	赛罕区城区	1	19	1
	巧报镇	0	18	5
	西把栅乡	64	33	0
	巴彦镇	132	5	0
	榆林镇	35	0	0
	黄合少镇	35	97	0
	保合少镇	61	0	0
	新城区城区	110	6	0
	昭君路办事处	50	59	0
	玉泉区城区	10	9	1
	小黑河镇	65	19	0
	合计	792	327	7

时　　段	乡　　镇	非超采	一般超采	严重超采
2010—2014 年 2 月	攸攸板镇	16	15	0
	回民区城区	20	9	0
	金河镇	0	230	1
	赛罕区城区	0	20	1
	巧报镇	0	17	6
	西把栅乡	0	97	0
	巴彦镇	0	137	0
	榆林镇	0	35	0
	黄合少镇	84	48	0
	保合少镇	25	36	0
	新城区城区	26	90	0
	昭君路办事处	29	80	0
	玉泉区城区	11	9	0
	小黑河镇	37	47	0
	合计	248	870	8

为严重，2011 年超采面积占到主要城区面积的 87%，其中严重超采面积占比为 41%，2014 年超采面积占到主要城区面积的 86%，严重超采占比为 41%。2013 年超采程度最低，超采区面积仅占到总面积的 29%，严重超采面积也只占到了 1.7%。

　　呼和浩特市重要城区在 2010—2014 年年际间地下水超采面积变化较大，2010—2011 年，处于严重超采区的乡镇主要为黄合少镇、巴彦镇、巧报镇、新城区主城区以及小黑河镇的部分区域；2011—2012 年处于严重超采区的乡镇主要为巴彦镇西北部、西把栅乡、金河镇与黄合少镇南部以及小黑河镇西部的部分地区，但相对于 2010—2011 年严重超采面积有明显的缩小现象。2012—2013 年，严重超采现象不明显，仅在呼和浩特市主城区中西部地区呈现一般超采现象，其余地区均为非超采区。2013—2014 年除小黑河镇西部、回民区城区、攸攸板镇与新城区的部分区域呈现非超采外其余地区均为超采区，其中严重超采区的范围集中在主城区的东南部地区，主要乡镇为昭君路办事处南部、金河镇南部、黄合少镇以及巴彦镇中南部的部分地区。

表 5 - 21　　　　重点城区范围内不同乡镇地下水超采面积评价结果　　　　单位：km²

时　段	乡　镇	非超采	一般超采	严重超采
2010—2011 年 8 月	攸攸板镇	0	31	0
	回民区城区	5	24	0
	金河镇	3	111	117
	赛罕区城区	0	11	10
	巧报镇	0	0	23
	西把栅乡	0	45	52
	巴彦镇	9	16	112
	榆林镇	9	24	2
	黄合少镇	31	18	83
	保合少镇	0	43	18
	新城区城区	1	96	19
	昭君路办事处	75	28	6
	玉泉区城区	5	10	5
	小黑河镇	10	55	19
	合计	148	512	466
2011—2012 年 8 月	攸攸板镇	2	29	0
	回民区城区	11	18	0
	金河镇	48	121	62
	赛罕区城区	0	21	0
	巧报镇	0	23	0
	西把栅乡	8	80	9
	巴彦镇	103	27	7
	榆林镇	35	0	0
	黄合少镇	92	13	27
	保合少镇	39	22	0
	新城区城区	8	105	3
	昭君路办事处	105	4	0
	玉泉区城区	15	5	0
	小黑河镇	59	17	8
	合计	525	485	116

续表

时　段	乡　镇	非超采	一般超采	严重超采
2012—2013 年 8 月	攸攸板镇	24	7	0
	回民区城区	12	17	0
	金河镇	157	73	1
	赛罕区城区	6	15	0
	巧报镇	0	23	0
	西把栅乡	19	78	0
	巴彦镇	137	0	0
	榆林镇	35	0	0
	黄合少镇	126	6	0
	保合少镇	61	0	0
	新城区城区	101	15	0
	昭君路办事处	75	34	0
	玉泉区城区	8	12	0
	小黑河镇	33	50	1
	合　计	794	330	2
2013—2014 年 8 月	攸攸板镇	30	1	0
	回民区城区	24	5	0
	金河镇	0	49	182
	赛罕区城区	0	17	4
	巧报镇	0	12	11
	西把栅乡	9	82	6
	巴彦镇	5	50	82
	榆林镇	0	35	0
	黄合少镇	0	23	109
	保合少镇	3	58	0
	新城区城区	25	91	0
	昭君路办事处	0	38	71
	玉泉区城区	9	9	2
	小黑河镇	50	34	0
	合　计	155	504	467

续表

时 段	乡 镇	非超采	一般超采	严重超采
2010—2014 年 8 月	攸攸板镇	21	10	0
	回民区城区	21	8	0
	金河镇	0	119	112
	赛罕区城区	0	19	2
	巧报镇	0	17	6
	西把栅乡	0	96	1
	巴彦镇	17	120	0
	榆林镇	25	10	0
	黄合少镇	19	100	13
	保合少镇	25	36	0
	新城区城区	24	92	0
	昭君路办事处	59	50	0
	玉泉区城区	9	10	1
	小黑河镇	51	33	0
	合 计	271	720	135

第6章 基于水循环过程的水资源配置效应评估与预测

6.1 水资源配置方案

大黑河平原区是内蒙古自治区的首府呼和浩特市所在地。从区域视角看，呼和浩特市是内蒙古政治、经济、文化、科教和金融中心，是呼包银榆经济区中的优先发展城市，也是我国一带一路发展战略中向北开放的重点城市，在打造"中蒙俄经济走廊"中发挥重要作用，具有发展成为北方内陆的重要国际性城市的区位条件，未来经济社会发展潜力巨大。根据预测，呼和浩特市人口将由现状（2013 年）的 300 万人，增加到 2020 年的 350 万人，2030 年达到 400 万人；城镇化率由现状的 66.2% 提高到 2020 年的 75.6%，到 2030 年达到 82.1%；经济规模将由现状的 2705 亿元，增加到 2020 年的 4813 亿元，到 2030 年达到 9589 亿元；其中工业增加值由现状的 650 亿元增加到 2020 年的 1345 亿元，到 2030 年达到 2997 亿元，经济社会持续稳定快速发展。

水资源安全保障是经济社会持续发展的基石。按照"有效拦截境内地表水、充分利用黄河水、合理利用地下水、加大利用再生水"的水资源开发利用策略，形成"多源互补、联合调配、丰枯调剂"的供水新格局，未来呼和浩特市水资源开发利用将伴随着水量与供水结构的多重变化。结合区域发展规划与目标，以 2013 年为基准年，2020 年、2030 年为未来规划水平年，并考虑不同供水保证率情景，提出相应的水资源配置方案。下面进行具体介绍。

6.1.1 基准年水资源配置方案

核算基准年研究区内不同水资源分区以及各行政分区水资源供需状况代表基准年的水资源配置方案见表 6-1。从表中可以看出，呼和浩特市总用水量为 114946 万 m^3，总供水量 100634 万 m^3，缺水量为 15689 万 m^3。在供水结构中，当地水供水量 20571 万 m^3，黄河水供水量 19772 万 m^3，地下水供水量 59456 万 m^3，再生水供水量为 835 万 m^3，可见呼和浩特市供水水源主要为地下水。在水资源分区中大黑河的需水量最大为 106948 万 m^3，其次为浑河 5454 万 m^3。在供需平衡中，工业基本满足平衡条件而农业在不同行政分区以及水资源分区内均有不同程度的缺水现象。整个呼和浩特市总缺水量为 15689 万 m^3。

表 6-1　　　　　　　　　基准年呼和浩特市水资源配置方案　　　　　单位：万 m³

行政区	水资源分区		用水量	供水量					缺水量		
				当地水	黄河水	地下水	再生水	合计	农业	工业	合计
水资源分区	黄河	大黑河	106948	17936	19772	54063	835	92606	14928	0	14928
		浑河	5454	2428	0	2886	0	5314	519	0	519
		杨家川	409	207	0	614	0	822	0	0	0
	内陆河	内蒙古高原西部	2135	0	0	1892	0	1892	242	0	242
行政分区	市辖区		35516	2194	5461	24166	835	32656	2860	0	2860
	土默特左旗		36013	6641	6869	17561	0	31071	4942	0	4942
	托克托县		24597	6824	7443	3556	0	17823	6774	0	6774
	和林格尔县		9346	3828	0	4647	0	8475	871	0	871
	清水河县		2906	1068	0	2645	0	3713	0	0	0
	武川县		6569	15	0	6881	0	6896	242	0	242
	呼和浩特市		114946	20571	19772	59456	835	100634	15689	0	15689

6.1.2　2020 年水资源配置方案

表 6-2 为呼和浩特市规划 2020 水平年 50%来水条件下的水资源配置方案。根据方案结果，规划 2020 年 50%呼和浩特市总供水量为 116974 万 m³。从供水水源上分析，规划 2020 水平年 50%呼和浩特市当地地表水供水量为 16560 万 m³，黄河水供水量为 38478 万 m³，地下水供水量为 52344 万 m³，非常规水供水量为 9591 万 m³。与基准年相比，规划 2020 水平年 50%呼和浩特市总供水量增加 16409 万 m³。其中，当地水供水量减少 1857 万 m³，黄河水供水量增加 16552 万 m³，地下水供水量减少 7042 万 m³，非常规水供水量增加 8756 万 m³，详见表 6-2 及图 6-1（a）。

表 6-2　规划 2020 水平年 50%来水条件下呼和浩特市水资源配置方案

单位：万 m³

行政区	水资源分区		供水量					用水量				
			当地水	黄河水	地下水	非常规水	合计	农业	工业	城镇公共	居民生活	生态环境
水资源分区	黄河	大黑河	13589	38478	48179	9560	109806	60348	22637	4449	13314	9058
		浑河	2686	0	2198	31	4916	3468	831	128	410	80
		杨家川	94	0	267	0	361	240	3	5	100	13
	内陆河	内蒙古高原西部	62	0	1827	0	1889	1527	252	11	86	13

行政区	水资源分区	供水量						用水量				
		当地水	黄河水	地下水	非常规水	合计	农业	工业	城镇公共	居民生活	生态环境
行政分区	清水河县	1267	0	1411	49	2727	1144	1125	104	307	46
	托克托县	2358	16435	4186	315	23294	15091	6865	205	712	422
	和林格尔县	3442	370	5350	1298	10460	7035	2255	433	606	131
	土默特左旗	6471	8314	17681	1425	33892	27174	3034	206	1082	2396
	市辖区	2595	13359	17572	6403	39930	10588	8799	3574	10851	6118
	武川县	298	0	6270	100	6668	4550	1645	69	352	53
	合计	16432	38478	52470	9591	116971	65582	23723	4592	13909	9165

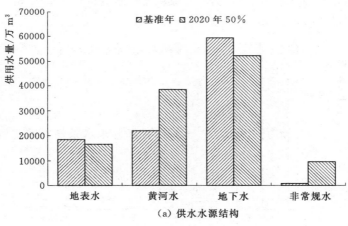

（a）供水水源结构

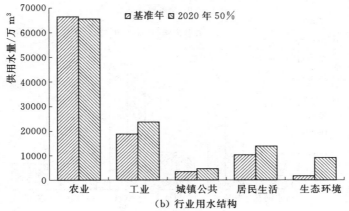

（b）行业用水结构

图 6-1 规划 2020 水平年 50％来水条件下呼和浩特市供用水结构

从行业用水结构上分析，规划 2020 水平年 50％来水条件下呼和浩特市农业总用水量为 65585 万 m³，工业总用水量为 23723 m³，城镇公共总用水量为 4592 万 m³，居民生活总用水量为 13909 万 m³，生态环境总用水量为 9165 万 m³。与基准年相比，规划 2020 水平年 50％来水条件下呼和浩特市农业总用水量减少 809 万 m³，工业总用水量增加 4903 万 m³，城镇公共总用水量增加 1170 万 m³，居民生活总用水量增加 3624 万 m³，生态环境总用水量增加 7521 万 m³，详见表 6-2 及图 6-1（b）。

从流域分区上分析，规划 2020 水平年 50％来水条件下大黑河流域总用水量为 109357 万 m³，浑河流域总用水量为 5135 万 m³，杨家川流域总用水量为 394 万 m³，内陆河流域总用水量为 2087 万 m³。与基准年相比，规划 2020 水平年 50％来水条件下呼和浩特市大黑河流域总用水量增加 17181 万 m³，浑河流域总用水量减少 435 万 m³，杨家川流域总用水量减少 102 万 m³，内陆河流域总用水量减少 236 万 m³，详见表 6-2 及图 6-2（a）。

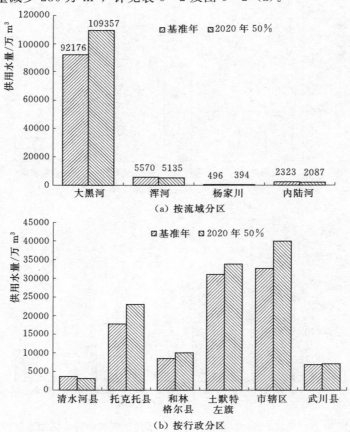

图 6-2　规划 2020 水平年 50％来水条件下呼和浩特市分区用水情况

　　从行政分区上看，规划 2020 水平年 50％来水条件下清水河县总用水量为
3095 万 m³，托克托县总用水量为 23022 万 m³，和林格尔县总用水量为 10028
万 m³，土默特左旗总用水量为 33800 万 m³，市辖区总用水量为 39930 万 m³，
武川县用水量为 7098 万 m³。与基准年相比，清水河县用水量减少 549 万 m³，
托克托县用水量增加 5199 万 m³，和林格尔县用水量增加 1554 万 m³，土默特
左旗用水量增加 2729 万 m³，市辖区用水量增加 7274 万 m³，武川县用水量增
加 202 万 m³，详见表 6-2 及图 6-2（b）。

　　表 6-3 和表 6-4 为规划 2020 水平年 75％和 95％来水条件下呼和浩特
市配置方案。根据方案结果，规划 2020 水平年 50％、75％和 95％来水条件
下呼和浩特市总供水量分别为 116974 万 m³、114291 万 m³ 和 109021 万
m³。供水水源结构上看，规划 2020 水平年 3 种情景下呼和浩特市当地地表
水和黄河水供水量依次减少，为了保证用水，使得地下水供水量依次增加，
而非常规水供水量不变。从行业用水结构上看，规划 2020 水平年 3 种情景
下，为了保证工业供水用水，农业用水量有不同程度的压减。从行政分区
看，规划 2020 水平年 3 种情景下，各分区用水量都依次不同程度的减少。
详见表 6-3、表 6-4 及图 6-3、图 6-4。

表 6-3　规划 2020 水平年 75％来水条件下呼和浩特市水资源配置方案

单位：万 m³

行政区	水资源分区		供水量					用水量					
			当地水	黄河水	地下水	非常规水	合计	农业	工业	城镇公共	居民生活	生态环境	合计
水资源分区	黄河	大黑河	11677	34552	50992	9560	106781	57323	22637	4449	13314	9058	106781
		浑河	2693	0	2315	31	5039	3591	831	128	410	80	5039
		杨家川	94	0	300	0	394	273	3	5	100	13	394
	内陆河	内蒙古高原西部	52	0	2025	0	2077	1715	252	11	86	13	2077
行政分区	清水河县		1396	0	1650	49	3095	1512	1125	104	307	46	3095
	托克托县		2121	14477	5689	315	22602	14399	6865	205	712	422	22602
	和林格尔县		3088	370	5077	1298	9832	6407	2255	433	606	131	9832
	土默特左旗		5339	6865	18943	1425	32573	25855	3034	206	1082	2396	32573
	市辖区		2320	12840	17572	6403	39135	9793	8799	3574	10851	6118	39135
	武川县		253	0	6700	100	7054	4935	1645	69	352	53	7054
	合计		14516	34552	55632	9591	114291	62902	23723	4592	13909	9165	114291

表 6-4　规划 2020 水平年 95％来水条件下呼和浩特市水资源配置方案　单位：万 m³

行政区	水资源分区		供水量					用水量					
			当地水	黄河水	地下水	非常规水	合计	农业	工业	城镇公共	居民生活	生态环境	合计
水资源分区	黄河	大黑河	8654	31188	52142	9560	101543	52086	22637	4449	13314	9058	101543
		浑河	2620	0	2365	31	5016	3568	831	128	410	80	5016
		杨家川	94	0	300	0	394	273	3	5	100	13	394
	内陆河	内蒙古高原西部	43	0	2025	0	2068	1706	252	11	86	13	2068
行政分区	清水河县		1396	0	1650	49	3095	1512	1125	104	307	46	3095
	托克托县		1206	12799	5989	315	20309	12106	6865	205	712	422	20309
	和林格尔县		2477	370	5177	1298	9322	5897	2255	433	606	131	9322
	土默特左旗		4131	5623	19743	1425	30923	24205	3034	206	1082	2396	30923
	市辖区		1992	12395	17572	6403	38363	9020	8799	3574	10851	6118	38363
	武川县		210	0	6700	100	7010	4891	1645	69	352	53	7010
	合计		11411	31188	56832	9591	109021	57632	23723	4592	13909	9165	109021

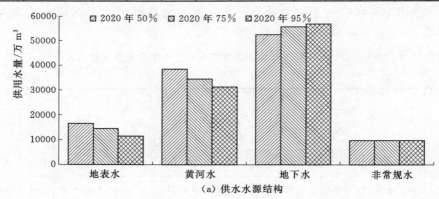

（a）供水水源结构

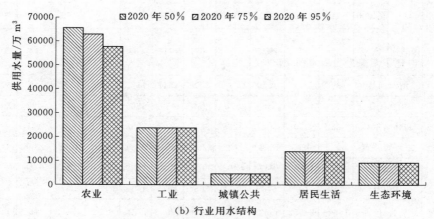

（b）行业用水结构

图 6-3　规划 2020 水平年不同来水条件下呼和浩特市供用水结构

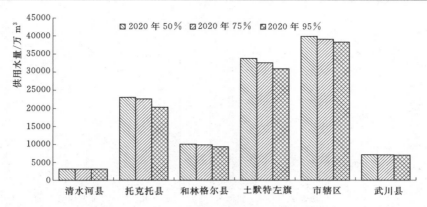

图 6-4 规划 2020 水平年不同来水条件下呼和浩特市各行政分区用水情况

6.1.3 2030 年水资源配置方案

表 6-5 为规划 2030 水平年 50%来水条件下呼和浩特市配置方案。根据方案结果,规划 2030 水平年 50%来水条件下呼和浩特市总供水量为 142385 万 m³。从供水水源结构看,规划 2030 水平年 50%呼和浩特市当地地表水总供水量为 17296 万 m³,黄河水总供水量为 53896 万 m³,地下水总供水量为 54896 万 m³,非常规水总供水量为 16377 万 m³。与基准年相比,规划 2030 水平年 50%来水条件下呼和浩特市总供水量增加 41820 万 m³。其中,当地水供水量减少 1121 万 m³,黄河水供水量增加 31970 万 m³,地下水供水量减少 4571 万 m³,非常规水供水量增加 15542 万 m³,详见表 6-5 及图 6-5 (a)。

表 6-5 规划 2030 水平年 50%来水条件下呼和浩特市水资源配置方案

单位:万 m³

行政区	水资源分区		供水量					用水量				
			当地水	黄河水	地下水	非常规水	合计	农业	工业	城镇公共	居民生活	生态环境	合计
水资源分区	黄河	大黑河	14050	53896	49207	16327	133481	66598	32137	7590	16902	10254	133481
		浑河	3090	0	3107	49	6247	4235	1179	246	480	106	6247
		杨家川	94	0	401	0	495	346	5	7	116	20	495
	内陆河	内蒙古高原西部	62	0	2100	0	2162	1701	321	15	102	24	2162
行政分区	清水河县		1440	0	1864	1095	4399	1903	1904	161	358	71	4399
	托克托县		2577	19502	4315	4481	30874	17613	11632	335	831	464	30874
	和林格尔县		3612	1700	5612	1601	12525	7458	3109	1077	715	167	12525
	土默特左旗		6544	11438	17752	2155	37889	29948	3847	400	1248	2445	37889
	市辖区		2825	21256	17572	6900	48554	10800	10787	5782	14032	7154	48554
	武川县		298	0	7700	146	8144	5159	2362	104	417	103	8144
	合计		17296	53896	54815	16377	142385	72880	33642	7858	17601	10403	142385

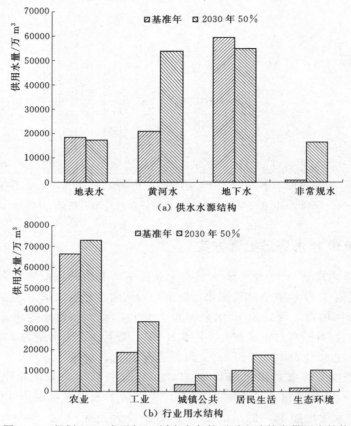

图 6-5　规划 2030 水平年 50％来水条件下呼和浩特市供用水结构

从行业用水结构看，规划 2030 水平年 50％来水条件下呼和浩特市农业总用水量为 72880 万 m³，工业总用水量为 33642 万 m³，城镇公共总用水量为 7858 万 m³，居民生活总用水量为 17601 万 m³，生态环境总用水量为 10403 万 m³。相比基准年，规划 2030 水平年 50％来水条件下呼和浩特市农业总用水量增加 6486 万 m³，工业总用水量增加 14822 万 m³，城镇公共总用水量增加 4436 万 m³，居民生活总用水量增加 7316 万 m³，生态环境总用水量增加 8759 万 m³，详见表 6-5 及图 6-5（b）。

从流域分区上分析，规划 2030 水平年 50％来水条件下大黑河流域总用水量为 133481 万 m³，浑河流域总用水量为 6247 万 m³，杨家川流域总用水量为 495 万 m³，内陆河流域总用水量为 2162 万 m³。相比基准年，规划 2030 水平年 50％来水条件下呼和浩特市大黑河流域总用水量增加 41305 万 m³，浑河流域总用水量增加 677 万 m³，杨家川流域总用水量基本不变，内陆河流域总用水量减少 161 万 m³，详见表 6-5 及图 6-6（a）。

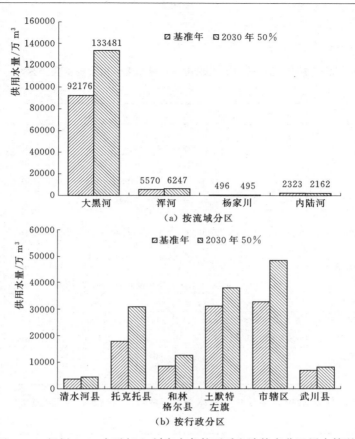

图 6-6 规划 2030 水平年 50％来水条件下呼和浩特市分区用水情况

从行政分区上分析，规划 2030 水平年 50％来水条件下清水河县总用水量为 4399 万 m³，托克托县总用水量为 30874 万 m³，和林格尔县总用水量为 12525 万 m³，土默特左旗总用水量为 37889 万 m³，市辖区总用水量为 48554 万 m³，武川县用水量为 8144 万 m³。与基准年相比，清水河县用水量增加 754 万 m³，托克托县用水量增加 13051 万 m³，和林格尔县用水量增加 4051 万 m³，土默特左旗用水量增加 6818 万 m³，市辖区用水量增加 15898 万 m³，武川县用水量增加 1248 万 m³。详见表 6-5 及图 6-6（b）。

表 6-6 和表 6-7 为规划 2030 水平年 75％和 95％来水条件下呼和浩特市配置方案结果。根据配置结果，规划 2030 水平年 50％、75％和 95％来水条件下呼和浩特市总供水量分别为 142385 万 m³、140061 万 m³ 和 132956 万 m³。规划 2030 水平年 50％、75％和 95％三种来水情景下，从供水水源结构上看，呼和浩特市当地水和黄河水供水量依次减少，为保障用水，地下水总供水量依次增大，而非常规水供水量基本不变。从行业用水结构上看，为保障工业和生活用水不变，农业用水量有

不同程度的压减。从行政分区上看，各区用水量依次减少，详见表 6-6、表 6-7、图 6-7 及图 6-8。

表 6-6　规划 2030 水平年 75%来水条件下呼和浩特市水资源配置方案

单位：万 m³

行政区	水资源分区		供水量					用水量					
			当地水	黄河水	地下水	非常规水	合计	农业	工业	城镇公共	居民生活	生态环境	合计
水资源分区	黄河	大黑河	12424	49335	53163	16327	131249	64366	32137	7590	16902	10254	131249
		浑河	2903	0	3212	49	6165	4153	1179	246	480	106	6165
		杨家川	94	0	401	0	495	346	5	7	116	20	495
	内陆河	内蒙古高原西部	52	0	2100	0	2152	1692	321	15	102	24	2152
行政分区	清水河县		1440	0	1864	1095	4399	1903	1904	161	358	71	4399
	托克托县		2324	17043	5989	4481	29836	16575	11632	335	831	464	29836
	和林格尔县		3130	1700	6007	1601	12439	7372	3109	1077	715	167	12439
	土默特左旗		5782	9494	19743	2155	37175	29234	3847	400	1248	2445	37175
	市辖区		2544	21097	17572	6900	48114	10360	10787	5782	14032	7154	48114
	武川县		253	0	7700	146	8099	5114	2362	104	417	103	8099
	合计		15474	49335	58875	16377	140061	70557	33642	7858	17601	10403	140061

表 6-7　规划 2030 水平年 95%来水条件下呼和浩特市水资源配置方案

单位：万 m³

行政区	水资源分区		供水量					用水量					
			当地水	黄河水	地下水	非常规水	合计	农业	工业	城镇公共	居民生活	生态环境	合计
水资源分区	黄河	大黑河	9632	44541	53163	16827	124163	57280	32137	7590	16902	10254	124163
		浑河	2893	0	3212	49	6155	4143	1179	246	480	106	6155
		杨家川	94	0	401	0	495	346	5	7	116	20	495
	内陆河	内蒙古高原西部	43	0	2100	0	2143	1682	321	15	102	24	2143
行政分区	清水河县		1440	0	1864	1095	4399	1903	1904	161	358	71	4399
	托克托县		1541	14436	5989	4981	26946	13684	11632	335	831	464	26946
	和林格尔县		2703	1700	6007	1601	12012	6945	3109	1077	715	167	12012
	土默特左旗		4388	7829	19743	2155	34115	26175	3847	400	1248	2445	34115
	市辖区		2381	20576	17572	6900	47430	9675	10787	5782	14032	7154	47430
	武川县		210	0	7700	146	8055	5070	2362	104	417	103	8055
	合计		12663	44541	58875	16877	132956	63452	33642	7858	17601	10403	132956

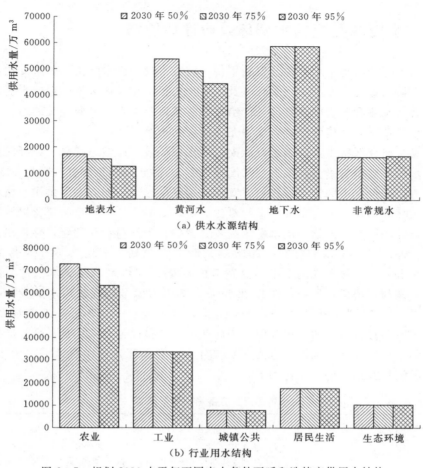

（a）供水水源结构

（b）行业用水结构

图 6-7　规划 2030 水平年不同来水条件下呼和浩特市供用水结构

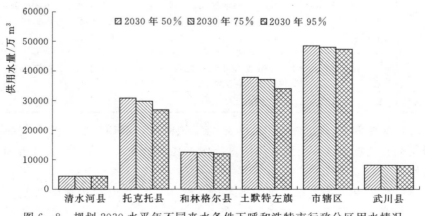

图 6-8　规划 2030 水平年不同来水条件下呼和浩特市行政分区用水情况

6.2　水资源配置的水循环效应评估思路

　　未来呼和浩特市水资源开发利用将伴随着水量与供水结构的多重变化，这将给区域水资源高效利用、水环境及生态系统保护带来诸多不确定性影响。因此，合理预测和分析变化环境条件给呼和浩特市及大黑河平原地区的地表、地下水系统及生态环境的影响就变得尤为迫切和重要。

　　结合研究区特点，确定水资源配置的水循环效应评估思路是：以开发的分布式水循环模型为平台，根据现状配置方案、规划 2020 年配置方案与 2030 年配置方案来设定不同情景的模拟方案，采用模型模拟不同方案下供用水格局变化的水循环过程，并与基准年进行对比分析，研究其地下水系统变化以及对区域水循环的影响，评估不同水平年配置方案的合理性与存在问题，并提出调整建议。即设置 1 个基准方案（2013 年）和 2 个规划水平年（2020 年与 2030年）综合方案，每个规划水平年分别考虑 50％、75％和 95％来水条件下的水资源开发利用情景；另外，在 2020 情景方案中考虑维持现状用水量及分布格局情景，用于对比分析配置方案的合理性，详见表 6-8。不同于地表水系统，地下水问题具有显著的累积效应，因此在考虑情景模拟时采用延长现状年序列到规划水平年进行连续模拟方式，系统分析水资源开发利用对地下水的影响。水资源配置方案及情景设置如下：

表 6-8　　　　　　　　　　　水资源配置方案影响情景设置

方案要素	基准方案	2020 年方案	2030 年方案
水资源开发利用	A0：基准年用水方案，采用现状供用水分布信息；	A1：平水年方案，采用规划 2020 年 50％来水条件下水资源配置结果； A2：75％水平年方案，采用来水 75％水平年水资源配置结果，其他同平水年方案； A3：95％水平年方案，采用来水 95％水平年水资源配置结果，其他同平水年方案；	B1：平水年方案：采用规划 2030 年 50％来水条件下水资源配置结果； B2：75％水平年方案：采用来水 75％水平年水资源配置结果，其他同平水年方案； B3：95％水平年方案：采用来水 95％水平年水资源配置结果，其他同平水年方案；
气象信息	2010—2014 年	2010—2014 年系列平均	2010—2014 年系列平均

　　（1）基准方案。以 2010—2014 年为模拟时段，利用该时段的水资源开发利用规模、气象信息、土地利用信息等作为基本输入，模拟呼和浩特市的水循环过程。

　　（2）2020 年方案。在基准方案基础上，水资源开发利用规模及分布采用 2020 配置方案信息，其他参数不变。为了研究不同来水水平年条件下水资源开发利用的影响，模拟研究基准年用水情景、50％来水情景方案、75％来水情景方案和 95％来水情景方案。

（3）2030 年方案。在基准方案和 2020 方案基础上，以 2020 年方案的系列时段末的结果作为 2030 年方案的初始条件，水资源开发利用规模及分布采用规划 2030 年配置方案信息，其他参数不变。2030 水平年还将考虑 75％来水和 95％来水情景，用以对比分析不同开发利用程度的影响。

6.3 水资源配置 2020 年情景下的区域水循环响应

6.3.1 对区域地表供水系统的影响

考虑 50％、75％、95％来水条件下三种水资源配置 2020 年情景方案下，水资源开发利用对地表供水系统的影响，结果见图 6-9。从地表水供水量来看，基准情景下（A0）地表水总供水量 18418 万 m³，50％来水条件下（A1）地表供水量 16432 万 m³，75％来水条件下（A2）地表供水量 14516 万 m³，95％来水条件下（A3）地表供水量 11411 万 m³。50％、75％、95％来水条件下相对于基准情景下的地表水供水量分别减少了 1986 万 m³、3902 万 m³ 和 7007 万 m³。地表供水量的减少有助于呼和浩特市地表水源的涵养，一定程度上为区域水资源保护以及社会经济的协调发展奠定了契机。

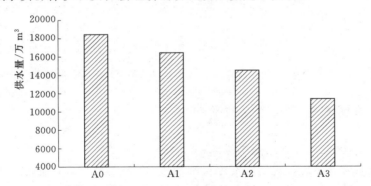

图 6-9 水资源配置 2020 水平年不同情景方案对地表水系统的影响

从各流域片区来看（见图 6-10），大黑河流域的地表水供水量相对最大且不同来水条件下的供水差异最大，A1～A3 情景下分别为 13589 万 m³、11677 万 m³、8654 万 m³。可见不同的水资源配置方案对大黑河流域的地表水系统影响最大，对杨家川流域以及内蒙古高原西部流域的地表水系统影响最小。

从各区县来看（见图 6-11），不同的水资源配置方案对土默特左旗的地表水系统影响最大，A1～A3 情景下地表水供水量分别为 6471 万 m³、5339 万

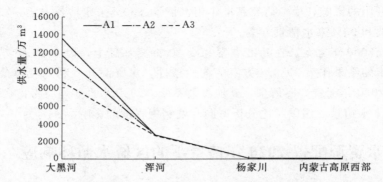

图 6 - 10 　水资源配置 2020 水平年不同情景方案对不同流域地表供水系统的影响

m^3、4131 万 m^3，其次为托克托县、和林格尔县，对市辖区、武川县以及清水河县的地表水系统影响相对较小。

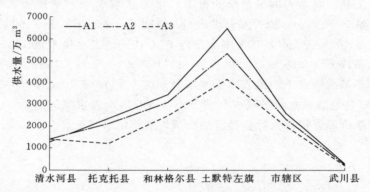

图 6 - 11 　水资源配置 2020 水平年不同情景方案对各区县地表供水系统的影响

6. 3. 2 　对区域地下水系统的影响

6. 3. 2. 1 　对区域入渗补给量的影响

　　与基准情景相比，规划水资源合理配置 2020 水平年情景各方案的显著变化是引黄水量和非常规水资源明显增加，当地地表及地下水略有减少，农业用水减少，工业、生活及生态用水仍然增加，大黑河平原区四区县（市辖区、托克托县、土默特左旗与和林格尔县）用水量均增加。随着引黄水量的显著增加替代一部分地下水，将在一定程度上增加灌溉回补河渠排水补给量，与此同时地下水开采量也有适度的降低，浅层地下水位下降趋势将有所缓解，局部地区还可能有显著回升，直接影响或改变了区域地下水系统原有的补给条件，形成地下水的新的入渗补给平衡。

　　表 6 - 9 为水资源配置 2020 水平年不同情景下区域地下水入渗补给量模拟结果。可以看出，与基准方案相比，地下水入渗补给量增加 0.91 亿～1.12 亿 m^3，其中 50％来水配置情景方案（A1）对应入渗补给量最大。与配置格局分布相对应，地表入渗补给量变化主要集中在大黑河平原地区，增加了 0.6 亿～0.79 亿 m^3；从行政分区来看，增加量主要集中在和林、托克托县和土默特左旗，主要受引黄水量增加导致。75％来水配置情景方案（A2）和 95％来水配置情景方案（A3），引黄水量减少、地下水开采量回增，用水总体规模有所降低，地表入渗补给量均有不同程度的减小，但总体幅度不大，影响有限。

表 6 - 9　　　　水资源配置 2020 水平年不同情景下区域入渗量变化　　　　单位：亿 m^3

分　区		基准方案	2020 水平年		
			A1（$P=50\%$）	A2（$P=75\%$）	A3（$P=95\%$）
流域分区	内陆河流域	0.62	0.96	0.96	0.95
	大黑河流域	7.96	8.36	8.33	8.16
	浑河流域	1.36	1.51	1.51	1.50
	杨家川流域	1.01	1.24	1.24	1.24
	合计	10.94	12.06	12.03	11.85
行政区（大黑河平原区）	托克托县	0.88	1.15	1.19	1.14
	和林格尔县	0.52	0.80	0.79	0.78
	土默特左旗	1.78	2.01	1.99	1.92
	市辖区	0.86	0.87	0.82	0.79
	合计	4.04	4.83	4.80	4.64
行政分区（山区）	清水河县	2.01	2.44	2.44	2.44
	托克托县	0.05	0.04	0.04	0.04
	和林格尔县	0.63	0.52	0.51	0.51
	土默特左旗	0.51	0.32	0.32	0.31
	市辖区	1.02	1.06	1.06	1.06
	武川县	2.68	2.86	2.85	2.85
	合计	6.90	7.24	7.23	7.22
行政区合计		10.94	12.06	12.03	11.85

6.3.2.2　对区域潜水蒸发量的影响

　　在浅层地下水埋深较浅的区域（如埋深小于 3m），潜水蒸发是地下水系统的重要排泄项之一，且普遍对地下水埋深变化较为敏感，一般当埋深值低于潜水蒸发极限埋深（通常在 3m 左右）时，潜水蒸发量快速增加；相反，当埋深值超过潜水蒸发极限埋深时，潜水蒸发量则会迅速锐减。因此，不同水资源开发利用格局下，地下水补给条件的变化所带来的地下水位的波动，将直接反应在潜水蒸发量的变化上。可以说，潜水蒸发在一定范围内也是区域地下水位条件变化的指示剂。

表 6-10 为水资源配置 2020 水平年不同情景下区域潜水蒸发量结果。可以看出，与基准方案相比，区域潜水蒸发量变化更为显著，且增幅明显，说明通过水资源优化配置，增加外来水量，降低地下水开采量后，区域整体地下水位显著上升，地下水超采将有明显改善。具体来看，全市潜水蒸发量增加 1.91亿～2.24 亿 m³，其中 50％来水配置情景方案（A1）对应潜水蒸发量增幅最大。与配置格局分布相对应，潜水蒸发量变化主要集中在大黑河平原地区，增加了1.03 亿～1.36 亿 m³；从行政分区来看，增加量主要集中在托克托县、和林格尔县和土默特左旗。75％来水配置情景方案（A2）和 95％来水配置情景方案（A3），引黄水量减少、地下水开采量回增，用水总体规模有所降低，潜水蒸发量均有不同程度的减小。

表 6-10　　　　水资源配置 2020 水平年不同情景下潜水蒸发变化　　　　单位：亿 m³

分　区		基准方案	2020 水平年		
			A1（$P=50\%$）	A2（$P=75\%$）	A3（$P=95\%$）
流域分区	内陆河流域	0.62	0.96	0.96	0.95
	大黑河流域	7.96	8.36	8.33	8.16
	浑河流域	1.36	1.51	1.51	1.50
	杨家川流域	1.01	1.24	1.24	1.24
	合计	10.94	12.06	12.03	11.85
行政区（大黑河平原区）	托克托县	0.88	1.15	1.19	1.14
	和林格尔县	0.52	0.80	0.79	0.78
	土默特左旗	1.78	2.01	1.99	1.92
	市辖区	0.86	0.87	0.82	0.79
	合计	4.04	4.83	4.80	4.64
行政分区（山区）	清水河县	2.01	2.44	2.44	2.44
	托克托县	0.05	0.04	0.04	0.04
	和林格尔县	0.63	0.52	0.51	0.51
	土默特左旗	0.51	0.32	0.32	0.31
	市辖区	1.02	1.06	1.06	1.06
	武川县	2.68	2.86	2.85	2.85
	合计	6.90	7.24	7.23	7.22
行政区合计		10.94	12.06	12.03	11.85

6.3.2.3 对浅层地下水补排平衡的影响

入渗补给及潜水蒸发的变化，直接影响地下水系统补排平衡。表 6-11 为水资源配置 2020 水平年不同情景下大黑河平原区地下水系统补给-排泄-蓄变的结果。可以看出，与基准方案相比，总补给量增加 1.03 亿~1.36 亿 m³，其中主要是地表入渗量增加；总排泄量增加 1.11 亿~1.23 亿 m³，其中增量贡献主要来自潜水蒸发和农业地下水开采，工业生活地下水开采量减少；蓄变量变化-0.14~-0.49 m³，其中 50%来水配置情景方案（A1）地下水负均衡值最小，其次为 75%来水配置情景方案（A2）和 95%来水配置情景方案（A3）。

表 6-11　　水资源配置 2020 水平年不同情景下浅层地下水
补给-排泄-蓄变关系变化　　　　　　单位：亿 m³

方案	平原区	河渠入渗	地表入渗	山前侧渗	总补给量	潜水蒸发	农业灌溉开采	工业生活开采	补给河湖	侧向排泄	总排泄量	蓄变量
基准方案	托克托县	0.048	0.877	0.146	1.072	0.580	0.209	0.169	0.013	0.180	1.151	-0.079
	和林格尔县	0.009	0.521	0.137	0.667	0.238	0.245	0.126	0.006	0.000	0.616	0.052
	土默特左旗	0.083	1.777	1.749	3.608	1.553	1.322	0.291	0.042	0.000	3.208	0.401
	市辖区	0.049	0.860	1.021	1.930	0.296	0.946	0.896	0.063	0.000	2.201	-0.271
	合计	0.189	4.035	3.054	7.278	2.667	2.722	1.482	0.124	0.180	7.175	0.103
A1	托克托县	0.111	1.150	0.144	1.405	1.024	0.274	0.085	0.016	0.192	1.590	-0.185
	和林格尔县	0.013	0.800	0.125	0.938	0.667	0.210	0.106	0.009	0.000	0.992	-0.054
	土默特左旗	0.052	2.009	1.787	3.847	1.900	1.521	0.120	0.060	0.000	3.601	0.246
	市辖区	0.048	0.870	1.033	1.950	0.433	0.836	0.758	0.071	0.000	2.099	-0.149
	合计	0.224	4.828	3.089	8.141	4.024	2.841	1.070	0.156	0.192	8.282	-0.142
A2	托克托县	0.069	1.194	0.145	1.409	0.962	0.445	0.085	0.016	0.166	1.673	-0.264
	和林格尔县	0.013	0.795	0.125	0.933	0.664	0.216	0.106	0.009	0.000	0.996	-0.063
	土默特左旗	0.031	1.990	1.786	3.807	1.824	1.611	0.158	0.059	0.000	3.652	0.154
	市辖区	0.048	0.820	1.032	1.900	0.423	0.799	0.791	0.070	0.000	2.083	-0.183
	合计	0.162	4.799	3.088	8.048	3.872	3.071	1.140	0.154	0.166	8.404	-0.356
A3	托克托县	0.038	1.144	0.145	1.327	0.898	0.476	0.085	0.016	0.158	1.632	-0.305
	和林格尔县	0.013	0.782	0.125	0.920	0.658	0.221	0.106	0.009	0.000	0.994	-0.074
	土默特左旗	0.017	1.916	1.785	3.719	1.730	1.653	0.192	0.058	0.000	3.633	0.086
	市辖区	0.048	0.793	1.032	1.873	0.415	0.754	0.832	0.070	0.000	2.070	-0.197
	合计	0.117	4.635	3.087	7.839	3.701	3.103	1.214	0.153	0.158	8.329	-0.491

6.3.2.4　对区域浅层地下水超采分布的影响分析

1. 情景 A1：50％来水配置情景方案

（1）按不同流域进行超采评价。在 50％来水配置情景方案（A1）下不同流域片区地下水开采情况及超采评价结果如表 6-12 所示。大黑河流域平原区可开采量为 56995 万 m³，实际开采量 39381 万 m³，山丘区可开采量为 11112m³，实际开采量为 6832m³，可开采量均高于实际开采量，依据地下水超采判定标准，属于非超采区。内陆河流域可开采量为 2848 万 m³，实际开采量为 3451 万 m³，超采系数为 0.21，依据地下水超采判定标准，判定为一般超采区。浑河流域与杨家川流域的地下水可开采量同样大于实际开采量，评价为非超采区。内陆河流域存在一般超采情况，但相对于基准年的严重超采情况，超采程度有所缓解。

表 6-12　　　　　　　　　地下水不同流域超采分区评价　　　　　　　　单位：万 m³

流域分区	平原区可开采量	平原实际开采量	山丘区可开采量	山丘区实际开采量	平原超采系数	山丘区超采系数	平原超采程度	山丘区超采程度
内陆河流域			2848	3451		0.21		一般超采
大黑河流域	56995	39381	11112	6832	−0.31	−0.39	非超采	非超采
浑河流域			3901	2116		−0.46		非超采
杨家川流域			1608	564		−0.65		非超采

（2）按不同区县进行超采评价。在 50％来水配置情景方案（A1）下各区县地下水开采情况及超采评价结果如表 6-13 所示。其中，托克托县的山丘区以及市区的平原区部分存在一般超采现象，超采系数分别为 0.121 和 0.035。相比于基准年，托克托县的山丘区部分由非超采转为一般超采，其他区域均为非超采。

表 6-13　　　　　　　　　分区县地下水超采评价结果　　　　　　　　单位：万 m³

区县	平原可开采量	平原实际开采量	山丘区可开采量	山丘区实际开采量	平原超采系数	山丘区超采系数	平原超采程度	山丘区超采程度
清水河县			3837	1650		−0.570		非超采
托克托县	7281	3587	292	327	−0.507	0.121	非超采	一般超采
和林格尔县	7530	3159	2905	1760	−0.580	−0.394	非超采	非超采
土默特左旗	26543	16413	1856	1176	−0.382	−0.366	非超采	非超采
市辖区	15402	15944	3976	1629	0.035	−0.590	一般超采	非超采
武川县			6842	6700		−0.021		非超采

2. 情景 A2：75％来水配置情景方案

（1）按不同流域进行超采评价。在 75％来水配置情景方案（A2）下不同流域片区地下水开采情况及超采评价结果如表 6-14 所示。在 A2 情景下，大黑河流域平原区为非超采区，可开采量为 56341 万 m^3，实际开采量为 42449 万 m^3；内陆河流域范围内超采程度为一般超采，山丘区可开采量为 2843 万 m^3，实际开采量为 3456 万 m^3，超采系数为 0.22，略大于 50% 来水配置情景方案（A1）下的超采系数。浑河流域与杨家川流域整体处于未超采状态。

表 6-14　　　　　　　　地下水不同流域超采分区评价　　　　　　　　单位：万 m^3

流域分区	平原可开采量	平原实际开采量	山丘区可开采量	山丘区实际开采量	平原超采系数	山丘区超采系数	平原超采程度	山丘区超采程度
内陆河流域			2843	3456		0.22		一般超采
大黑河流域	56341	42449	11077	7007	−0.25	−0.37	非超采	非超采
浑河流域			3900	2156		−0.45		非超采
杨家川流域			1608	564		−0.65		非超采

（2）按不同区县进行超采评价。在 75% 来水配置情景方案（A2）下分区县地下水开采情况及超采评价结果如表 6-15 所示。与基准年相比，托克托县山丘区由非超采转为严重超采，超采量为 101 万 m^3；土默特左旗平原区的开采量最大为 17692 万 m^3，和林格尔县的开采量最小为 3229 万 m^3。武川县山丘区的开采量最大为 6700 万 m^3，托克托县山丘区开采量最小为 393 万 m^3。

表 6-15　　　　　　　　分区县地下水超采评价结果　　　　　　　　单位：万 m^3

区县	平原可开采量	平原实际开采量	山丘区可开采量	山丘区实际开采量	平原超采系数	山丘区超采系数	平原超采程度	山丘区超采程度
清水河县			3839	1650		−0.570		非超采
托克托县	7329	5295	292	393	−0.277	0.347	非超采	严重超采
和林格尔县	7492	3229	2893	1849	−0.569	−0.361	非超采	非超采
土默特左旗	26280	17692	1835	1252	−0.327	−0.318	非超采	非超采
市辖区	15002	15901	3973	1671	0.060	−0.579	一般超采	非超采
武川县			6837	6700		−0.020		非超采

3. 情景 A3：95% 来水配置情景方案

（1）按不同流域进行超采评价。在 95% 来水配置情景方案（A3）下不同流域片区地下水开采情况及超采评价结果如表 6-16 所示。在 A3 情景下，大黑河流域平原区地下水可开采量为 54999 万 m^3，相较于 A2 情景有所下降，实际开采量为 43492 万 m^3，超采系数为 −0.35，超采程度有所增加。内陆河流域超采程度仍为一般超采，可开采量为 2842 万 m^3，实际开采量为 3452 m^3，超采系数为 0.21，与 A1 情景、A2 情景相比，地下水开采与超采情况差别不大。浑河流域与杨家川流域整体均为未超采。

表 6-16　　　　　　　　　　　地下水不同流域超采分区评价　　　　　　单位：万 m³

流域分区	平原可开采量	平原实际开采量	山丘区可开采量	山丘区实际开采量	平原超采系数	山丘区超采系数	平原超采程度	山丘区超采程度
内陆河流域			2842	3452		0.21		一般超采
大黑河流域	54999	43492	11021	7118	−0.21	−0.35	非超采	非超采
浑河流域			3885	2206		−0.43		非超采
杨家川流域			1608	564		−0.65		非超采

（2）按不同区县进行超采评价。在 95% 来水配置情景方案（A3）下分区县地下水开采情况及超采评价结果如表 6-17 所示。与基准年相比，A3 情景下托克托县由超采程度转为严重超采外其余各区县的超采评价结果与 A2 情景的评价结果大致相同；土默特左旗平原区实际开采量最大为 18445 万 m³，和林格尔县平原区部分的实际开采量最小为 3273 万 m³；武川县的实际开采量最大为 6700 万 m³，托克托县山丘区部分的实际开采量最小为 385 万 m³。

表 6-17　　　　　　　　　　　不同区县地下水超采分区评价　　　　　　单位：万 m³

区县	平原可开采量	平原实际开采量	山丘区可开采量	山丘区实际开采量	平原超采系数	山丘区超采系数	平原超采程度	山丘区超采程度
清水河县			3839	1650		−0.570		非超采
托克托县	6904	5603	288	385	−0.188	0.337	非超采	严重超采
和林格尔县	7388	3273	2869	1904	−0.557	−0.336	非超采	非超采
土默特左旗	25683	18445	1801	1298	−0.282	−0.279	非超采	非超采
市辖区	14785	15852	3970	1721	0.072	−0.567	一般超采	非超采
武川县			6827	6700		−0.019		非超采

6.3.2.5　对重点区域浅层地下水的影响

选取每年 2 月份作为地下水超采评价时段，对呼和浩特市重点城区的地下水超采情况进行评价。重点城区地下水超采面积变化如表 6-18 所示。相对于基准用水情景（A0），呼和浩特市主城区的地下水超采程度明显减轻，主城区严重超采区基本上都转为一般超采区或非超采区，如严重超采最为集中的西把栅乡除个别点外全部转为一般超采区或非超采区；巧报镇中部地区以及金河镇的小范围的严重超采区也转为非超采区；另外，在昭君路办事处、金河镇、小黑河镇部分一般超采区进一步转好，变为非超采区。从面积上看，整个市区平原区部分的非超采区、一般超采区、严重超采区面积分别为 620km^2、455km^2、51km^2，面积占比分别为 55.1%、40.4%、4.5%，与 A0 情景相比，非超采区面积占比增加了 16.8%，一般超采区和严重超采区则分别下降了3.0%、59.5%。

从各乡镇超采情况分布看，A1 情景下，严重超采区减小面积最大的分别是西把栅乡、金河镇、赛罕区城区，分别减少了 48km^2、12km^2、10km^2。一般超采区面积减小最为显著的是昭君路办事处、金河镇和巧报镇，分别减少了19km^2、18km^2、10km^2。非超采区面积增加最多的分别是金河镇、昭君路办事处、西把栅乡和巧报镇，分别增加了 30km^2、19km^2、17km^2、12km^2。

表 6-18　　　　　　　　重点城区地下水超采面积变化　　　　　　　单位：km^2

序号	乡镇名称	A1			A0			变化		
		非超采	一般超采	严重超采	非超采	一般超采	严重超采	非超采	一般超采	严重超采
1	攸攸板镇	17	9	5	17	9	5	0	0	0
2	回民区城区	24	4	1	24	4	1	0	0	0
3	金河镇	81	145	5	51	163	17	30	−18	−12
4	赛罕区城区	2	18	1	0	10	11	2	8	−10
5	巧报镇	13	10	1	1	20	2	12	−10	−2
6	西把栅乡	45	51	1	28	20	49	17	31	−48
7	巴彦镇	105	25	7	103	27	7	2	−2	0
8	榆林镇	4	26	5	4	26	5	0	0	0
9	黄合少镇	79	42	11	79	42	11	0	0	0
10	保合少镇	17	36	8	17	33	11	0	3	−3
11	新城区城区	90	21	1	89	22	5	1	−1	0
12	昭君路办事处	64	45	0	45	64	0	19	−19	0
13	玉泉区城区	3	15	2	1	17	2	2	−2	0
14	小黑河镇	76	8	0	72	12	0	4	−4	0
	合计	620	455	51	531	469	126	89	−14	−75

图 6-12 为市辖区典型观测井埋深在不同情景下的变化情况，可以看出，采用优化配置方案后，地下水水位下降趋势得到明显改善，如西把栅乡的观测井（Q11）；或水位由下降转为平稳，如昭君路办事处观测井（Q70）和金河镇观测井（Q15）；或地下水水位回升幅度加大，如台阁牧镇观测井（Q68）。

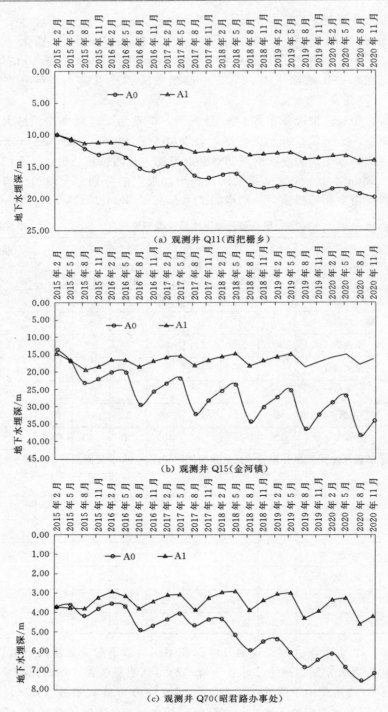

图 6 - 12（一）　A1 与 A0 情景下城区典型观测井埋深变化

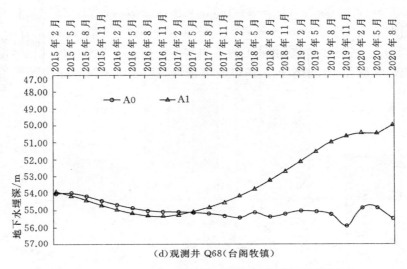

(d)观测井 Q68(台阁牧镇)

图 6-12（二） A1 与 A0 情景下城区典型观测井埋深变化

6.4 水资源配置 2030 年情景下的区域水循环响应

6.4.1 对区域地表供水系统的影响

在水资源配置 2030 年情景下仍然考虑 50%（B1）、75%（B2）、95%（B3）三种来水方案，模拟分析水资源开发利用对地表水系统的影响，结果见图 6-13。从地表水供水量来看，基准情景下（A0）地表水总供水量 18418 万 m³，50%来水配置情景方案（B1）下地表供水量 17296 万 m³，75%来水配置情景方案（B2）下地表水供水量 15474 万 m³，95%来水配置情景方案（B3）下地表水供水量 12663 万 m³。相对于基准情景 A0，B1、B2、B3 情景的地表水供水量分别减少了 1122 万 m³、2944 万 m³ 和 5755 万 m³。

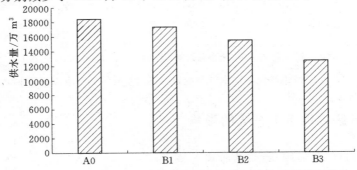

图 6-13 2030 水平年不同水资源配置方案对地表水系统的影响

　　从各流域片区来看（见图 6-14），大黑河流域的地表水供水量相对最大且不同来水条件下的供水差异最大，分别为 14050 万 m³、12424 万 m³ 以及 9632 万 m³。可见在 2030 水平年的不同水资源配置方案对大黑河流域的地表水系统影响最大，对杨家川流域以及内蒙古高原西部流域的地表水系统影响最小。

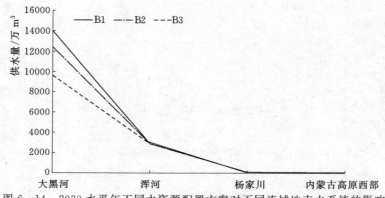

图 6-14　2030 水平年不同水资源配置方案对不同流域地表水系统的影响

　　从各区县来看（见图 6-15），不同的水资源配置方案对土默特左旗的地表水系统影响最大，其地表水供水量分别为 6544 万 m³、5782 万 m³ 以及 4388 万 m³，其次为托克托县、和林格尔县，对市辖区、武川县以及清水河县的地表水系统影响相对较小。

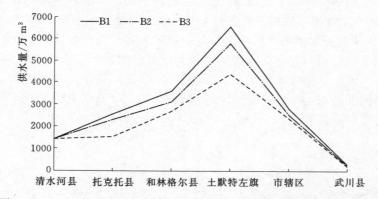

图 6-15　2030 水平年不同水资源配置方案对不同区县地表水系统的影响

6.4.2　对区域地下水系统的影响

6.4.2.1　对区域入渗补给量的影响

　　与基准情景相比，规划水资源合理配置 2030 水平年情景各方案在 2020 年情景基础上进一步大幅度增加引黄水量和非常规水资源,当地地表及地下水则进一步压缩,但区域总体用水规模同步大幅增加,其中工业、生活及生态用水增加显著。

表 6-19 为水资源配置 2030 水平年不同情景下区域地下水入渗补给量模拟结果。可以看出,与基准方案相比,全市地表入渗补给量增加 2.60 亿~2.82 亿 m³,其中 75% 来水配置情景方案(B2)对应入渗补给量最大;与 2020 规划水平年系列方案相比,全市地表入渗补给量进一步增加 1.67 亿~1.74 亿 m³。与 2020 年系列配置方案(A 系列)不同的是,地表入渗补给量变化主要集中在山区,而平原区仅增加了 1.11 亿~1.28 亿 m³;从行政分区来看,增加量主要集中在山区的清水河县和平原区的托克托县。B2 和 B3 情景下,引黄水量减少、地下水开采量回增,用水总体规模有所降低,但地表入渗量总体变化幅度不大,影响有限。

表 6-19　　　水资源配置 2030 水平年不同情景下区域入渗量变化　　　单位:亿 m³

分　区		基准方案	2030 水平年		
			B1 ($P=50\%$)	B2 ($P=75\%$)	B3 ($P=95\%$)
流域分区	内陆河流域	0.62	1.17	1.17	1.17
	大黑河流域	7.96	8.67	8.70	8.48
	浑河流域	1.36	2.10	2.10	2.09
	杨家川流域	1.01	1.80	1.80	1.80
	合计	10.94	13.74	13.76	13.53
行政区（大黑河平原区）	托克托县	0.88	1.33	1.35	1.28
	和林格尔县	0.52	0.91	0.91	0.90
	土默特左旗	1.78	2.17	2.19	2.09
	市辖区	0.86	0.91	0.89	0.86
	合计	4.04	5.32	5.35	5.14
行政分区（山区）	清水河县	2.01	3.61	3.61	3.60
	托克托县	0.05	0.04	0.04	0.04
	和林格尔县	0.63	0.43	0.42	0.42
	土默特左旗	0.51	0.24	0.24	0.23
	市辖区	1.02	1.07	1.07	1.07
	武川县	2.68	3.04	3.04	3.04
	合计	6.90	8.42	8.42	8.40
行政区合计		10.94	13.74	13.76	13.53

6.4.2.2　对区域潜水蒸发量的影响

表 6－20 为水资源配置 2030 水平年不同情景下区域潜水蒸发量结果。可以看出，与基准方案相比，区域潜水蒸发量变化更为显著。具体来看，大黑河平原区潜水蒸发量增加 2.29 亿～2.65 亿 m^3，其中 50% 来水配置情景方案（B1）对应潜水蒸发量增幅最大；从行政分区来看，增加量主要集中在土默特左旗和托克托县。B2 和 B3 情景下，引黄水量有所减少、地下水开采量回增，用水总体规模有所降低，潜水蒸发量总体变化不大。

表 6－20　　　水资源配置 2030 水平年不同情景下潜水蒸发变化　　　单位：亿 m^3

分　区		基准方案	2030 水平年		
			B1（$P=50\%$）	B2（$P=75\%$）	B3（$P=95\%$）
流域分区	内陆河流域	0.16	0.92	0.92	0.92
	大黑河流域	4.96	6.94	6.76	6.57
	浑河流域	0.73	1.73	1.73	1.73
	杨家川流域	0.47	1.63	1.63	1.62
	合计	6.31	11.22	11.04	10.84
行政区（大黑河平原区）	托克托县	0.58	1.21	1.14	1.06
	和林格尔县	0.24	0.81	0.80	0.80
	土默特左旗	1.55	2.43	2.34	2.24
	市辖区	0.30	0.86	0.86	0.85
	合计	2.67	5.32	5.14	4.96
行政分区（山区）	清水河县	0.78	3.14	3.14	3.13
	托克托县	0.00	0.00	0.00	0.00
	和林格尔县	0.60	0.24	0.24	0.24
	土默特左旗	0.42	0.07	0.07	0.07
	市辖区	0.41	0.56	0.56	0.56
	武川县	1.44	1.88	1.88	1.88
	合计	3.65	5.90	5.89	5.89
行政区合计		6.31	11.22	11.04	10.84

6.4.2.3　对浅层地下水补排平衡的影响

表 6－21 为水资源配置 2030 水平年不同情景下大黑河平原区地下水系统补给-排泄-蓄变的结果。可以看出，与基准方案相比，总补给量增加 1.19 亿～1.54 亿 m^3，其中主要是地表入渗量增加；总排泄量增幅更大，增加 2.51 亿～2.71 亿 m^3，其中增量贡献主要来自潜水蒸发，工业生活地下水开采量则呈减

少趋势；蓄变量变化负均衡增大，达到−0.99～−1.32m³，其中50%来水配置情景方案（B1）地下水负均衡值最小，其次为75%来水配置情景方案（B2）和95%来水配置情景方案（B3）。

表6−21　　　水资源配置2030水平年不同情景下浅层

地下水补给-排泄-蓄变关系变化　　单位：亿m³

方案	平原区	河渠入渗	地表入渗	山前侧渗	总补给量	潜水蒸发	农业灌溉开采	工业生活开采	补给河湖	侧向排泄	总排泄量	蓄变量
基准方案	托克托县	0.048	0.877	0.146	1.072	0.580	0.209	0.169	0.013	0.180	1.151	−0.079
	和林格尔县	0.009	0.521	0.137	0.667	0.238	0.245	0.126	0.006	0.000	0.616	0.052
	土默特左旗	0.083	1.777	1.749	3.608	1.553	1.322	0.291	0.042	0.000	3.208	0.401
	市辖区	0.049	0.860	1.021	1.930	0.296	0.946	0.896	0.063	0.000	2.201	−0.271
	合计	0.189	4.035	3.054	7.278	2.667	2.722	1.482	0.124	0.180	7.175	0.103
B1	托克托县	0.167	1.329	0.142	1.638	1.214	0.287	0.108	0.016	0.218	1.844	−0.206
	和林格尔县	0.016	0.909	0.120	1.045	0.808	0.252	0.099	0.010	0.000	1.171	−0.125
	土默特左旗	0.119	2.167	1.818	4.104	2.434	1.515	0.137	0.075	0.000	4.161	−0.057
	市辖区	0.047	0.910	1.073	2.030	0.864	0.833	0.760	0.077	0.000	2.534	−0.504
	合计	0.349	5.315	3.152	8.817	5.321	2.888	1.104	0.178	0.218	9.709	−0.892
B2	托克托县	0.111	1.352	0.142	1.605	1.142	0.449	0.108	0.016	0.196	1.911	−0.306
	和林格尔县	0.016	0.906	0.120	1.042	0.804	0.267	0.109	0.010	0.000	1.190	−0.148
	土默特左旗	0.080	2.192	1.818	4.090	2.337	1.675	0.166	0.074	0.000	4.252	−0.162
	市辖区	0.047	0.895	1.072	2.014	0.860	0.830	0.764	0.077	0.000	2.530	−0.516
	合计	0.254	5.346	3.151	8.750	5.142	3.220	1.146	0.178	0.196	9.883	−1.132
B3	托克托县	0.066	1.281	0.142	1.489	1.062	0.450	0.108	0.016	0.187	1.823	−0.334
	和林格尔县	0.016	0.903	0.120	1.039	0.799	0.277	0.098	0.010	0.000	1.185	−0.146
	土默特左旗	0.049	2.094	1.817	3.960	2.241	1.651	0.193	0.074	0.000	4.158	−0.198
	市辖区	0.047	0.859	1.071	1.977	0.854	0.780	0.809	0.076	0.000	2.519	−0.541
	合计	0.178	5.137	3.150	8.465	4.956	3.157	1.208	0.177	0.187	9.684	−1.219

6.4.2.4　对区域浅层地下水超采分布的影响分析

1. 情景B1：50%来水配置情景方案

（1）按不同流域进行超采评价。在50%来水配置情景方案（B1）下不同流域片区地下水开采情况及超采评价结果如表6−22所示。B1情景下，大黑河流域平原区可开采量为61501万m³，实际开采量为40225万m³，相较于2020年同样来水条件下可开采量与实际开采量都有所增加；大黑河流域平原

区超采程度相较于基准年有所减轻，超采系数增大 0.01，相较于 2020 年 50%
来水配置情景方案（A1）也有所减轻，超采系数增大 0.04，整体仍处于非超
采区。内陆河流域存在一般超采情况，但相对于 2020 年配置方案的超采情况
继续有所缓解，超采系数由 0.21 降低为 0.15；浑河流域与杨家川流域均属于
未超采区。

表 6 - 22　　　　　　　各流域片区地下水超采评价结果　　　　　单位：万 m³

流域分区	平原 可开采量	平原实际 开采量	山丘区可 开采量	山丘区实 际开采量	平原超 采系数	山丘区 超采系数	平原超 采程度	山丘区超 采程度
内陆河流域			3423	3935		0.15		一般超采
大黑河流域	61501	40225	9860	7544	−0.35	−0.23	非超采	非超采
浑河流域			4997	2405		−0.52		非超采
杨家川流域			2330	704		−0.70		非超采

（2）按不同区县进行超采评价。在 50% 来水配置情景方案（B1）下分区
县地下水开采情况及超采评价结果如表 6 - 23 所示。在 B1 情景方案下，相比
于基准年托克托县超采程度有所加剧，山丘区超采程度由非超采转为严重超
采，相较于 2020 年配置方案山丘区部分超采程度由一般超采转为严重超采。
此外，其余各区县的超采评价结果与 2020 年相同来水水平下的评价结果大致
相同。

表 6 - 23　　　　　　　分区县地下水超采评价结果　　　　　单位：万 m³

区县	平原可 开采量	平原实际 开采量	山丘区 可开采量	山丘区 实际开采量	平原 超采系数	山丘区 超采系数	平原 超采程度	山丘区 超采程度
清水河县			5792	1864		−0.678		非超采
托克托县	8523	3950	271	365	−0.537	0.344	非超采	严重超采
和林格尔县	8393	3518	2361	2093	−0.581	−0.113	非超采	非超采
土默特左旗	28321	16522	1372	1228	−0.417	−0.105	非超采	非超采
市辖区	16041	15921	4001	1651	−0.007	−0.587	非超采	非超采
武川县			7034	7700		0.095		一般超采

2. 情景 B2：75% 来水配置情景方案

（1）按不同流域进行超采评价。在 75% 来水配置情景方案（B2）下各流
域片区地下水开采情况及超采评价结果如表 6 - 24 所示。在 B2 情景方案下，
大黑河流域平原区可开采量为 61142 万 m³，实际开采量为 44026 万 m³，为非
超采区；内陆河流域地下水超采评价结果为一般超采，超采量为 496 万 m³；
其他区域为非超采。

表 6 - 24   各流域片区地下水超采评价结果   单位：万 m³

流域分区	平原可开采量	平原实际开采量	山丘区可开采量	山丘区实际开采量	平原超采系数	山丘区超采系数	平原超采程度	山丘区超采程度
内陆河流域			3421	3917		0.15		一般超采
大黑河流域	61142	44026	9841	7714	−0.28	−0.22	非超采	非超采
浑河流域			4995	2513		−0.50		非超采
杨家川流域			2329	704		−0.70		非超采

（2）按不同区县进行超采评价。在 75% 来水配置情景方案（B2）下分区县地下水开采情况及超采评价结果如表 6 - 25 所示。在 B2 情景方案下，托克托县平原超采程度为严重超采，呼和浩特市区平原区部分为一般超采。此外，武川县的山丘区部分同样出现一般超采现象。

表 6 - 25   分区县地下水超采评价结果   单位：万 m³

区县	平原可开采量	平原实际开采量	山丘区可开采量	山丘区实际开采量	平原超采系数	山丘区超采系数	平原超采程度	山丘区超采程度
清水河县			5788	1864		−0.678		非超采
托克托县	8384	5565	278	423	−0.336	0.526	非超采	严重超采
和林格尔县	8371	3760	2355	2248	−0.551	−0.046	非超采	非超采
土默特左旗	28245	18411	1364	1332	−0.348	−0.023	非超采	非超采
市辖区	15914	15934	3999	1639	0.001	−0.590	一般超采	非超采
武川县			7031	7700		0.095		一般超采

3. 情景 B3：95% 来水配置情景方案

（1）按不同流域进行超采评价。在 95% 来水配置情景方案（B3）下各流域片区地下水开采情况及超采评价结果如表 6 - 26 所示。在 B3 情景方案下，大黑河流域平原区可开采量为 59341 万 m³，实际开采量为 43991 万 m³，为非超采区；内陆河流域仍为一般超采区，超采量为 489 万 m³。

表 6 - 26   各流域片区地下水超采评价结果   单位：万 m³

流域分区	平原可开采量	平原实际开采量	山丘区可开采量	山丘区实际开采量	平原超采系数	山丘区超采系数	平原超采程度	山丘区超采程度
内陆河流域			3414	3903		0.14		一般超采
大黑河流域	59341	43991	9782	7772	−0.26	−0.21	非超采	非超采
浑河流域			4964	2505		−0.50		非超采
杨家川流域			2323	704		−0.70		非超采

（2）按不同区县进行超采评价。在 95％来水配置情景方案（B3）下呼和浩特市不同区县地下水开采情况及超采评价结果如表 6－27 所示。在 B3 情景下，托克托县平原超采程度相比较于 75％来水配置情景方案（B2）下继续加重，其他区域的超采评价结果与 B2 情景下的评价结果相一致，但是超采系数均呈现出不同程度的增大现象，说明在 95％来水配置情景方案（B3）下，各区县超采量呈现出不同程度的增大现象。

表 6－27　　　　　　　　　　分区县地下水超采评价结果　　　　　　　　　单位：万 m³

区县	平原可开采量	平原实际开采量	山丘区可开采量	山丘区实际开采量	平原超采系数	山丘区超采系数	平原超采程度	山丘区超采程度
清水河县			5777	1864		−0.677		非超采
托克托县	7775	5580	267	408	−0.282	0.529	非超采	严重超采
和林格尔县	8343	3748	2328	2259	−0.551	−0.030	非超采	非超采
土默特左旗	27379	18436	1312	1307	−0.327	−0.004	非超采	非超采
市辖区	15622	15883	3995	1690	0.017	−0.577	一般超采	非超采
武川县			7027	7700		0.096		一般超采

6.4.2.5　对重点区域浅层地下水的影响

仍选取每年 2 月份作为地下水超采评价时段，对呼和浩特市重点城区 B 系列情景下地下水超采情况进行评价，结果如表 6－28 所示。相对于 2020 年的配置方案（A1），呼和浩特市主城区非超采区显著扩大，严重超采区均已好转，转变为一般超采区或非超采区，一般超采区略有扩大。巧报镇、金河镇以及昭君路办事处的部分非超采区转为一般超采区，但严重超采区面积明显减少。非超采区面积占比达到 63.23％，一般超采区面积占比为 36.77％，全区内不存在严重超采现象。呼和浩特市重点城区范围内非超采面积为 712 km²，一般超采面积为 414 km²。巴彦镇非超采面积最大为 114 km²，超采程度最低。金河镇，黄合少镇与昭君路办事处一般超采面积较大，分别为 123 km²、53 km² 和 43 km²。

表 6－28　　　　　　　重点城区范围内不同乡镇地下水超采面积评价　　　　　　　单位：km²

乡镇名称	非超采	一般超采	严重超采
攸攸板镇	17	14	0
回民区城区	23	6	0

续表

乡镇名称	非超采	一般超采	严重超采
金河镇	108	123	0
赛罕区城区	2	19	0
巧报镇	13	10	0
西把栅乡	73	24	0
巴彦镇	114	23	0
榆林镇	4	31	0
黄合少镇	79	53	0
保合少镇	26	35	0
新城区城区	105	11	0
昭君路办事处	66	43	0
玉泉区城区	3	17	0
小黑河镇	79	5	0
合计	712	414	0

图 6-16 为市辖区典型观测井埋深在 2030 年的配置方案情景（B1）与 2020 年的配置方案情景（A1）的变化情况，可以看出，随着进一步优化水资源开发利用格局，加大对地下水开采量的控制力度，城区地下水将逐步好转，地下水水位下降趋势逐步放缓并开始有所回升，局部地区回升显著。

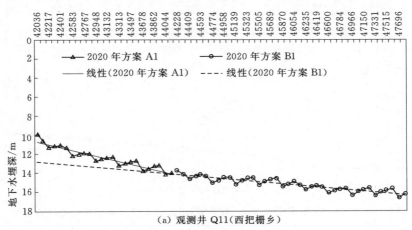

（a）观测井 Q11（西把栅乡）

图 6-16（一） 水资源配置 2030 水平年 B1 情景下城区典型观测井埋深变化

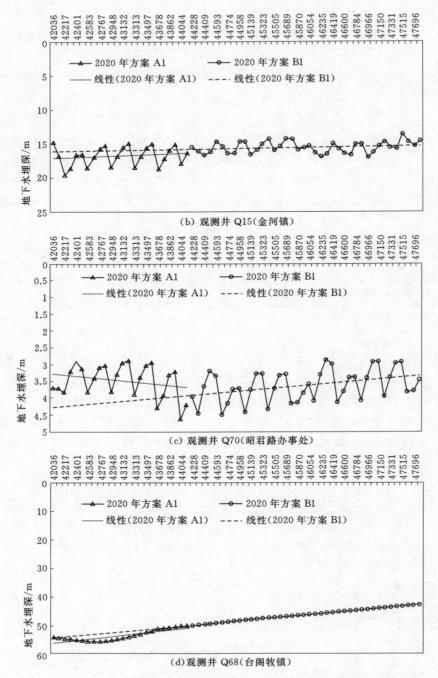

(b) 观测井 Q15(金河镇)

(c) 观测井 Q70(昭君路办事处)

(d) 观测井 Q68(台阁牧镇)

图 6-16(二)　水资源配置 2030 水平年 B1 情景下城区典型观测井埋深变化

参　考　文　献

[1]　Abbott M B, Bathurst J C, Cunge J A, et al. An introduction to the european hydrological system - systeme hydrologique europeen [J]. Journal of Hydrology, 1986, 87: 61 - 77.

[2]　Allen R, Pereira L S, Raes D, et al. Crop evapotranspiration guidelines for computing crop water requirements [M]. FAO Irrigation and Drainage, Rome, Italy, 1998: 56.

[3]　Arnold J G, Williams J R, Maidment D R. Continuous - time water and sediment - routing model for large basins [J]. Journal of Hydraulic Engineering - ASCE, 1995, 121 (2): 171 - 183.

[4]　Arnold J G, R Srinivasin, R S Muttiah, and J R Williams. 1998. Large Area Hydrologic Modeling and Assessment: Part I. Model Development [J]. Journal of the American Water Resources Association, 1998, 34 (1): 73 - 89.

[5]　Boven I S. The ridioof heat losses by conduction and by evaporation from any water surface [J]. Physical Reviews, 1926, (27): 779 - 787.

[6]　Beven K J, Kirkby M J. A physically - based variable contributing area model of basin hydrology [J]. Hydrological Science Bulletin, 1979, (24): 43 - 69.

[7]　Crawford N H, Linsley R E. Digital simulation in hydrology: Stanford watershed model IV [J]. Evapotranspiration, 1966, 39.

[8]　Horton R E. Surface runoff phenomena. Horton Hydrol, Lab. Pub. 101, Ann Arbor, Michigan, 1935.

[9]　Korzoun V I. World Water Balance and Water Resources of the Earth [C]. Unesco - USSR Committee for the International Hydrological Decade, Leningrad, 1974.

[10]　Mo X, Liu S. Simulating evapotranspiration and photosynthesis of winter wheat over the growing season [J]. Agricultural &. Forest Meteorology, 2001, 109 (3): 203 - 222.

[11]　Morton F I. Estimating evapotranspiration from potential evaporation: practicality of aniconoclastic approach [J]. Journal of Hydrology, 1978, (38): 1 - 32.

[12]　Monteith J L. Environment Control of Plant Growth (L. T. Evans, ed.) [M]. Academic Press, NewYork, 1963: 95 - 112.

[13]　Penman H L. Natural evaporation from open water, bare soil, and grass [J]. Proc Roy sec A, 1948, 193: 120 - 145.

[14]　Priestly C H B, Taylor R J. On the assessment of surface heat flux and evaporation using large - scale parameters [J]. Monthly Weather Review, 1972, (100): 81 - 92.

[15]　Ross C N. The calculation of flood discharges by a time contour plan. Transactions of the Instution of Engineers, Australia: 1921 (2).

[16] Singh V P, Frevert D K, et al. Mathematical modeling of watershed hydrology [J]. Journal of Hydrologic Engineering, 2002, 7 (4): 270 - 292.

[17] Singh R, Kroes J G, Dam J C V, et al. Distributed ecohydrological modelling to evaluate the performance of irrigation system in Sirsa district, India: I. Current water management and its productivity [J]. Journal of Hydrology, 2006a, 329 (3 - 4): 692 - 713.

[18] Singh R, Jhorar R K, Dam J C V, et al. Distributed ecohydrological modelling to evaluate irrigation system performance in Sirsa district, India II: Impact of viable water management scenarios [J]. Journal of Hydrology, 2006b, 329 (3 - 4): 714 - 723.

[19] Broek B J V D, Dam J C V, Elbers J A, et al. SWAP 1993: Input instructions manual. [J]. Blätter Für Zahnheilkunde Bulletin Dentaire, 1994, 30 (7).

[20] Chris Nielse. The application of MIKE SHE to floodplain inundation and urban drainage assessment in South East Asia. 2008. http: //www. cjk3d. net/DHIPaper/inland/11. pdf

[21] Dam J C V, Huygen J, Wesseling J G, et al. Theory of SWAP version 2.0: Simulation of water flow, solute transport and plant growth in the Soil - Water - Atmosphere - Plant environment. [J]. Wageningen: DLO Winand Staring Centre, 1997: 287 - 295.

[22] Herbert Ssegane, Devendra M. Amatya, E. W. Tollner, et al. Estimation of Daily Streamflow of Southeastern Coastal Plain Watersheds by Combining Estimated Magnitude and Sequence [J]. Jawra Journal of the American Water Resources Association, 2013, 49 (5): 1150 - 1166.

[23] Niu G Y, Zeng X. Earth System Model, Modeling the Land Component of [M]. Climate Change Modeling Methodology. Springer New York, 2012: 139 - 168.

[24] Gulden L E, Rosero E, Yang Z L, et al. Improving land - surface model hydrology: Is an explicit aquifer model better than a deeper soil profile? [J]. Geophysical Research Letters, 2007, 34 (9): L09402.

[25] Huberlee A, Sieber J, Purkey D. WEAP 2: A Demand, Priority, and Preference - Driven Water Planning Model: Part 1, Model Characteristics [J]. Water International, 2005, 30 (4): 501 - 512.

[26] Forni L. Economic and Hydrologic Models Integration—New Method: Sacramento Basin, California [J]. Dissertations &. Theses - Gradworks, 2010.

[27] Safavi H R, Golmohammadi M H, Sandovalsolis S. Expert knowledge based modeling for integrated water resources planning and management in the Zayandehrud River Basin [J]. Journal of Hydrology, 2015, 528: 773 - 789.

[28] Jamshid M S, Anzab N R, Asl - Rousta B, et al. Multi - Objective Optimization - Simulation for Reliability - Based Inter - Basin Water Allocation [J]. Water Resources Management, 2017, 31 (11): 3445 - 3464.

[29] Rochdane S, Reichert B, Messouli M, et al. Climate Change Impacts on Water Supply and Demand in Rheraya Watershed (Morocco), with Potential Adaptation

Strategies [J]. Water, 2012, 4 (1): 28-44.

[30] Johannsen I M, Hengst J C, Goll A, et al. Future of Water Supply and Demand in the Middle Drâa Valley, Morocco, under Climate and Land Use Change [J]. Water, 2016, 8 (8).

[31] Misra A K. Impact of Urbanization on the Hydrology of Ganga Basin (India) [J]. Water Resources Management, 2011, 25 (2): 705-719.

[32] Palla A, Gnecco I. Hydrologic modeling of Low Impact Development systems at the urban catchment scale [J]. Journal of Hydrology, 2015, 528: 361-368.

[33] Gironás J, Roesner L A, Rossman L A, et al. A new applications manual for the Storm Water Management Model (SWMM) [J]. Environmental Modelling & Software, 2010, 25 (6): 813-814.

[34] Hassaballah K, Jonoski A, Popescu I, et al. Model-Based Optimization of Downstream Impact during Filling of a New Reservoir: Case Study of Mandaya/Roseires Reservoirs on the Blue Nile River [J]. Water Resources Management, 2012, 26 (2): 273-293.

[35] Becknell B R, Imhoff J C, Kittle J L, et al. Hydrological Simulation Program—FORTRAN user's manual for release 12 [J]. Us. Epa, 1993.

[36] Aly A. The Integrated Hydrologic Model: A Field-Scale Application [C]. World Water and Environmental Resources Congress 2005. 2005.

[37] Sophocleous M A, Koelliker J K, Govindaraju R S, et al. Integrated numerical modeling for basin-wide water management: the case of the Rattlesnake Creek basin in south-centralKansas [J]. Journal of Hydrology, 1999, 214 (1-4): 179-196.

[38] Ettling G. Ground Water and Surface Water Interaction [J]. National Driller, 2008 (10): 176-180.

[39] Xin Wu, yi Zheng, Bin Wu, et al. Optimizing conjunctive use of surface water and groundwater for irrigation to address human-nature water conflicts: A surrogate modeling approach [J]. 2016, 163 (1): 380-392.

[40] Swain E D. A coupled surface-water and ground-water flow model (MODBRANCH) for simulation of stream-aquifer interaction [J]. Techniques of Water-Resource Investigation, 1996.

[41] Hughes J D, Langevin C D, White J T. MODFLOW-Based Coupled Surface Water Routing and Groundwater-Flow Simulation [J]. Groundwater, 2015, 53 (3): 452-463.

[42] Kim N W, Chung I M, Won Y S, et al. Development and application of the integrated SWAT-MODFLOW model [J]. Journal of Hydrology, 2008, 356 (1-2): 1-16.

[43] NISWONGER R G, PRUDIC D E, REGAN R S. Documentation of the unsaturated-zone flow (UZF1) package for modeling unsaturated flow between the land surface and the water table with MODFLOW-2005 [R]. Reston: U S Geological Survey, 2006.

[44] Chen X, Chen, David Y, et al. A Numerical Modeling System of the Hydrological Cycle for Estimation of Water Fluxes in the Huaihe River Plain Region, China [J].

Journal of Hydrometeorology，2007，8（4）：702.

[45]　陈崇希，林敏. 地下水动力学原理［M］. 武汉：中国地质大学出版社，1999.

[46]　郭生练，熊立华. 基于 DEM 的分布式流域水文物理模型［J］. 武汉水利电力大学学报，2000，33（6）：1-5.

[47]　高峰，胡继超，卞赟. 国内外土壤水分研究进展［J］. 安徽农业科学，2007，35（34）：11146-11148.

[48]　贾仰文，王浩，倪广恒，等. 分布式流域水文模型原理与实践［M］. 北京：中国水利水电出版社，2005.

[49]　雷志栋，杨诗秀，谢森传. 土壤水动力学［M］. 北京：清华大学出版社，1988：7-9.

[50]　雷志栋，胡和平，杨诗秀. 土壤水研究进展与述评［J］. 水科学进展，1999a，10（3）：311-318.

[51]　雷志栋，胡和平，杨诗秀，等. 以土壤水为中心的农区-非农区水均衡模型［C］. 中国水利学会一九九九年优秀论文集. 1999b：47-51.

[52]　李兰，王浩，甘泓，等. 大尺度分布式水文模型与水资源演变［J］. 水科学进展，2003，14（3）.

[53]　李兰，郭生练，李志永，等. 流域水文数学物理耦合模型［C］. 中国水利学会一九九九年优秀论文集. 1999.

[54]　刘昌明. 中国水量平衡与水资源储量的分析，中国地理学会水文专业委员会. 中国地理学会第三次全国水文学术会议论文集［C］. 北京：科学出版社，1986：113-118.

[55]　刘昌明，王中根，郑红星，等. HIMS 系统及其定制模型的开发与应用［J］. 中国科学 E 辑：技术科学，2008，38（3）：350-360.

[56]　刘昌明，杨胜天，温志群，等. 分布式生态水文模型 EcoHAT 系统开发与应用［J］. 中国科学 E 辑：技术科学，2009，39（6）：1112-1121.

[57]　刘云鹏. 土壤结构的分形特征及土壤水分运动模型研究［D］. 杨凌：西北农林科技大学，2002.

[58]　芮孝芳. 产汇流理论研究的展望［J］. 河海科技进展，1991，11（1）：60-65.

[59]　芮孝芳. 水文学原理［M］. 北京：中国水利水电出版社，2004.

[60]　芮孝芳，蒋成煜，张金存. 流域水文模型的发展［J］. 水文，2006，26（3）：22-26.

[61]　任立良. 流域数字水文模型研究［J］. 河海大学学报（自然科学版），2000（04）：1-7.

[62]　唐莉华，彭光来. 分布式水文模型在小流域综合治理规划中的应用［J］. 中国水土保持，2009，（3）：34-36.

[63]　唐莉华，张思聪. 小流域产汇流及产输沙分布式模型的初步研究［J］. 水力发电学报，2002（S1）：119-127.

[64]　夏军，王纲胜，吕爱锋，等. 分布式时变增益流域水循环模拟［J］. 地理学报，2003，58（5）：789-796.

[65]　熊立华，郭生练，田向荣. 基于 DEM 的分布式流域水文模型及应用［J］. 水科学进展，2004（04）：517-520.

[66] 徐宗学，等. 水文模型 [M]. 北京：科学出版社，2009：1-98.

[67] 徐宗学，赵捷. 生态水文模型开发和应用：回顾与展望 [J]. 水利学报，2016，(03)：346-354.

[68] 薛禹群，谢春红. 地下水数值模拟 [M]. 北京：科学出版社，2007.

[69] 王纲胜，夏军，万东晖，等. 气候变化及人类活动影响下的潮白河月水量平衡模拟 [J]. 自然资源学报，2006，21 (1)：86-71.

[70] 王浩，陈敏建，秦大庸. 西北地区水资源合理配置和承载能力研究 [M]. 郑州：黄河水利出版社，2003a.

[71] 王浩，秦大庸，王建华，等. 黄淮海流域水资源合理配置 [M]. 北京：科学出版社，2003b.

[72] 王浩，游进军. 水资源合理配置研究历程与进展 [J]. 水利学报，2008，39 (10).

[73] 王浩，严登华，贾仰文，等. 现代水文水资源学科体系及研究前沿和热点问题 [J]. 水科学进展，2010，21 (4)：479-489.

[74] 张北赢，徐学选，李贵玉，等. 土壤水分基础理论及其应用研究进展 [J]. 中国水土保持科学，2007，5 (2)：122-129.

[75] 张超，王会肖. 土壤水分研究进展及简要评述 [J]. 干旱地区农业研究，2003，21 (4)：117-120.

[76] 左其亭，吴泽宁，赵伟. 水资源系统中的不确定性及风险分析方法 [J]. 干旱区地理，2003 (02)：116-121.

[77] 张祥伟，竹内邦良. 大区域地下水模拟的理论和方法 [J]. 水利学报，2004 (06)：7-13.

[78] 张俊，尹立河，赵振宏. 地下水系统理论研究综述 [J]. 地下水，2010，32 (06)：27-30.

[79] 赵成义，王玉朝，李保国. 内陆河流域植被变化与地下水运动的耦合关系 [J]. 水利学报，2003 (12)：59-65.

[80] 赵勇，解建仓，马斌. 基于系统仿真理论的南水北调东线水量调度 [J]. 水利学报，2002 (11)：38-43.

[81] 赵勇. 广义水资源合理配置研究 [D]. 北京：中国水利水电科学研究院，2006.

[82] 赵勇，陆垂裕，肖伟华. 广义水资源合理配置研究 (Ⅱ)-模型 [J]. 水利学报，2007a，38 (2)：163-170.

[83] 赵勇，张金萍，裴源生. 宁夏平原区分布式水循环模拟研究 [J]. 水利学报，2007b，38 (4)：498-505.

[84] 赵勇，陆垂裕，秦长海，等. 广义水资源合理配置研究 (Ⅲ)——应用实例 [J]. 水利学报，2007c，38 (03)：274-2.

[85] 赵勇，裴源生，翟志杰. 分布式土壤风蚀模拟与应用 [J]. 水利学报，2011，42 (05)：554-562.

[86] 赵勇，翟家齐，蒋桂芹，等. 干旱驱动机制与模拟评估 [M]. 北京：科学出版社，2017.

[87] 许继军，杨大文，刘志雨，等. 长江上游大尺度分布式水文模型的构建及应用 [J]. 水利学报，2007，38 (2)：182-190.

[88] 梁忠民，李彬权，余钟波. 考虑空间变异性的统计产流模型研究 [J]. 南京大学学报 (自然科学版)，2009，45 (3)：403-408.

[89] 刘九夫，郭方. 气候异常对海河流域水资源影响评估模型研究 [J]. 水科学进展，2000，(6)：27 - 35.

[90] 苏凤阁，郝振纯. 陆面水文过程研究综述 [J]. 地球科学进展，2001，16 (6)：795 - 801.

[91] 王忠静，尹航，王磊. 下垫面变化对山区流域产流能力影响研究 [C] //2004 年全国水文学术讨论会论文集，2004：230 - 235.

[92] 杨大文，楠田哲也. 水资源综合评价模型及其在黄河流域的应用 [M]. 北京：中国水利水电出版社，2005.

[93] 杨大文，李翀，倪广恒，等. 分布式水文模型在黄河流域的应用 [J]. 地理学报，2004 (01)：143 - 154.

[94] 郝振纯，王加虎，李丽. 气候变化对水资源影响的研究 [C] //中国水利学会 2005 学术年会论文集，2005：431 - 437.

[95] 余钟波，潘峰，梁川，等. 水文模型系统在峨嵋河流域洪水模拟中的应用. 水科学进展，2006，17 (5)：645 - 652.

[96] 刘春蓁. 气候变化对江河流量变化趋势影响研究进展 [J]. 地球科学进展，2007，22 (8)：777 - 783.

[97] 王国庆，张建云，贺瑞敏，等. 气候变化和人类活动对黄河中游伊洛河流域径流量的影响 [C] //第三届黄河国际论坛论文集. 2007：253 - 258.

[98] 张建云，王国庆. 气候变化对水文水资源影响研究 [M]. 北京：科学出版社，2007.

[99] 王书功，康尔泗，李新. 分布式水文模型的进展及展望 [J]. 冰川冻土，2004，26 (1)：61 - 64.

[100] 孙鹏森，刘世荣. 大尺度生态水文模型的构建及其与 GIS 集成 [J]. 生态学报，2003，23 (10)：2115 - 2124.

[101] 胡金明，邓伟，夏佰成. LASCAM 水文模型在流域生态水文过程研究中的应用——模型理论基础 [J]. 地理科学，2005，25 (4)：427 - 433.

[102] 莫兴国. 土壤-植被-大气系统水分能量传输模拟和验证 [J]. 气象学报，1998 (3)：323 - 332.

[103] 莫兴国，刘苏峡，林忠辉. 植被界面过程（VIP）生态水文动力学模式研究进展 [J]. 资源科学，2009，31 (2)：352 - 352.

[104] 雍斌，张万昌，刘传胜. 水文模型与陆面模式耦合研究进展 [J]. 冰川冻土，2006，28 (6)：961 - 970.

[105] 彭伟. 基于三种水文模型的流域径流模拟和土壤含水量模拟应用研究 [D]. 成都：四川农业大学，2009.

[106] 王欣，李兰，刘志文，等. LL - Ⅲ分布式水文模型在宁蒙灌区水资源研究中的应用 [J]. 武汉大学学报（工学版），2007，40 (6)：16 - 19.

[107] 张荔. 分布式水文模型构建及在渭河流域水环境解析中的应用 [D]. 西安：西安建筑科技大学，2010.

[108] 张荔，赵串串，林金辉，等. 分布式水文模型在渭河流域水环境分析中的应用 [J]. 西安建筑科技大学学报（自然科学版），2007，39 (1)：61 - 65.

[109] 李明星，刘建栋，王馥棠. 分布式水文模型在陕西省冬小麦产量模拟中的应用 [J].

水土保持通报，2008，28（5）：148-154.

[110] 代俊峰，崔远来. 基于 SWAT 的灌区分布式水文模型-I. 模型应用 [J]. 水利学报，2009，40（3）：311-318.

[111] 赵串串. 分布式水文模型在渭河流域水资源综合管理中的应用研究 [D]. 西安建筑科技大学硕士学位论文，2007.

[112] 董小涛，李致家，李利琴，等. 不同水文模型在半干旱地区的应用比较研究 [J]. 河海大学学报（自然科学版）.2006，34（2）：132-135.

[113] 李巧玲，菅浩然，李致家，等. 分布式水文模型构建及在黄河区间流域的应用 [J]. 水力发电，2006，32（10）：24-26.

[114] 崔炳玉. 气候变化和人类活动对滹沱河区水资源变化的影响 [D]. 南京：河海大学，2004.

[115] 叶丽华. 平原区"四水"转化模型研究 [D]. 南京：河海大学，2004.

[116] 刘新仁，杨海舰. 土壤水动力学在平原水文模拟中的应用 [J]. 河海大学学报（自然科学版），1989（4）：12-18.

[117] 刘新仁，费永法. 汾泉河平原水文综合模型 [J]. 河海大学学报（自然科学版），1993（6）：10-16.

[118] 山东省邓集试验站，南京水文水资源研究中心. 黄淮海平原地区"三水"转化水文模型 [J]. 水文，1988（5）：13-18.

[119] 方崇惠，白宪台，欧光华. 流域模型在平原水网湖区研究与应用 [J]. 人民长江，1995（10）：13-17.

[120] 王发信，宋家常. 五道沟水文模型 [J]. 水利水电技术，2001，32（10）：60-63.

[121] 胡和平，汤秋鸿，雷志栋，等. 干旱区平原绿洲散耗型水文模型——I 模型结构 [J]. 水科学进展，2004，15（2）：140-145.

[122] 汤秋鸿，田富强，胡和平. 干旱区平原绿洲散耗型水文模型——II 模型应用 [J]. 水科学进展，2004，15（2）：146-150.

[123] 翟家齐. 流域水-氮-碳循环系统理论及其应用研究 [D]. 北京：中国水利水电科学研究院，2012.

[124] 刘文琨，裴源生，赵勇，等. 水资源开发利用条件下的流域水循环研究 [J]. 南水北调与水利科技，2013，11（1）：44-49.

[125] 刘文琨. 水资源开发利用条件下流域水循环模型的研发与应用 [D]. 北京：中国水利水电科学研究院，2014.

[126] 赵长森，黄领梅，沈冰，等. 和田绿洲散耗型水文模型（DHMHO）研究与应用 [J]. 干旱区资源与环境，2010，24（7）：72-77.

[127] 刘浏，徐宗学. 太湖流域洪水过程水文-水力学耦合模拟 [J]. 北京师范大学学报（自然科学版），2012，48（5）：530-536.

[128] 陆垂裕，秦大庸，张俊娥，等. 面向对象模块化的分布式水文模型 MODCYCLE I：模型原理与开发篇 [J]. 水利学报，2012，43（10）：1135-1145.

[129] 刘路广，李小梅，崔远来. SWAP 和 SWAT 在柳园口灌区的联合应用 [J]. 武汉大学学报（工学版），2009，42（5）：626-630.

[130] 刘路广，崔远来，冯跃华. 基于 SWAP 和 MODFLOW 模型的引黄灌区用水管理策略 [J]. 农业工程学报，2010，26（4）：9-17.

[131]　徐旭，黄冠华，屈忠义，等.区域尺度农田水盐动态模拟模型——GSWAP [J].农业工程学报，2011，27（7）：58-63.

[132]　任理，薛静.内蒙古河套灌区主要作物水分生产力模拟及种植结构区划 [M].北京：中国水利水电出版社，2017.

[133]　雷慧闽.华北平原大型灌区生态水文机理与模型研究 [D].北京：清华大学，2011.

[134]　潘登，任理.分布式水文模型在徒骇马颊河流域灌溉管理中的应用Ⅰ.参数率定和模拟验证 [J].中国农业科学，2012a，45（3）：471-479.

[135]　潘登，任理，刘钰.应用分布式水文模型优化黑龙港及运东平原农田灌溉制度Ⅰ：模型参数的率定验证 [J].水利学报，2012b，43（6）：717-725.

[136]　李燕.基于 HSPF 模型的水文水质过程模拟研究 [D].南京：南京农业大学，2013.

[137]　王晓霞，徐宗学.城市雨洪模拟模型的研究进展 [C] //中国水利学会 2008 年学术年会，2008.

[138]　刘佳明.城市雨洪放大效应及分布式城市雨洪模型研究 [D].武汉：武汉大学，2016.

[139]　水利部水利水电规划设计总院.全国水资源综合规划技术大纲 [R].北京：水利部水利水电规划设计总院，2002.

[140]　陈家琦，王浩，杨小柳.水资源学 [M].北京：中国水利水电出版社，2002.

[141]　陈志恺.中国水资源初步评价 [M].北京：水利部水资源研究及区划办公室，1981.

[142]　沈振荣，张瑜芳，杨诗秀，等.水资源科学实验与研究——大气水、地表水、土壤水、地下水相互转化关系 [M].北京：中国科学技术出版社，1992.

[143]　许新宜，王浩，甘泓，等.华北地区宏观经济水资源规划理论与方法 [M].郑州：黄河水利出版社，1997.

[144]　常丙炎，薛松贵，张会言，等.黄河流域水资源合理分配和优化调度 [M].郑州：黄河水利出版社，1998.

[145]　刘健民，张世法，刘恒.京津唐水资源系统供水规划和调度优化的递阶模型 [J].水科学进展，1993，4（2）：98-105.

[146]　尹明万，谢新民，王浩，等.安阳市水资源配置系统方案研究 [J].中国水利，2003（14）：14-16.

[147]　尹明万，谢新民，王浩，等.基于生活、生产和生态环境用水的水资源配置模型研究 [J].水利水电科技进展，2004，24（2）：5-8.

[148]　赵微，黄介生，姜海，等.面向生态的水资源协调优化配置模型 [J].水电能源科学，2006，24（3）：11-14.

[149]　邵东国，贺新春，黄显峰.基于净效益最大的水资源优化配置模型与方法 [J].水利学报，2005，36（9）：1050-1056.

[150]　粟晓玲，康绍忠.干旱区面向生态的水资源合理配置研究进展与关键问题 [J].农业工程学报，2005，21（1）：167-172.

[151]　裴源生，赵勇，陆垂裕.经济生态系统广义水资源合理配置 [M].郑州：黄河水利出版社，2006a.

[152]　裴源生，张金萍.平原区复合水循环转化机理研究 [J].灌溉排水学报，2006b，

25（6）：23-26.

[153] 蒋云钟，赵红莉，甘治国，等.基于蒸腾蒸发量指标的水资源合理配置方法［J］.
水利学报，2008，39（6）：720-725.

[154] 周祖昊，王浩，秦大庸，等.基于广义ET的水资源与水环境综合规划研究Ⅰ——
理论［J］.水利学报，2009，40（9）：1025-1032.

[155] 桑学锋，秦大庸，周祖昊，等.基于广义ET的水资源与水环境综合规划研究Ⅲ：
应用［J］.水利学报，2009，40（12）.

[156] 桑学锋，王浩，王建华，等.水资源综合模拟与调配模型WAS（Ⅰ）：模型原理与
构建［J］.水利学报，2018，49（12）：1451-1459.

[157] 桑学锋，赵勇，翟正丽，等.水资源综合模拟与调配模型WAS（Ⅱ）：应用［J］.
水利学报，2019，50（02）：201-208.

[158] 魏传江.水资源配置中的生态耗水系统分析［J］.中国水利水电科学研究院学报，
2006（04）：282-286.

[159] 游进军，薛小妮，牛存稳.水量水质联合调控思路与研究进展［J］.水利水电技术，
2010，41（11）：7-10.

[160] 樊尔兰，李怀恩，沈冰.分层型水库水量水质综合优化调度的研究［J］.水利学报，
1996（11）：33-38.

[161] 邵东国，郭宗楼.综合利用水库水量水质统一调度模型［J］.水利学报，2000（8）：
10-15.

[162] 王同生，朱威.流域分质水资源量的供需平衡［J］.水利水电科技进展，2003，23
（4）：1-3.

[163] 刘春生，吴浩云.引江济太调水试验的理论和实践探索［J］.水利水电技术，2003
（01）：4-8.

[164] 陈静，林荷娟.引江济太水量水质联合调度存在问题及对策［J］.水利科技与经济，
2005（04）：213-215.

[165] 王凯.苏州市水资源配置研究［D］.南京：河海大学，2007.

[166] 牛存稳，贾仰文，王浩，等.黄河流域水量水质综合模拟与评价［J］.人民黄河，
2007，29（11）：58-60.

[167] 刘丙军，陈晓宏，王兆礼.河流系统水质时空格局演化研究［J］.水文，2007，27
（1）：8-13.

[168] 严登华，罗翔宇，王浩，等.基于水资源合理配置的河流"双总量"控制研究——
以河北省唐山市为例［J］.自然资源学报，2007，22（3）：322-328.

[169] 董增川，卞戈亚，王船海，等.基于数值模拟的区域水量水质联合调度研究［J］.
水科学进展，2009，20（2）：184-189.

[170] 付意成，魏传江，王瑞年，等.水量质联合调控模型及其应用［J］.水电能源科学，
2009，27（2）：31-35.

[171] 张守平，魏传江，王浩，等.流域/区域水量水质联合配置研究Ⅰ：理论方法［J］.
水利学报，2014a，45（07）：757-766.

[172] 张守平，魏传江，王浩，等.流域/区域水量水质联合配置研究Ⅱ：实例应用［J］.
水利学报，2014b，45（08）：938-949.

[173] 吴泽宁，索丽生，曹茜.基于生态经济学的区域水质水量统一优化配置模型［J］.

灌溉排水学报，2007，26（2）：1-6.

[174] 顾世祥，李俊德，谢波，等. 云南省水资源合理配置模型 [J]. 水利水电技术，2007，38（12）：54-58.

[175] 吴泽宇，张娜，黄会勇. 长江流域水资源配置模型研究 [J]. 人民长江，2011，42（18）：88-90.

[176] 王劲峰，刘昌明，于静洁，等. 区际调水时空优化配置理论模型探讨 [J]. 水利学报，2001（4）：7-15.

[177] 王慧敏，朱九龙，胡震云，等. 基于供应链管理的南水北调水资源配置与调度 [J]. 海河水利，2004（3）：5-8.

[178] 于陶，黄江疆，林云达. 期权理论与南水北调东线工程"水银行"设想 [J]. 水利经济，2006，24（2）：75-77.

[179] 徐良辉. 跨流域调水模拟模型的研究 [J]. 东北水利水电. 2001，19（6）：1-3，55.

[180] 游进军，甘泓，王忠静，等. 两步补偿式外调水配置算法及应用研究 [J]. 水利学报，2008，39（7）：870-876.

[181] 胡立堂，王忠静，Robin Wardlaw，梁友. 改进的 WEAP 模型在水资源管理中的应用 [J]. 水利学报，2009，40（02）：173-179.

[182] 魏光辉，姜振盈. 基于 WEAP 模型的塔里木河干流水资源调配方案研究 [J]. 人民珠江，2019，40（06）：77-81.

[183] 郝璐，王静爱. 基于 SWAT-WEAP 联合模型的西辽河支流水资源脆弱性研究 [J]. 自然资源学报，2012，27（03）：468-479.

[184] 喻立. 基于 WEAP 的宁夏黄河流域水资源优化配置探究 [D]. 重庆：西南大学，2014.

[185] 李青，孙韧，田丽丽，等. WEAP 模型在天津市滨海新区水资源与水环境管理中的应用初探 [J]. 水资源与水工程学报，2010，21（02）：56-59.

[186] 卢书超. 基于 MIKE BASIN 的石羊河流域水资源管理模型研究 [D]. 北京：清华大学，2016.

[187] 浦承松，梅伟，谢波，等. 牛栏江-滇池补水工程调水量分析 [J]. 中国农村水利水电，2011（7）：63-65.

[188] 张洪刚，熊莹，邴建平，等. NAM 模型与水资源配置模型耦合研究 [J]. 人民长江，2008，39（17）：15-17.

[189] 王海潮，来海亮，尚静石，等. 基于 MIKE BASIN 的水库供水调度模型构建 [J]. 水利水电技术，2012，43（2）：94-98.

[190] 杨芬，王萍，邵惠芳，等. MIKE BASIN 在缺水型大城市水资源配置中的应用初探 [J]. 水利水电技术，2013，44（7）：13.

[191] 游进军，甘泓，王浩，汪林. 基于规则的水资源系统模拟 [J]. 水利学报，2005（09）：1043-1049.

[192] 郝振纯. 地表水地下水偶合模型在水资源评价中的应用研究 [J]. 水文地质工程地质，1992（6）：18-22.

[193] 张奇. 湖泊集水域地表-地下径流联合模拟 [J]. 地理科学进展，2007（05）：3-12.

［194］ 武强，孔庆友，张自忠，马振民．地表河网-地下水流系统耦合模拟Ⅰ：模型 ［J］．
水利学报，2005，36（5）：588－592．

［195］ 李旭东．华北平原典型地下水大埋深区水循环模拟研究 ［D］．北京：中国水利水电
科学研究院，2018．

［196］ 王中根，朱新军，李尉，等．海河流域地表水与地下水耦合模拟 ［J］．地理科学进
展，2011，30（11）：1345－1353．

［197］ 刘路广，崔远来．灌区地表水-地下水耦合模型的构建 ［J］．水利学报，2012，43
（7）：826－833．

［198］ 卢小慧．应用地表水-地下水耦合模型研究不同尺度的水文响应 ［D］．中国地质大
学，2009．

［199］ 《第一次全国水利普查成果丛书》编委会．水利工程基本情况普查报告 ［M］．北京：
中国水利水电出版社，2017．